三联·哈佛燕京学术丛书

孙飞宇 著

从灵魂到心理

关于经典精神分析的社会学研究

生活·讀書·新知 三联书店

图书在版编目（CIP）数据

从灵魂到心理：关于经典精神分析的社会学研究／孙飞宇著 . —北京：
生活·读书·新知三联书店，2022.1 （2024.11 重印）
（三联·哈佛燕京学术丛书）
ISBN 978 - 7 - 108 - 07223 - 8

Ⅰ. ①从… Ⅱ. ①孙… Ⅲ. ①弗洛伊德（Freud,Sigmmund 1856-1939）－
精神分析－研究 Ⅳ. ① B84-065

中国版本图书馆 CIP 数据核字（2021）第 156490 号

责任编辑 冯金红
装帧设计 蔡立国
责任校对 张国荣
责任印制 卢 岳
出版发行 生活·讀書·新知 三联书店
　　　　　（北京市东城区美术馆东街 22 号 100010）
网　址　www.sdxjpc.com
经　销　新华书店
制　作　北京金舵手世纪图文设计有限公司
印　刷　河北鹏润印刷有限公司
版　次　2022 年 1 月北京第 1 版
　　　　　2024 年 11 月北京第 2 次印刷
开　本　880 毫米 × 1230 毫米　1/32　印张 9.5
字　数　226 千字
印　数　5,001 - 6,500 册
定　价　49.00 元
（印装查询：01064002715；邮购查询：01084010542）

本丛书系人文与社会科学研究丛书，

面向海内外学界，

专诚征集中国中青年学人的

优秀学术专著（含海外留学生）。

·

本丛书意在推动中华人文科学与

社会科学的发展进步，

奖掖新进人才，鼓励刻苦治学，

倡导基础扎实而又适合国情的

学术创新精神，

以弘扬光大我民族知识传统，

迎接中华文明新的腾飞。

·

本丛书由哈佛大学哈佛－燕京学社

（Harvard-Yenching Institute）

和生活·读书·新知三联书店共同负担出版资金，

保障作者版权权益。

·

本丛书邀请国内资深教授和研究员

在北京组成丛书学术委员会，

并依照严格的专业标准

按年度评审遴选，

决出每辑书目，保证学术品质，

力求建立有益的学术规范与评奖制度。

目 录

From *Seele* to Psycho
A Sociological Study on Classical Psychoanalysis

Contents

Chapter III

Eros and Sanctity: An Preparatory Exploration of the Principle of
Parthenogenesis in Freud's Thought

Chapter IV

On Social Neurosis

Chapter V

Psychoanalysis as a Kind of Sociology: Toward an Analysis of Soul

Bibliography
Postscript
Epilogue

序

渠敬东

研究学问，最难的莫过于：如何真正走入思想的领地。

思想是所有学问的根基。可我们说话和思想，用的语词和概念，都不是凭空而来的，大多靠着古今中外那些思想家对既有格局的继承、推进和扩展，古人说"自知无知"，就有这层意思。所以说，学问的要害，首先是要回到思想家那里看个究竟，这样做，也相当于对我们自身的追问，即"认识自己"本身。

不过，思想家的思想，自然是一个具体的人的思想，人有七情六欲，也会夹着胡思乱想，还有很多参与论战的敌友，身后到处是追随者和诋毁者，倘若不辨分出来，思想便不成思想了，怎能为人们普遍来学，普遍来用？所以，多数的思想或思想史研究，都热衷于做一番清洗的工作。

有人觉得，应当把思想文本与作者的生平经历分割开，文本原本有其自身独有的脉络，切不可为作者那些限于时代和生活情境的私人因素"污染"了。有人则认为，恰恰是因为思想家常在繁乱的生活世界里，所以必须明察他的所有细节，才能辨析出那些仅属于他的私下成分，像外科手术那样把那些杂碎精确地切除掉。上述两种做法，当然还有更为精致的发展：文本本身也不是直接显现的，还必须从中进一步识别出"显白"和"隐微"的不同意涵；而要摸清作者的情境，则必须从作者最隐秘的经验世界中发现那些他有意无意隐藏的秘密，斯塔罗宾斯基研究卢梭，便充分展现了这样的手法。

更甚者，思想家的思想，在普及和推广的过程中，在理论化和应用化的过程中，则免不了做更多的"剪枝"甚至是"截肢"的工作。文本中特有的修辞，写作中的各类激情，乃至过于错综复杂的"支脉"和"隐喻"，也都会经由"理性化"的手段被剔除掉，被分解与重构，成为条分缕析的论述结构，清晰明确的用语体系，或是标准化的操作规程，既可以做成PPT进入课堂教学，也可以析分为中层理论，满足专业化、学科化的要求，在研究中寻得各式各样的小突破。似乎"人"的成分越少，"思想"才会越具有科学技术的价值。

特别是在今天，我们绝大多数的人文和社会科学研究，都有这样的"共识"，甚至成为一种带有惯性的路径依赖。学问如此化约，那些在人类历史中开创过全新时代的思想家，他们卓然特立的为人和所思，都已成了没有血肉和色彩的剪影，印在书本里，或挂在墙上，供人们参观游览和肢解地运用……种种迹象表明，我们进入了一个学术上的"小时代"。

追问思想家本来的思想，进而像思想家那样，有思想地去追问，已经是这个时代刻不容缓的事情了。

孙飞宇的新书《从灵魂到心理：关于经典精神分析的社会学研究》力求要做的，就是这样的事情。

作为汉语学界弗洛伊德研究的专家，作者并没有依照思想史的既有写法，开篇即从弗洛伊德的思想体系、概念框架、专题领域或是随后发展等入手，而是选取了一个看似技术性的小问题，即从思想家母语文本和英文译本（"标准版英文译文集"）之对勘出发，发现了所谓的大量"误译"之情形。说来奇怪，上述译本可以称为"标准版"，一是因为编辑者和翻译者皆是精神分析领域的学术权威，而且弗洛伊德的小女儿也参与主持了这项工作；二是因为得到了弗洛伊德本人的认可。如此有定尊的文献，为何还有这么多的"瑕疵"呢？

众所周知，精神分析学这门惊世骇俗的学问自诞生以来，弗洛伊德便陷入了学术甚至道德化的是非旋涡中，而且，也因为精神分析既是一门科学理论，又是一种门诊实践，常常将学者、医生、患者、公众搅作一团，其中的具体论证和操作也是精微考究的，仅就学理和技术就可以争执不休了。任何思想，若还在夹杂着各种可能性的阶段，自然是难以传播和普及的。英译者若要实现这样的伟大志向，就必须给出一个"标准版本"的理论形态，尽可能让"无章"的思想成为有章的体系。既然英语世界是世界中最大的知识域，像弗洛伊德以及后来的韦伯、福柯等人物，都免不了得此殊荣，在广泛的传播中获得现实的"生命"。

作者发现，"理性化"是将思想家的思想专业化和建制化的有效途径。这需要在几个方面做好文章：一是将基本概念收束到学科的框架中去，譬如，只受行为科学训练的美国心理学家，对于"灵魂"（Seele）一词，基本上是"丈二和尚"，不知所云，所以译为 mind、mental 或 psycho，收拢到可理解、可传播的学科脉络里了。二是将表达整理得清清楚楚，原文中具有多重模糊指向的词或句子，常常被整理得干干净净，那些日常的，亦带有文学色彩的表述，也被做了取舍。作者举了很多精彩的例子说明，英译者就是要将弗洛伊德从那些混沌不清、隐晦不明的言说中拯救出来，若能成为公理或定理式的表述，便再好不过了。当然，最重要的做法，就是靠学会、期刊、术语汇编这些常见的学科建设手段，来推行一整套"思想复制"技术，使精神分析成为一种科学原则和研究方法，为广大信奉者提供最易上手的学术操作。

弗洛伊德在欧洲和美国的遭遇实在不同。欧洲的同行总是过于讲究甚至刻薄，抓住各种"微小"的细节不放，说起话来也常带有攻击谩骂的味道。美国人则对这种"奇怪"的思想平等待之，不仅迅速成立了"精神分析协会"和"精神分析联合会"，还急切地将这样的思想纳入精神病理学乃至医学训练的专业领域里。弗洛伊德本人当初也是受到鼓舞的，不过，这样的学科和专业建置，虽说在思想资源上一定来源于他，却绝不会受他的"影响"，精神分析一旦成了独立的"法人"，就可以像市场活动那样，独自去运作、经营和交易了。即使弗洛伊德也曾私下说过，这个新兴的行业里掺杂的水分太多，冒领的人也不少，但所谓他的思想，早已脱离了思想家，依着美国人的方式，戴着学科的面具发挥巨大的社会作用了。

可故事讲到这里，本书作者提醒我们，还要看看弗洛伊德本人的态度。这种感受颇有点像尼采说的那种 ambivalence，当然，这也是弗洛伊德自己钟情的概念。精神分析"失真"，他自然会不高兴，对于欧洲的那些追随者，同时也是他的论敌，如阿德勒、荣格等人，他是坚决反击，说他们"只是从生活旋律中捡拾起了一些文化泛音，而没有听到伟大的原始驱力的旋律"。但在美洲大陆这边，发生的情况则完全不同。美国人不仅将精神分析纳入精神医学和神经医学领域，而且在大众中特别流行，很多官方的精神病理学家还将其视为医学训练中的重要组成部分。更有甚者，美国人硬要反戈一击，向弗洛伊德本人宣战：1927 年纽约协会通过一项决议，要"赤裸裸地谴责业余精神分析行为"。

好吧，学术史里的故事真是精彩万分，学说的创建者成了业余人士，像病毒一样被隔离。体制的力量如此强大，真能把头脚倒置过来，这在科学界也是屡见不鲜的。对此，弗洛伊德当然不能客气，他专门讨论过所谓的"业余精神分析问题"，指出精神分析的核心是"谈话疗法"，既不是那些拿着医疗器具并能开出药方的大夫，也不是听人忏悔的牧师，因为精神分析的要害，在于疗治灵魂，而非身体；在于言说的解释，而非告白。普通心理学和病理学不涉及人的灵魂，即便是那些受过严格学科专业训练的医生，他们的学识若不能像一个完整而具体的人那样，不能像一个真正活着的人那样，浸润在一个充满着语言、风俗、神话、宗教、艺术以及各类蕴含着意义的系统里，就无法完成这项工作。因为"从神经症患者的幻想到人们在神话、传奇和童话中表现的想象创作，其实只有一步之隔"，精神分析师若只被打造成为"一个冷静、客观、科学化与专业化的，一位穿着白大褂、干干净净的医生科学家的形象"（本书作者语），那么面对人的存在这一关键议题来说，才真正是业余的"庸医"。

精神分析是一种科学，但作为人的科学，作为面对人的灵魂的科学，非但不能循着一种标准化的路径，被一种学科意识所捆缚，反而对于常规思维来说，无论是患者，还是门诊的医者，文本的作者甚至文本本身，他们（它们）的杂乱与荒谬、反常与变异、梦魇与呓语，不仅不能被科学阻隔出去，反而是破解灵魂生活（Seelenleben）的密钥，是思想本身的驱动力。

由此可见，本书的追问从学术史起，却超出了此范围，甚至可以说，也没完全限定在思想史的范围里，更不是作者所说的那种知识社会学的分析。这里涉及的精神分析问题，已经触及如何面对科学本身，如何面对思想本身。思想与思想家的关系，思想如何作为一个作者灵魂生活的领地，如何得到理解和解释，都露出了可进一步追查的蛛丝马迹。

上文说到，对精神分析在美国传播的命运，弗洛伊德颇有一番 ambivalent 的感受，可这种感受若何？本书作者说，倘若不理解精神分析的思想起点，就体会不了这样的感受。精神分析学说，自"压抑"始，这很类似于该学说本身在美国遭受的压抑。"理性化"哪里只是精神分析在美国的遭遇？！它恰恰是所有人在现代文明中的遭遇。如彼得·盖伊所说，现代社会自启蒙运动以来，直到19世纪资本主义体系的确立，在前所未有的文明进程中，人的存在却成了一种"虚假的纯真"。理性化及其道德化的效应，将生命真正的驱力前所未有地压抑了，生命自身所做的无意识的防御和反抗，也被当作"病征"或"癔症"来处理。这种"文化伪善主义"（cultural hypocrisy），将生命中的欲望表达加以净化，转换成一种公共话语的秩序。事实上，就连力图撕开这层伪装的精神分析思想，也同样受此裹挟，被置于科学的审查体制之中。难怪本书作者说：

> 英译本在全世界与弗洛伊德之间建立了一个安全空间。或者我们可以说得更为直白一点：正如在弗洛伊德那里，梦在欲望和现实之间建立了一个安全空间一样，英译本也成了弗洛伊德的梦。作为一个"显梦"，英译本并非没有意义。恰恰相反，一方面它是通过了"审查机制"而得以在世界中被最广泛使用的文本；另一方面，这一文本可以作为"VIA REGIA"，帮助我们到达对于弗洛伊德原著的理解。

的确，面对现代人那种不安的灵魂，弗洛伊德努力去寻找一个安全的出口，但对于这一惊世骇俗的思想，就像人们日常躲避

"性"的话题那样，将其视为最大的"不安"加以规训。这反而说明，社会的压抑机制早已遍及各处、深入骨髓了。于是，精神分析，成了精神分析的案例，弗洛伊德身在其中，他的思想成了"病症"。

作者指出，正是精神分析的如此遭遇，迫使我们必须回到弗洛伊德本人的思想来追问。这对于我们如何理解他所自称的"科学""客观性"以及所谓"灵魂"的治愈，是最好的契机。从精神分析的角度看，作为思想家，弗洛伊德之思想的首要特征，是交互性的，是通过人与人之间的关联建立起来的，既非近代自然科学家式的推演和实验，也非形而上学家式的思维。因此，即便说思想者本人有着思想上的自我控制能力，但患者的激情和臆想则无从控制。精神分析中，治者与患者之间的移情（transfert/Übertragung）乃是最核心的理论问题，也是治疗成功与否的关键。本书作者指出："只有通过移情，被治疗者和治疗者才能够产生对于自己的新认识。移情要求双方的关系超越一般意义上的现代职业关系，进入到情感与（自我）认识相互促进的层面上。这不仅是说，关于爱欲的知识，必然要在某种情感体验中才能获得；还意味着，即使是关于他人和自我的一般知识，也必须要在某种与爱欲相关的情感关系中才能够获得。"的确，移情这种双方之间的情感关联，在弗洛伊德看来，就是爱欲的性质所在。只有通过移情，而不是器械和药物，患者才能在治者的面前，去重复他的生命中那被遗忘阶段里所有的历史，他那种有着倒错意味的抵抗活动，他曾经的隐秘的生活史才能得到复演。

治疗过程中，双方的这种移情，犹如奥德修斯的历险，旅途中满是暗礁、敌手和塞壬的歌声。这危险的旅程，对于治者和患者来说皆如是，唯有如此，双方的力比多才能得以调动，"患者的症状之上所附着的原初意义"才会丢掉,而"拥有新的意义"。这其中,双方移情的关联既要深度确立,又要得到驯服,这既是出于一种伦理考虑,也是科学本身的要求,因为患者在"将重演(repetition)化作回忆(recollection)"的过程中,他的力比多会转而集中于医生,很有可能基于旧的神经症而发生新的神经症,从而将治者本人的主体性,包括他的人格、成长史以及精神状态等牵涉进来,统统纳入似乎不易完结的危险之旅中。这就像传染病的治疗一样,医生时刻面临着被感染的风险,一旦病毒侵入他的体内,他必得同时进行自我的抗争。

因此,精神分析的实质问题,便在于分析师(作为治疗者的弗洛伊德)的自我认识和自我分析。像作者说的那样,《释梦》一书的大部分内容,都以他对自己的梦的分析为基础,他最后的作品《摩西与一神教》,更是对他深处其中的犹太宗教与文化的深度分析。由此看来,弗洛伊德的思想,不仅是对于自身灵魂的深度追问,也是在与患者的移情中,经由临床实践而形成的印证和发现。双方共赴危险之旅,先是一种发动和被发动的关系,但患者一旦被揭示出原始的驱动力,便又演化为一种反向的发动和被发动的关系。这多重反转的旅程,并非只是分析师预先经历过的自我分析之机制的重演,还是彼此双方交错而成的自我发现。本书作者说得好:"在《精神分析引论》中,弗洛伊德将精神分析视为一种再教育,是关于人的成长的一种科学艺术。这种教育一定同时是一种自我教育。"这里的思想,本就是一种在移情关系中的自我发现和自我成长的过程,在精神分析中,思想本身不是预设,也不是推理,不是一种思想在他者那里得到验证和应用的过程,而是思想本身需要历经危机和挑战,并与患者一起返乡的征程。

可在文明的压抑下，哪里才是归宿呢？在弗洛伊德的眼里，文明的一大功用，就是要用"一部分的快乐的可能性交换来一定的安全"。可安全的代价，就是人"被剥夺了满足力比多的可能性"，被"挫败"了。不过，压抑与反抗是同步的，这种紧张关系表现为人的性驱力因文明化而来的社会化自我控制，即自我（ego）驱力之间的矛盾。这是一种意识和无意识之间的斗争，人以无意识的"反常"来反抗意识中的"正常"，被文明意识定了性的"变态"和"疾病"，却成了生命得以拯救的一线契机。

　　官能症，即诸种症状性的表达，如幻觉、呕吐、噩梦，连同"正常人"的梦、笑话与口误等等，都成了身体在无意识层面的表达。意识的自我审查，统统要将此革除掉，就像今天的那些学科评审机制将各种非常态的奇思异想都排除在外一样。弗洛伊德告诉我们，所有这些无法通过正常意识得到表达的病症，恰恰是一种正常的灵魂机制，我们每一个现代人都是官能症的患者，都有获得解救的机会。思想又何尝不是呢？一旦被学科体制安置到安全的空间里，最后都变成了"病症"，变成了一种创伤性的经验。

　　学问之难，就在于难入思想的领地。更多的科学研究，则是割掉思想、去除人的灵魂问题的自宫之举。在这个意义上，精神分析简直就是个现代科学的隐喻，其常规化的时刻，就是被压抑的时刻，也恰恰是其可能得以升华的时刻。本书作者指出，升华学说，实际上是一种现代人从爱欲到神圣的解救之路，用弗洛伊德的说法，即是"最初性的驱力在某种不再是性的成就而是有着更高的社会或伦理价值成就中发现了其满足感"。这是一种个体灵魂的"生长机制"，不过，这里所说的个体并不是自足的，假若没有精神分析师，患者便找不到升华的途径，而没有患者，精神分析师的灵魂也是无法得到成长的空间的。

卢梭说过，人类若不从婴儿降生为始，便会永远处于文明社会的堕落中，不再有重返自然状态的机缘。同样，在弗洛伊德看来，人的身上一直存有回归原始状态的保守性，即"重返事物早期状态的需要"。从希腊神话和哲学，直到圣经故事，皆强调人的原初性乃为两性合一的整合人。而且，人的生命的驱力，原始地与死亡的驱力最紧密地联系起来，远远超出现代人所设想的那种自我保存的动力。生与死的交织，不是从个体到全体的现世的安全筹划可以把握的，而是将个体与群体、原始与现实、童年与成人、凡俗与神圣错综复杂的交叠结合起来。

同卢梭一样，弗洛伊德认为儿童是神圣的，没有两性分化，并没有受到成人的那种性别意识的压抑。儿童纯洁无瑕的形象，与欧洲文明中关于神圣的想象直接叠合在一起，最为典型的代表就是"圣子"。伊甸园中亚当和夏娃的诞生状态，也说明了这种神圣性。但当儿童进入社会之际，情况便全然不同了。本书作者指出：

> 这个被逐出伊甸园的亚当的后代，终究会成长为一个叫作俄狄浦斯的王子。不过，当对于快乐的满足从多形态性到了正常的社会生殖性的时候，即有了社会性，有了圣俗两分，有了（生殖器）中心和规训的时候，也就是人获得压抑/抑制之际。这一成长的过程漫长而充满了复杂的斗争，儿童必须在这一过程里，学会如何理性化地处理自己的冲动、快感和身体。这同时也是弗洛伊德眼中人类社会的成长史。

从儿童到成人的生命过程，与人类从史前时代进入到文明时代的进程是相互叠合的。儿童时期那种分散的快乐原则，逐渐被社会性的规范原则所遮蔽，强大的"超我"系统覆盖在灵魂之上，羞愧、忏悔与自律成了保全生命的法则。不过，就像巫术的幽灵总是徘徊在宗教和教化时代里一样，所谓成年，也并不意味着童年期的消失；俄狄浦斯终究只是一位王子，他只有弑杀和取代了自己的父亲，才能解除压抑。但也恰在此时，"所有官能症的根源"都依此情结而生成了："违反律令的欲望，仍然存在于无意识与服从当中。"

本书作者借用瑞夫（Rieff）的说法，敏锐地指出：在俄狄浦斯的寓言中，"弗洛伊德建立了一种个体借以渴求其自身限制的辩证法"。"一方面，作为俄狄浦斯情结驱动力的反律法主义式的情感，带来了自责与罪恶感；另一方面，自责与罪恶感所带来的对于自由的拒弃，则在心理学的意义上被感受为抑制，或者被社会客体化为律法或禁忌。弗洛伊德终于构建起了他自己关于压迫与反抗的灵魂政治经济学。"而精神分析的主要任务，就是要将这一系列病原性的无意识重新暴露在意识之中，建立一种从儿童的神圣性到被压抑的情结所带来的无意识反抗，从一种对童年记忆之"由来"的揭示，到对人类历史之原始整全性的溯源，并在意识中得以彻底敞开，这样一种涅槃般的灵魂新生的完整链条。

由此，精神分析的工作需要广泛铺开：既要回到人类历史的童年，又要回到个人童年的历史；既要回到患者的压抑和反抗的历史，又要回到治者同样的历史；既要回到治者与患者双方之间移情展开的历史，又要回到思想本身被科学文明所遮蔽并与之斗争的历史。在这个意义上，弗洛伊德的思想，也像黑格尔那样，做出了类似于"真理即全体"的探索和尝试。

巫术时代乱伦禁忌中的触摸恐惧症，俄狄浦斯悲剧中的灵魂矛盾，从犹太教（父亲宗教）的"割礼"到基督教（儿子宗教）的"圣餐"，再到新教（个体宗教）之理性化的除魔进程，一个人从童年到成年所经历的灵魂压制和无意识抗争的种种征象，乃至一种思想在一套成熟的学科体制中所遭受的吊诡的命运，都是同构的。那些依照所谓的常识被我们视作偶然的神话、寓言和故事，一个人的口误、梦话和臆念，甚至无意识言说中的双关、感叹和静默，也都同样与人类的多重历史有着本质的关联。只有寻找人类与个人的、有意识和无意识的历史的全部关联，我们才能发现灵魂的隐秘机制，才能重返一种真正神圣的真理之中，让灵魂获得"拯救"。

由此看来，思想永远存在于整全历史和世界的关联里，所有人的历史与一个人的历史是同样的历史，患者的历史与治者的历史是同样的历史，思想发生的历史存在于每个人的历史之中，若没有像平常人的那种压抑与挣扎、快乐与痛苦、沉想与呓语，就不会有真正的思想，学问也无法寻得自己的根基。

这就是《从灵魂到心理》一书呈现给我们的思想的故事。

前　言

  1909 年 11 月 18 日，刚从美国克拉克大学结束访问演讲返回维也纳的弗洛伊德，从他的寓所，维也纳山坡路 19 号（Berggasse 19），给他的英文译者寄了一张明信片。在那张明信片上，弗洛伊德用英文写道："I am sorry translation will not prove too easy and may want a thorough knowledge of the subject and the language."

  翻译成中文，弗洛伊德是在说："抱歉，翻译将不会太容易，并且需要关于这一主题和语言的详尽知识。"

  这句写在明信片上的话似乎表明，弗洛伊德对于他的英文译者不太满意。他并没有感谢译者，而是对这一翻译的难度表示了歉意，并随即对译者提出了要求：要深入了解相关主题和语言的知识。这一要求仿佛是在说，英文译者对于这二者都不甚了解，或者是需要进一步的了解。

  和这句寄言相关的一个确定事实是：弗洛伊德的作品在被翻译成英文的过程中，确实发生了一系列的误译。今天，围绕着这些误译，在英文学界已经形成了一个小小的研究领域。学者们比较详尽地指出了在英译文中核心概念和译文风格方面发生的一系列变化。对于这些误译的总结和讨论也正是本书的起点。由这一起点出发，弗洛伊德 1909 年寄给其英文译者的卡片。内容为：

I am sorry translation will not prove too easy and may want
a thorough knowledge of the subject and the language.

（抱歉，翻译将不会太容易，并且需要关于这一主题和语言的详尽知识。）

本书尝试从社会学的角度，去讨论一个问题：弗洛伊德的经典精神分析到底是什么？

这个问题并不好回答。从安娜·O 的案例至今，包括弗洛伊德本人的写作在内，有太多关于这一问题的研究和答案。这些答案彼此之间并不相同，许多答案又逐渐衍生成为学派，学派再不断繁衍开来，迄今已经形成了琳琅满目、蔚为大观的诸多思想流派。拉康曾经号召要重返弗洛伊德。然而问题是：弗洛伊德是谁？这本身已经成为一个谜。本书将从作者、译者和受众的交叉开始，从知识社会学的视角来讨论这一问题，并尝试去解开这一谜题。不过，这一"解开"并非意味着追求某种确定性的答案，本书也并不认为可以找到某种唯一确定的答案，而只是希望从某个视角出发，去讲出这一视角的视域。

从这一入手处去看，弗洛伊德的话或许同时还有另外一层意思。弗洛伊德曾多次说过，精神分析是一种诠释或者翻译的艺术。也就是说，精神分析是在听和看过程中的一种艺术，是一种诠释性翻译：将梦或者症状这样的语言翻译成我们可以懂得的语言。所以，弗洛伊德在这张明信片上所说的，或许并不是他的作品从德文到英文的翻译问题，而是精神分析本身。在这张明信片上，弗洛伊德也许在说：精神分析，需要对于相关的主题和语言，有着彻底的理解。他感到抱歉，因为正是他，催生了精神分析这门艰苦的学问。所以从这一层意思向前推一步，本书希望把弗洛伊德和他的工作置于他所理解的思想史、社会和政治之中来理解：精神分析是什么？

这当然并非本书独有的问题。对于每一位精神分析的研究者和从业者来说，都存在着这样的问题和相应的独特答案。哪怕在社会学领域内，这也并非一项独特提问。在《实在的社会建构》一书结尾处，皮特·伯格和托马斯·卢克曼（Peter Berger & Thomas

Luckmann）曾以精神分析为例来说明知识社会学的研究旨趣：

> 社会科学家们目前对于从精神分析而来的理论存在着兴趣。无论是在肯定的意义上还是在否定的意义上，如果他们并不将这些理论视为一种"科学"的命题，而是作为现代社会中一种极为特殊甚至高度重要的实在建构的合法化而加以分析，那么对这些理论的理解就会大不一样了。❶

从这一段话入手来理解精神分析，我们会发现，关于精神分析的知识社会学理解同样从一开始就遭遇到了问题。两位知识社会学家提议将精神分析视为一种现代社会中的"建构"。与这一提议相关的问题在于：一方面，在精神分析的世界中，关于"经典"的界定通常并不复杂，指的就是弗洛伊德的作品。而另一方面，当我们具体考察世界范围内弗洛伊德的形象以及这一形象的载体即其经典文本时，这一问题就确实显得比较复杂了。两位作者希望读者或研究者将精神分析视为"现代社会中一种极为特殊甚至高度重要的实在建构的合法化"，这就必然引发一个问题：精神分析是如何被建构起来的？在这方面，一个显而易见的事实是：在世界范围内塑造弗洛伊德形象的，更多要归于其英文译本，而这一译本并非"原著"。

在精神分析的发展历史中，弗洛伊德在其德文原著中的形象及理论，都伴随着弗洛伊德"标准版英文译文集"的出版而发生了变化。在这一标准版英译本中，如前所述，在核心概念和写作风格的变化之外，在一系列核心概念和案例的翻译过程中，弗洛伊德在原

---

❶ Berger, Peter L.; Luckmann, Thomas, *The Social Construction of Reality: a Treatise in the Sociology of Knowledge*. New York: Anchor Books, 1967, p.188.

著中所呈现出来的精神分析理论诉求、弗洛伊德与其作品之间的关系、他本人通过其原作所呈现出来的形象，都发生了很大的变化。

弗洛伊德对该译本的变化并非一无所知，然而态度很暧昧，既表达过对英文译者的信任，又对精神分析传播过程中所产生的变化充满了疑虑。这一态度为我们的研究提供了更多的线索，同时也使得研究复杂起来。

本书希望能够在英文学界的研究基础上再进一步，不仅仅局限于文本比较，而是转向知识社会学的旨趣。无论弗洛伊德本人的态度如何，精神分析的文本和精神分析的实践本身，都必然要脱离其创立者，卷入更大的社会系统与历史趋势之中。在我看来，弗洛伊德的作品本身，弗洛伊德本人对译本的暧昧态度，英译者的翻译立场以及精神分析本身的发展，共同构成了一种值得研究的知识社会学场域。这一场域中，精神分析的"原知识"在其传播变迁过程中的"理性化"以及在这一理性化过程中，"原知识"的变形所带来的现代知识界对于弗洛伊德的误解，是其主要特征。对于这一场域的研究，构成了本书第 1 章和第 2 章的主要内容。不过，如上所述，本书的主要目的，并不是去追认某种真正的"原知识"，而是首先试图通过对该场域几种维度之间的变迁与紧张关系的研究提出，弗洛伊德的被改造，是我们理解弗洛伊德及其思想变迁作为一种有代表性的 20 世纪之世纪知识现象的基础。其次，在这一基础上，本书试图重返弗洛伊德的精神分析理论本身，希望能够通过对于他的爱欲（Eros）和官能症（Neurosis）这两个核心概念的重新考察来阐明，弗洛伊德的精神分析理论本身已经具有了社会理论的意涵，弗洛伊德的个案研究，本身就是社会学个案研究的经典。对这两个概念的研究，构成了本书第 3 章和第 4 章的主要内容。

具体来说，在第 3 章中，我试图从爱欲这一概念出发，探讨弗洛伊德思想中的单性繁殖原则及其背后的社会神圣性假设。通过对核心概念的思想史探究，我首先将弗洛伊德的爱欲与性的概念置于西方思想史传统之中，并由此将单性的概念即弗洛伊德思想中无性差别的生活世界的意义状态，推展到弗洛伊德对人的基本假定以及与其相应的思考形式；最后，这一章试图表明，对于弗洛伊德而言，单性繁殖乃是作为西方文明运行逻辑的神圣式想象。这一讨论或可为我们理解关于现代性的西方社会理论提供新的切入点。

我在本书中想要说明，弗洛伊德的社会学不仅仅存在于他对社会学问题的直接考察中，亦即不仅仅在于他的《图腾与塔布》《文明及其不满》和《群体心理学与自我的分析》等社会学名篇中所做的工作。恰恰是在他那些最具精神分析气质的工作中，如他的癔症理论和案例史之中，甚至是在精神分析理论本身之中，就隐含着社会学和社会学理论。弗洛伊德对个体灵魂的考察，最重要的就是把个体置于社会之中。精神分析无法避免个体与社会之关系这个社会学的问题，这同样也是精神分析的核心问题。关于这一点，他曾在《精神分析之兴趣》一文中讲得非常清楚。在其中的"精神分析的社会学兴趣"一节中，他开篇就说，"确实，精神分析将个体心灵作为研究对象，然而在探究个体之时，它无法避免处理个体与社会之关系的情感基础" ❶。包括马尔库塞和休斯在内的许多社会理论家

---

❶ Freud, Sigmund, *The Claims of Psychoanalysis to Scientific Interest*, the Penguin Freud Library (*P. F. L*), Vol.15, Penguin Books, 1913/1986, p.15; *Das Interesse an der Psychoanalyse, Gesammelte werke, werke aus den Jahren 1909-1913*, Vol. VIII, London: Imago Publishing Co. Ltd, 1931/1943, P418.

由于英文与德文的文本对照是本书的重要研究线索之一，所以对于部分关键概念和引文，本书将采用英、德双文本的索引。另外，由于弗洛伊德的英文和德文文集发表时间，与其多数文章初次发表时间都不相同，出于索引精确的研究目的，本书会在大多数参考文献中，标明初次发表时间与文集发表时间。例如，弗洛伊德的"精神分析的唯一主题是人类的灵魂进程"这句话，初次发表时间（转下页）

也都认为，弗洛伊德的经典精神分析作品本身，就是非常重要的社会学理论。●也就是说，弗洛伊德之精神分析的社会学内涵，并非仅仅指弗洛伊德中后期对于人类社会之文明与宗教的讨论，而是包含其精神分析的理论与工作本身。这正是本书希望开掘的内容。

在这一前提下，本书在第 4 章重点考察了弗洛伊德的"官能症"这一核心概念。在弗洛伊德的工作中，官能症这一概念无疑具有核心地位。在弗洛伊德看来，这是一个可以概括精神分析学说整体的概念。他甚至在讲座中明确强调"官能症的理论就是精神分析本身"●。本书最后的落脚点就是从社会学的角度来重新诠释这一概念：将其置于弗洛伊德的社会世界中，并希望能够阐明弗洛伊德的官能症这一概念，实际上是"社会官能症"。在现象学与存在主义的帮助下，本章将社会官能症置于一个更大的社会思想史背景来考察。通过对这一概念的讨论，我希望能够去观照现代性特征在个体微观的爱之政治社会学中的表达，并从这一表达中找到社会学思考的新资源。

这一研究采用的是社会学的方法。精神分析与社会学之间有着密切的关系。同样作为人类在 20 世纪所收获的知识进展，精神分析运动与社会学自身发展之间的紧密关联，从来都未被社会思想史

（接上页）为 1927 年，在我所使用的英文文集中的发表时间为 1986 年，在我所使用的德文文集中的发表时间为 1948 年，则该参考文献为：Freud, S., "The Postscript to *The Question of Lay Analysis*", *P. F. L.*, Vol.15., Penguin Books, 1927/1986, p.359; "Nachwort, Zur 'Frage der Laienanalyse'", *Gesammelte Werke, Werke aus den Jahren 1925-1931*, London: Imago Publishing Co., Ltd, 1927/1948, p.291. 在引文不涉及英德语言比较问题的时候，我将直接使用英文文献。

● 赫伯特·马尔库塞，《爱欲与文明：对弗洛伊德思想的哲学探讨》，黄勇、薛民译，上海译文出版社，1987，第 20 页；Hughes, Stuart, *Consciousness and Society: the Reorientation of European Social Thought 1890-1930*. New York: Knopf, 1958, p.125。

● Freud, S., *Introductory Lectures on Psychoanalysis. P.F.L*, Vol. 1, Penguin Books, 1916-1917/1991, p.426.

的研究传统所忽视。在 19 世纪末 20 世纪初关于现代人与现代社会的种种讨论之中，今天被视为社会学三大家的马克思、韦伯和涂尔干显然并非仅有的一批智识贡献者。对于社会思想的阅读者和研究者而言，精神分析运动对于现当代社会学的影响，亦远非只是某一流派或者某一个理论家可以概括。社会学作为一门学科在近现代社会中的兴起，自然有其深刻的政治－社会历史背景与思想史传统的渊源。而几乎同时出现的精神分析运动，与社会学之间的亲和力关系，也绝非只能用巧合来解释。时至今日，弗洛伊德及其开创的精神分析运动，虽然并未被标准的社会学理论教材纳入视野之中，不过，对于社会理论的阅读者和研究者而言，弗洛伊德的的确确是一个无处不在的"幽灵"。

由于对人类心灵及其与社会之间互动关系持续不断地深刻考察，精神分析运动自诞生百年以来的种种努力，亦早已经充分体现在各种取向截然不同的社会理论之中。无论在法兰克福学派那里，还是在帕森斯那里，抑或在诸多的现代/后现代的社会理论之中，如果没有精神分析的维度，则我们对它们的理解不会完整。正如福柯在为《反俄狄浦斯》一书所作的开篇序言中所说：

> 在 1945—1965 年间（我指的是欧洲），横亘着某种正确的思维方式，某种政治话语的样式，某种知识分子伦理学。人们不得不去亲近马克思，人们不能够偏离弗洛伊德太远。而且，人们还不得不对符号系统——能指——表示出最大的敬意。这三方面的要求奇怪地盘踞了写作和言说的领域，成为广为接受的衡量个人及其时代的真理。❶

---

❶ 福柯，《〈反俄狄浦斯〉序言》，麦永雄译，《国外理论动态》，2003 年第 7 期，第 43 页。

福柯并非以全面肯定的态度写下的这段话，已经表达出了精神分析在现当代社会与政治思想之中的位置。此外我们还可以再举一个例子。在其名著《社会学的想象力》中，赖特·米尔斯在多处直接以弗洛伊德的工作为例来说明社会学的想象力。例如，在第八章关于"历史的运用"这一主题的讨论中，米尔斯将弗洛伊德的工作视为具有社会学想象力的典范，因为在他看来，弗洛伊德的工作是将每一个人都理解成了历史性的人。在这部著作的许多其他地方，米尔斯对于弗洛伊德的熟悉程度和直接引用的方式，甚至会让人产生一种错觉，认为他是在引用一位社会学知识库中的经典理论家：米尔斯自始至终都没有为引用弗洛伊德作为社会学想象力的模板做过任何解释，而且其行文方式也表明，他十分确信，这部著作的读者也不需要任何解释。

时至今日，情况已经发生了巨大的变化。不过，本书无意梳理弗洛伊德在现当代社会理论史中的位置及其变迁，而只是如前所述，希望对弗洛伊德工作中的社会学性质加以开掘。

这一开掘需要在思想史的背景下实现，因为我们需要在思想史的意义上打开弗洛伊德的工作。与今天大众所熟知的形象不同，弗洛伊德从不只以医生自居。与精神分析有关的学界传统也从不做此断言。在思想史的传统中，弗洛伊德也从未被局限于精神分析运动的隐秘领域内。无论是诺曼·布朗所谓的"对人类现状所作诊断的一个组成部分"[1]，还是奥尼尔所说的"这一惊世骇俗的，混杂着艺术与科学的，并且如此切近于戏院剧场的弗洛伊德流派"[2]等判

---

[1] Brown, Norman O, *Life Against Death: The Psychoanalytical Meaning of History*. Connecticut: Wesleyan University Press, 1985.

[2] O'Neill, John, "Psychoanalysis and Sociology", in *Handbook of Social Theory*. Edited by George Ritzer and Barry Smart, New York: Sage Publications, 2001, pp. 112-124.

断，都将弗洛伊德的工作放置在了西方悠久的宗教、哲学与文学传统之中来理解。本书将在这一基础上提倡重返弗洛伊德的社会学。

弗洛伊德所开创或发展的若干概念，无论是否被误读，早已成为现代文化的一部分，进入了普通人的日常生活之中。这样的影响也包括中国在内。要从精神分析的角度来理解中国的现代史与当下社会的普遍状况，除了重新反思我们自身与我们的历史之外，还要重新反思弗洛伊德及其后继者们——或者反对者们——的工作。在这一点上，从梅洛·庞蒂到哈贝马斯、拉康等人的努力使得我们可以重新反思弗洛伊德与经典社会学以及社会学史的关系。不过，我们还可以更进一步，将这一反思置于对中国现代化以及这一现代化所提出来的若干重大的严肃问题的背景之下。中国的文化传统中并无弑父的故事。这已经足以打开西学传统的视野。然而中国当前的社会正当"剧变"。若将这一剧变作为20世纪以来中国剧变的一个极其核心的部分的延续，就更加为我们提供了一种新的政治与社会想象的空间——比如一种新的社会官能症的可能性。

总之，本书希望从翻译问题出发，从最基本的西学研究出发，以社会学为视角来重新解读弗洛伊德的经典精神分析理论。这只是一个起点。我对自己在本书中提出的种种问题，并无能力给出回答。希望在今后可以继续学习和研究精神分析运动与其他相关思想学派的发展史，并借助这一学习和梳理，对于中国当下社会学与人文社科学界的工作提供一己孔见。

第 1 章

从灵魂到心理：弗洛伊德标准版英译本的知识社会学研究

精神分析的唯一主题是人类的灵魂进程

（mental process/seelischen Vorgänge）。❶

一、从德文到英文：弗洛伊德作品翻译过程中的理性化现象

文本作为载体

作为 20 世纪具有代表性的知识分子之一，弗洛伊德及其精神分析有着世界范围的知名度。不过，众所周知，从《释梦》一书开始，弗洛伊德和他的这一工作就饱受世人批评。1914 年，在其《精神分析运动史》一文中，弗洛伊德开篇就愤怒地回忆说，"在那十余年的时间里，我是唯一一位关心它（精神分析）的人，而在所有

---

❶ Freud, S., "The Postscript to *The Question of Lay Analysis*", P. F. L., Vol.15, 1927/1986, p.359; "Nachwort, Zur 'Frage der Laienanalyse'", *Gesammelte Werke, Werke aus den Jahren 1925-1931*, 1927/1948, p.291.

我的同时代人中，对于这一新现象的不满，都以批评的形式倾泻到我的头上"❶。

1914年，弗洛伊德58岁，还未至暮年。他在未来还有很长的人生道路，精神分析的理论也将会得到很大的进展。他所说的"那十余年"，指的就是从《释梦》发表前后，即他的精神分析理论逐渐成形的时段，到1910年他自认开始得到世人承认的时段。对于弗洛伊德来说，这是一个单人只手对抗全世界敌意的阶段。在这一堂吉诃德式战斗中，弗洛伊德逐步收获了自己的胜利，赢得了某些人的支持。不过，由于内容过于惊世骇俗，精神分析的传播一直都是个巨大的问题。支持者往往要经由某种仪式性的治疗过程，才能够实现对于这种知识的服膺、理解与实践。仅有阅读是不够的，在实践中，精神分析的传承者往往要求更具仪式化色彩的步骤，也就是经历分析治疗，然后才被认为会接受精神分析的理论，成为一名精神分析的信徒。弗洛伊德曾多次在文本中表明这一点。❷例如，在一篇分析为何精神分析会受到世人抵抗的文章结尾，他说，"如果不是亲身经验过分析，或者是在别人身上实践精神分析，那么一个人是很难获得关于分析的独立判断的"❸。然而即便是此种标准，也存在着令人感到困惑的问题：由谁操作的治疗，才堪称"正统的"治疗呢？弗洛伊德本人所实施的治疗，

---

❶ Freud, S., *History of the Psycho-Analytic Movement*, P. F. L., Vol.15, Penguin Books, 1914/1986, p.63.

❷ 标志性的文本如在1925年的《对精神分析的抵抗》一文中（Freud, "The Resistances to Psychoanalysis", *P. F. L.*, Vol.15, Penguin Books, 1925/1986a, p.273），在1926年的《业余精神分析问题》一书中（Freud, S., *The Question of Lay Analysis*, P. F. L., Vol.15, Penguin Books, 1926/1986, p.336），以及在1937年的《可终结的和不可终结的分析》一文中（Freud, S., "Analysis Terminable and Interminable", *S. E.*, Vol. XXIII, London: the Hogarth Press, 1937/1964, p.233），等等。

❸ Freud, "The Resistances to Psychonanalysis", *P. F. L.*, Vol.15, Penguin Books, 1925/1986a, p.273.

当然应该是最为"正统"的，然而这显然远远不足以承载精神分析运动的发展。精神分析在更大的范围内，包括在治疗领域以外的影响力，仍然是通过文本而非治疗来实现的。所以弗洛伊德的文本，仍然起到了承载精神分析的作用。不过，在文本的问题上，同样存在着类似的问题：何种文本，才是真正的精神分析文本？

弗洛伊德本人以德语写作，其德语作品集当以《文集》(Gesammelte Werke)等为权威 ❶。然而，在世界范围内最权威也最具影响力的作品，显然是詹姆斯·斯特拉奇和弗洛伊德的小女儿安娜·弗洛伊德(Anna Freud)共同编辑，主要由詹姆斯·斯特拉奇夫妇(James Strachey & Alix Strachey)翻译的《弗洛伊德心理学作品全集标准版》(Standard Edition of the Complete Psychological Works of Sigmund Freud)。1953年至1974年间，该译文集共24册，由伦敦的荷加斯出版社(the Hogarth Press)陆续刊行。译本的翻译风格统一成熟，在当时获得了公认的可靠性，以及由此而来的高度权威性和影响力。此外，编译者还在所有作品之前加有译者前言或编者前言，简明扼要地介绍该作品的写作背景、版本信息、翻译情况以及相关的弗洛伊德写作情况和思想进展。在英译本中，译者更是加入了大量的译者注。除了一些必要的解释性注解之外，译者注主要对弗洛伊德的各种概念术语出现的年代、位置乃至思想进展，做出了详尽的索引。这一工作尤其便利于学者的研究。尽管弗洛

---

❶ 目前已出的弗洛伊德的德语文集主要有3部。意象出版社(Imago publishing Co. Ltd)在1940—1987年陆续出版了《文集》(Gesammelte Werke)，是有代表性的一部，但是收录不全。国际精神分析出版社(Internationaler Psychoanalytischer Verlag)在1923—1924年出版过弗洛伊德《作品集》(Gesammelte Schriften)；费舍尔出版社(S. Fischer Verlag)在1969—1975年出版过弗洛伊德《研究版文集》(Studienausgabe)，这两个版本也都不全。另外，社会心理出版社(Psychosozial-Verlag)在2022年6月将出版弗洛伊德的《全集》(Gesamtausgabe)。

伊德作品还有其他的英译本，然而由于参与编辑和翻译的厄内斯特·琼斯（Ernest Jones）、斯特拉齐和安娜等人的权威性，更由于其完备性和在译注方面的努力，该译本几乎成了英文世界中弗洛伊德作品最权威的版本，并且决定了英文世界中弗洛伊德的形象。❶此后，企鹅出版社的鹈鹕弗洛伊德文库❷也沿用了这一译本。该译本甚至影响到了其他语言世界，就连此后再版的德文版弗洛伊德文集，都采用了其中的译者注。与其巨大的权威和影响力相匹配，该版本的英文名称中包含了"标准版"（Standard Edition）的说法。这是一个很难在其他作家的英译作品中出现的概念，甚至弗洛伊德的德文版文集都不以此命名。所以这一版本本身，已经成为一种比较特殊的学术现象。

不过，冠以"标准版"之名，并不意味着翻译上的准确。尽管翻译很难有"绝对准确"一说，然而研究者还是发现，以斯特拉齐为主要译者的标准版译文集中的英文，与弗洛伊德的德文原文比较起来，发生了许多值得研究的改动。与此相应，弗洛伊德本人的形象在从德语世界到英语世界的转变过程中，也发生了重要的变化。专业研究者固然不会满足于斯特拉齐的译本，而是会参照弗洛伊德的原文，然而无论如何，弗洛伊德在全世界的影响力主要来自英文学界，今天我们对于弗洛伊德的流俗理解，在很大程度上也都是经

---

❶ 琼斯在他的《弗洛伊德传》中提及了这一翻译的开始，并且声称在翻译中许多含混的地方都得到了弗洛伊德的回应，译者也曾给予弗洛伊德许多建议："我们在他论述有些含糊的地方追问了一个又一个问题，并就文内冲突的地方等提出了不同的建议。"随后，琼斯就这一翻译做出了一个非常具有代表性的判断："值得注意的是，从编辑的角度来看，成为'标准版'的弗洛伊德著作英译本，比任何德文版本都更值得信赖。"厄内斯特·琼斯，《弗洛伊德传》，张洪量译，中央编译出版社，2018，第370页。

❷ 又名企鹅弗洛伊德文库（the Penguin Freud Library, P. F. L.）。该版本译文与标准版比起来，稍有校正和补充。

由英文标准版译文集而来。所以，这一变动对于我们理解弗洛伊德及其精神分析，具有很高的价值。

在今天的英文学界，对于弗洛伊德从德文到英文翻译过程中所发生的这一"修订"的研究，已经成为一个小小的研究领域。该领域的代表人物是加拿大学者派崔克·马宏尼（Patrick Mahony）[1]和美国学者布鲁诺·贝特海姆（Bruno Bettleheim）[2]等人。此外，1986年，来自世界各地的精神分析学者在伦敦举办了一场名为"弗洛伊德在伦敦——转变中的精神分析"的研讨会。会议中诸多学者都提出了这一标准版的翻译问题。[3]来自德国的埃里克斯·霍德尔（Alex Holder）提到，在大约1983年，英国精神分析出版委员会就已经发起组织了一个工作小组，调查斯特拉齐这一标准版翻译的准确性问题，并且在1984年提出了一个"激进的"建议，即修订甚至淘汰斯特拉齐的这一标准版译本。[4]最后，众所周知，由于精神分析尤其强调意义、理解、转译等问题，所以在许多关于弗洛伊德及其作品的重要研究中，学者们也大都会"顺手"论及与该译本相关的义理问题。然而，从知识社会学角度对其进行的分析，迄今为止仍付阙如。

---

[1] 派崔克·马宏尼就弗洛伊德作品的英译本问题做了诸多研究，代表作品如：*Freud as a Writer*, New York: International University Press, 1982; *Cries of the Wolf Man*, New York: International University Press, 1984; *Freud and the Rat Man*, New Haven and London: Yale University Press, 1986; *On Defining Freud's Discourses*, New Haven and London: Yale University Press, 1989。

[2] Bettleheim, Bruno, *Freud and Man's Soul*, New York: Alfred A. Knopf, 1983.

[3] Timms, Edward; Segal, Naomi（ed），《流放中的弗洛伊德：精神分析及其变迁》，黄伟卓、吕思姗、黄守宏、李雅文、黄彦勳译，台北：五南图书出版有限公司，2001。

[4] 埃里克斯·霍德尔，《对标准版的疑义》，载于《流放中的弗洛伊德：精神分析及其变迁》，第269页。

英译本中的理性化现象

总体来说，贝特海姆和马宏尼等人对于这一英译本的批评集中在核心概念的消失、误译和翻译风格的转换上。在一系列关于英文标准版译文集翻译问题的研究中，学者们发现，在这一翻译过程中所发生变化的实质特征，是理性化，也即将弗洛伊德的核心概念和写作风格加以科学化和职业化。弗洛伊德在英译本中的形象，是一位身穿白色大褂的心理科职业医生的形象。这一医生精通科学，在专业方面极度权威，干干净净，不食人间烟火，亦与欧洲的文明历史无关。学者们发现，这一形象，并非弗洛伊德在德文文本中的本来面貌。

从社会学的角度来说，研究者的以上发现，首先可以用文本的"理性化"（rationalization）这一马克斯·韦伯式的经典命题来加以总结。稍加梳理，学者们关于这一文本理性化的研究和发现大致集中在以下几个方面。

（1）概念的理性化

在这方面的研究中，最为著名，也是对这一译本批评最为严厉的，当属美国学者贝特海姆出版于 1983 年的著名作品《弗洛伊德与人之灵魂》（*Freud and Man's Soul*）。可以说，该著作首次引起了英文学界对英译本之系统误译的广泛关注。

贝特海姆发现，该英译本误译的核心在于：将原著中的德语"灵魂"（Seele）一词翻译成英文中的"心灵"（mind）一词。这一翻译将弗洛伊德的思想机械论化，同时抽离了原著中 Seele 这一概念的深度意涵。贝特海姆认为，将 Seele 翻译为 mind 的过程，实际上体现了对于弗洛伊德工作的科学化努力，也就是将弗洛伊德的无意识概念及其对人之行为的影响，以及其中所体现出的弗洛伊德关于人的思考，转译为一种抽象化、去个人性、高度理论化的工作。这一理论化工作具有机械论特征，即便仍然是关于人之心灵的研究，其复杂程度和科学化程度却大大加强了。

贝特海姆主张将 Seele 重新译为灵魂（soul），以恢复弗洛伊德原文中的人文主义色彩。我们可以在弗洛伊德的文本中找到贝特海姆这一主张的明确证据。在 1926 年的《业余精神分析问题》一书中，弗洛伊德明确表示，自己研究的是人类的"灵魂"（soul/Seele）[1]。如果仔细对照弗洛伊德的原著和英文译本，我们会发现此种误译情况可能比贝特海姆说的更为严重。在英文译本中，德文单词 Seele 已经不再是一个固定用词。除了"心灵"（mind）之外，它还会被翻译成"mental""psycho"等概念，或者在许多时候直接消失。也就是说，在德文中作为核心意象的"Seele"概念，在英文中被打散和消解进入到文本的背景中，而不再容易被读者关注到。然而，正如贝特海姆所说，在弗洛伊德所有案例史和其他工作的原文中，"灵魂"都是随处可见、用以标定精神分析之实质特征的概念。例如，在精神分析的奠基性案例"多拉"之中，弗洛伊德在一开篇就如此陈述他的工作：

> 我不必再为本文的长度而致歉。因为众所周知，癔症对于医师和研究者都提出了严格的要求，只有那些最敢于探索灵魂的人才能获得洞见，而高傲和轻蔑的态度，是无法对其有深刻认识的。[2]

---

[1] Freud, S., *The Question of Lay Analysis*, P. F. L., Vol.15, Penguin Books, 1926/1986, pp.279-355.

[2] Freud, S., *Fragment of an Analysis of a Case of Hysteria (Dora)*, P. F. L, Vol. 8, Penguin Books, 1905/1977a, p.45; *Bruchstück einer Hysterie-Analyse, Gesammelte Werke, Werke aus den Jahren 1904-1905*, Vol. 5, London: Imago Publishing Co., Ltd, 1905/1942, p.173.

所以在弗洛伊德那里，精神分析其实是灵魂分析。贝特海姆对于"精神分析"这个概念进行了分析。在德语中，psychoanalyse 一词分为两个部分，其中 psycho 来自 Psyche，在弗洛伊德所熟知的希腊罗马神话中，塞姬的形象通常是年轻美丽，同时生有翅膀的女性——代表着灵魂或者超越性与"美丽、脆弱以及虚空的性质"**❶**。塞姬与艾洛斯（成年丘比特）之间的故事，表达了在从性爱向真正的爱欲式快乐经验提升的过程中，由艾洛斯所代表的美，和由塞姬所代表的灵魂渴求之间复杂的关系。贝特海姆认为，这才是弗洛伊德真正想要用精神分析这一概念所表达的意思。也即精神分析中的"精神"一词，在弗洛伊德那里其实是灵魂的意思，而分析则是科学化的检查和分析之意。所以，精神分析的真正意思是对于灵魂的科学理解。

除了"灵魂"这一概念之外，关于核心概念理性化的讨论，在英文学界还有更多，包括对于弗洛伊德最为著名的那些概念组的讨论。在拉普朗虚（Jean Laplanche）与彭大历思（Jean-Bertrand Pontalish）合著的《精神分析词汇》中，就将 das Ich 一词翻译成了"the I"，也就是"我"，而非"自我"（the ego），并认为"自我"（ego）一词实际上限制了"Ich"一词的多义性，因为这个词在弗洛伊德那里同时作为名词与代词而使用。贝特海姆同样关注到了"自我"与"它我"这两个概念的翻译问题。**❷**在弗洛伊德的原作 *Das Ich und das Es* 中，为了表明不为我们所意识到的心灵内容，弗洛伊德将人称代词"it（es）"用作名词即"das Es"，而与此相对的"Ich"这一概念，贝特海姆同样认为，应该是对应英文中的"the I"，然而

---

❶ Bettleheim, *Freud and Man's Soul*, 1983, p.15.

❷ Ibid., p.53.

更接近英文中的"the me"，因为这个概念所强调的个人性比"the I"更为深入和强烈。❶此外，由于"Ich"和"es"在德文中都是常用的概念，而标准版英文中的"ego"与"Id"都来自拉丁文，所以比较起来，在英文中使用这两个单词反而会比德文中更使读者感到疏远，丧失了原文中这两个概念在日常生活中随处出现的状态。最后，德文中的"es"，相应于英文中的"it"，然而又不止于此。在德语中，"es"还通常被用来在不做性别之分的情况下指称儿童（child/das Kind）。也就是说，这个概念本身即指向童年期。我们知道，对于弗洛伊德来说，童年期的重要地位无与伦比，而这一存在于概念本身中的理论特质，在译文中消失了。❷

还有，精神分析的基本方法即自由联想法，其英文译文为"free association"，然而这一翻译容易让我们忽略这一方法的实质前提：联想是非自由的。在德语文本中，弗洛伊德虽然也会使用相应的"freier Assoziation"，但更常使用"freier Einfall"这一概念，直接对应的英文应该为"free irruption"，即"自发出现"的"灵感"之意。这一意涵首先与弗洛伊德在各个案例中的基本句法形式直接相关。在案例中，弗洛伊德与患者之间的问答，最常见的句法形式是，弗洛伊德提问："Was fällt Ihnen dazu ein？"（What comes to your mind in connection with that？）患者回答："It occurs to me..."

在这一最为典型的问答中所隐藏的前提是：我自己并没有想到，而是"它"发生在我的脑海中的——这才是"freier Einfall"一词的本

---

❶ 由于"自我"这一翻译在中文学界与在英文学界一样，已经成为学术史的一部分，所以在本书中，我将根据具体的文本情境，酌情使用"自我"和"我"这两个中译文。

❷ 所以我认为，es 在中文里应该译为"它我"而非"本我"。与上述讨论相应，Über-Ich 可以翻译为 above-I，而在英文中则被译为了 super ego。

意。❶在《小汉斯》一书中，弗洛伊德更是明确说出了这一精神分析自由联想法的基本与实质逻辑——没有任何精神活动是自由的：

在精神生活中不存在随意性。❷

与这一特征相关，"自由联想法"中的"自由"，其实是"不自由"。弗洛伊德不仅在案例中，在其他地方也多次表明这一点。例如，在《自传研究》中，他就曾明确说："我们必须记住，自由联想并非真的自由。"❸然而，"free association"这一翻译尤其容易让读者产生一种基于理性而自由想象的幻觉，这与弗洛伊德在临床治疗中的方法论原则背道而驰。

上述这些概念的翻译问题仅仅是冰山一角。❹从中可以发现，弗洛伊德作品英译本的基本理念在于，将精神分析理性化与专业化。在翻译过程中，从早期的译者布里尔（A. A. Brill）到琼斯与斯特拉齐，都普遍采用拉丁语和希腊语来翻译精神病学术语。❺即便

---

❶ 韦伯在"科学作为天职"的演讲中同样使用 Einfall 这个词来指称科学研究中的"灵感"。

❷ Freud, S., *Analysis of a Phobia in a Five-Year-Old Boy. S. E. X*, London: Hogarth Press, 1909/1955, p.102; Freud, S., *Analyse Der Phobie Eines Fünfjährigen Knaben, Gesammelte Werke, Werke aus den Jahren 1906-1909*, Vol. VII, London: Imago Publishing Co., Ltd, 1909/1941, pp.337-338.

❸ Freud, S., *An Autobiographical Study, P. F. L.*, Vol.15, Penguin Books, 1925/1986b, p.224.

❹ 这个列表还可以继续列下去："das Unbewusste"译为"the unconscious"（无意识），"Verschiebung"译为"displacement"（移置），"Verdichtung"译为"condensation"（浓缩），"Abwehr"译为"resistance"（抗力），"Verdrangung"译为"repression"（压抑），"Traumarbeit"译为"dream work"（梦工作），"premare und sekundare Prozes"译为"primary and secondary process"（初级与次级进程），"Vorstellung"译为"presentation/idea/representation"（呈现/理念/再现），等等。

❺ 这一方面的术语翻译例子也有很多。除了上述概念之外，诸如"anaclitic"（情感依附的）、"fixation"（固着）、"epistemophilia"（认知癖）、"parapraxis"（动作倒错），等等。德语中的日常词汇"Lust"（性的强烈欲望）变成了"libido"（力比多），（转下页）

是在原文中非专业性的日常词汇，也被翻译成了学术化的语言，以体现其专业性。❶

（2）译文的理性化

上述核心概念的误译，与英译本的另外一个典型特征有关：弗洛伊德写作艺术的清除。作为歌德文学奖得主，弗洛伊德是一位技艺高超的德语作家。他善于运用日常德语来表达自己的思想，作品本身即是出色的德文典范，具有很高的文学性。但是在英译本中，弗洛伊德却变成了一位晦涩难懂的思想家和医学科学家。在这一方面，根据马宏尼等学者的工作，我们可以总结出英文标准版译本如下的几种"修改/修订"。

首先，去掉了弗洛伊德原文中丰富的地方性经验、德国文化传统、犹太人传统以及与现实的关联。以其早期的案例《凯瑟琳娜》为例。在对于这一案例的翻译中，斯特拉齐将患病的女孩凯瑟琳娜在与弗洛伊德的交谈中所发出的两次惊叹"Jesses"，分别翻译成"Heavens"与"Goodness"。这一翻译去掉了"Jesses"作为"Jesus"不洁的变形的意涵；更重要的是，在德语中，"Jesses"与"Julius"的发音是相同的，而"Julius"不仅是凯瑟琳娜现实中的父亲和她所钟爱的哥哥的名字，同时也是后来她的丈夫和她第一个儿子的名字。斯特拉齐的翻译毫无疑问取消了这一感叹在凯瑟琳娜无意识中的重要意义，以及对于精神分析研究的重要性。另外，由于原文是弗洛伊德根据自己的记忆完成的，所以事实上对这一词语的考证，

（接上页）"Trieb"（驱力）变成了生而有之的"本能"（instinct），"Angst"变成了医学术语"anxiety"（焦虑），"Besetzt"本意为"得到"（taken）或"占有"（occupied），而在英译本中变成了"cathected"（贯注）。

❶ 如将"good"译成了"appropriate"，"need"变成了"exigency"，"at rest"译成了"in a state of quiescence"，等等。

也是理解弗洛伊德的重要线索。

在马宏尼的工作之外，其他学者也发现了英译本中德国文化传统被清除的典型例子。例如"Psychoanalytic treat"（精神分析治疗）这一概念的翻译。弗洛伊德的原文"Psychoanalytiche Kur"本身所蕴含的德国浪漫主义传统，在英译本中基本消失了。❶

其次，这一翻译去掉了弗洛伊德原文中隐藏的许多性的意涵。仍然以《凯瑟琳娜》一文为例。凯瑟琳娜在回答弗洛伊德的提问时说："当时太暗了，什么也看不到；另外，他们两人都穿着衣服。哦，要是我知道我对什么感到厌恶就好了！"这一句的英文译文是："It was too dark to see anything; besides they both of them had their clothes on."❷ 而德文原文为："die waren ja beide angezogen（in Kleidern）."❸ "angezogen"在德文中的意思包括"穿好衣服的""拉紧的""有吸引力的"等等。弗洛伊德并没有直接表明凯瑟琳娜所见之物，而是在括号里间接注明，这一用法加强了表达上的犹豫，因为"括号"一词在德语中也有拉紧的意思。原文中这两重性的意涵，在译文中都消失得干干净净。

第三，系统性的语法修正。这一点在全部翻译过程中都存在，尤其体现在斯特拉齐对多拉的两个梦的翻译中。这一问题曾被多名研究者所注意。以第一个梦的记录为例，我们将原文与英译文进行对比。原文为：

❶ Peters，Uwe Henrik，《精神分析的出走——浪漫主义的前身，与德国智识生活的损失》，载于 Timms，Edward；Segal，Naomi（ed），《流放中的弗洛伊德：精神分析及其变迁》，第 67 页。

❷ Freud, S. and Breuer, Joseph, *Studies on Hysteria*, translated by James and Alix Strachey, edited by Angela Richards, *P. F. L.*, Vol. 3, Penguin Books, 1895/1955, p.195.

❸ Freud, S. and Breuer, Joseph, *Studien über Hysterie Frühe Schriften zur Neurosenlehre*, *Gesammelte Werke*, Vol., 1, London: Imago Publishing Co., Ltd, 1895/1952, p.189.

In einem Haus brennt es (Es hat nie bei uns einen wirklichen Brand gegeben, antwortete sie dann auf meine Erkundigung), erzählte Dora, der Vater steht vor meinem Bett und weckt mich auf. Ich kleide mich schnell an. Die Mama will noch ihr Schmuckkästchen retten, der Papa sagt aber: Ich will nicht, daß ich und meine beiden Kinder wegen deines Schmuckkästchens verbrennen. Wir eilen herunter, und sowie ich draußen bin, wache ich auf.

斯特拉齐的翻译为：

A house was on fire. My father was standing beside my bed and woke me up. I dressed quickly. Mother wanted to stop and save her jewel-case; but Father said: "I refuse to let myself and my two children be burnt for the sake of your jewel-case." We hurried downstairs, and as soon as I was outside I woke up.

中译文：

一间屋子着火了（In einem Haus brennt es），多拉说，我父亲站立（Stehen）在我的床前（vor）叫醒我。我迅速穿上衣服。妈妈想要（欲求）先去救她的珠宝盒；但是爸爸说："我可不想要（欲求）由于你的珠宝盒，而导致我和我的两个孩子被烧死。"我们马上下楼，一出门，我就醒了。

我们可以发现，从弗洛伊德的德文到斯特拉齐的译文出现了如下的问题：原文中的现在时被改为了过去进行时；"verbrennen"的主动语态被改为被动语态；"之前"（vor）被改为"在边上"（beside）；将"Ich will nicht"（I want/desire not），改为了"我拒绝"（I refuse）；将多拉对于父母的口语称呼（爸爸妈妈）都改为了正式名称。值得注意的是，弗洛伊德原文中的这些细节，是在与英文译本的对照中，才"被凸显"出来的。在爱德华·鲁宾斯（C. Edward Robins）看来，通过比较，我们可以发现译者对于原文的独特理解。[1]也就是说，译者并非单纯的翻译者，而会将自己的理解带入译文中。

在这一系列的问题中，值得注意的是时态的变化。这一变化不仅仅存在于对多拉之梦的翻译，在其他案例中也是如此。以狼人案例为例。英译本的改变与多拉案例是一致的：译者将狼人之梦的变化从现在进行时改为了过去时。[2]在弗洛伊德的工作里，现在时态是最能充分表达、传递梦之内涵的时态，而英文中的过去时，则与典型医疗诊所报告行文风格一样，在翻译中随处可见。[3]这一时态上的变化，明显将弗洛伊德的写作客观化、医学化和科学化了。

此外还有研究者指出，弗洛伊德原文中动态的语法和写作特征，在英译本中被代之以静态的和结构性的写作手法。[4]

由此我们可以认为，与德文原作相比，英文标准版译文集从核心概念的缺失，到核心概念组的系统古典化，再到写作风格的科学化，

---

[1] 鲁宾斯对这二者的异同做了详尽的考证，同时比较了在拉康视角下，这一翻译何以成为问题。详见 *Contemporary Psychotherapy Review*（1991），Vol.6, No.1, pp.44-5F。中译文见：《德国医学》，2001 年第 18 卷第 1 期，施琪嘉译。

[2] 如标准版译文集中狼人案例的 pp.14-15、28-32、34、38、42-44 的内容及其脚注（Freud, S., *From the History of an Infantile Neurosis*, S. E., Vol., XVII, pp.7-123, London: Hogarth Press. 1918/1955）。

[3] Mahony, *Cries of the Wolf Man*, 1984, p.14.

[4] Ornston, D., "Strachey's Influence: Preliminary Report", *International Journal of Psychoanalysis*, 1982, 63: 409. 此外，该作者还认为，弗洛伊德作品中结构性的理论乃是译者斯特拉齐的发明，而非弗洛伊德的原意。

这一系列的改造，几乎创造了一个全新的、理性化的弗洛伊德，将原来有着丰富的人文历史意涵、偏近于文学作品的原著作者，改造为一个冷静、客观、科学化与专业化的，穿着白大褂、干干净净的医生科学家的形象。在这一点上，贝特海姆以及其他研究者的相关工作颇具影响力。例如，在借鉴了贝特海姆之研究的企鹅出版社新译本系列中，新一代的译者如怀特赛德（Shaun Whiteside）等人已经将 Seele 这一概念依据不同的文本背景而译为"灵魂""心灵"或"心理"（psycho）等词。❶然而，这一新译似乎尚未带来大规模的影响。原因可能如霍德尔在 1986 年所说，当英国精神分析学会出版委员会的工作小组提出，要修订甚至重译弗洛伊德的作品时，给各行各业带来的却是"极大焦虑"。这一焦虑的来源很多，其中最重要的一个原因可能是这样一种威胁，即会"失去我们视为理所当然、伴我们成长、原先认定的大师真正的声音"❷。所以在这个小组提出建议之后，学界并无进一步的跟进——甚至连折中方案都没有。时至今日，斯特拉齐版本的弗洛伊德依然主宰着我们对于弗洛伊德本人与经典精神分析的理解与想象。在 1986 年的那次伦敦会议上，诸多学者都讨论了与翻译相关的译者主张和具体的翻译细节。不过到目前为止，从"误译"这一线索出发对于弗洛伊德的研究，在世界范围内也较为罕见。

二、从作者到译者：新的主张

本书的工作不仅限于指出这一翻译问题，而是要去提问：我们

---

❶ Whiteside, Shaun, "Translator's Preface of *The Psychology of Love*", London: Penguin Books, 2006.

❷ 霍德尔，《对标准版的疑义》，载于《流放中的弗洛伊德：精神分析及其变迁》，第269页。

如何理解这一系列的变化？英译本的问题，仅仅是出于译者本人的理解和主张，还是要更为复杂一些？需要指出的是，标准版译文集的翻译和出版过程，并非仅仅出自斯特拉齐夫妇之力。所以该翻译受到的影响，显然也不局限于一种。我们需要考证一下翻译的过程，以帮助我们理解英译本的问题。通过考证我们将会发现，把翻译的问题仅仅归于斯特拉齐夫妇，哪怕再加上安娜和琼斯，也并不公平。

作者本人的主张：弗洛伊德科学与艺术

弗洛伊德一直宣称自己的工作是科学。在早期，这一宣称有着鲜明的自然科学的内涵。众所周知，除了达尔文的进化论之外，弗洛伊德早期的工作深受恩斯特·布吕克（Ernst Brück）在生理学研究中的物理主义主张、赫尔姆霍茨（Hermann Helmholtz）的生理学以及能量守恒定律等学说的影响。这方面最为典型的表现，是他在 1895 年尝试写作的未发表作品《科学心理学大纲》（*Entwurf Einer Psychologie/Project For a Scientific Psychology*）。这部作品的题目已经表明了弗洛伊德对于自己工作的界定。1895 年 10 月 2 日，弗洛伊德在给他早期挚友弗里斯（Wilhelm Fliess）的信中兴奋地谈起了这部作品："一切似乎都配合无间，齿轮啮合，给人的印象是，好像一部机器会自动运转了。神经元的三个系统，量的自由和约束，原发性和继发性过程，神经系统的主要核心与倾向，注意与防御的两个生物学原则，质的指征，显示与思想，精神性欲状态，抑制（repression/Verdrängung）的决定作用，以及最后，作为知觉功能的意识的决定因素——这一切都配合无间而且将继续配合下去……" ❶ 在这部作品中，弗洛伊德尝试运用赫尔姆霍茨的生理学

❶ 转引自弗洛伊德《科学心理学大纲》"编者介绍"，参见 Freud, S., *Project For a Scientific Psychology*, S.E., Vol, 1, London: Hogarth Press, 1895/1966, p.285。

概念，将生理学与心理学联系起来。然而这一努力并未成功。一个多月之后的 11 月 8 日，他在给弗里斯的信件中沮丧地说，自己无力解决这一复杂的精神能量问题。随后他将此稿搁置，且欲加以焚毁。❶不过，弗洛伊德并未像对待众多其他手稿一样，真的将其焚毁，而是一直保存下来。该手稿在 1950 年被发现并得以发表。考虑到弗洛伊德一直有着焚毁自己手稿的习惯，他保存该手稿的举动本身已经表明了对于它的态度：放弃此稿，并不能够证明他放弃了文中自然科学意义上的科学心理学设想。相反，弗洛伊德后来的许多重要著作，如《癔症研究》《释梦》《性学三论》《超越快乐之原则》《自我与本我》等作品中的一些理论框架和重要概念，均能够在这一文稿中找到根源。❷在 1938 年所完成的最后一部作品《精神分析纲要》中，弗洛伊德依然使用了"自然科学"这个概念，并认为精神分析对于无意识的讨论，意在使得它"具有与其他自然科学（Nature Science/Naturwissenschaft）一样的地位"❸。

在《科学心理学大纲》这部作品中，弗洛伊德开宗明义："我的意图在于提供一种可以成为自然科学的心理学"。❹随后，他从定量概念出发，向我们提供了一种堪称具有纯粹自然科学性质的个体精神模型：从将神经元的兴奋视为一种量的流动开始，一直推演到定量心理学（quantitative psychology）意义上的意识现象。在这部作品中，弗洛伊德理解的科学概念，的的确确是纯粹意义上的自然科学。

---

❶ Freud, S., *Project For a Scientific Psychology*, S. E., Vol. 1, 1895/1966, p.285.

❷ 转引自弗洛伊德《科学心理学大纲》"编者介绍"，参见 Freud, S., *Project For a Scientific Psychology*, S. E., Vol. 1, 1895/1966, pp.290-293。

❸ Freud, S., "An Outline of Psychoanalysis", S. E., Vol. XX Ⅲ, New York: W.W. Norton, 1940/1949, p.158; Freud, S., "Abriss der Psychoanalyse", *Gesammelte Werke, Schriften aus dem Nachlaß 1892-1938*, Vol. XVII, London: Imago Publishing Co., Ltd, 1938/1941, p.80.

❹ Freud, S., *Project For a Scientific Psychology*, S. E., Vol. 1, 1895/1966, p.295.

然而，正如该文未能完成和发表一样，弗洛伊德早期将精神分析视为纯粹自然科学的道路，并未走通。尽管他毕生都在宣称自己的工作是一种科学，然而这一关于科学的理解，却在后来发生了实质性的改变。只是我们需要注意，在他后来对于精神分析的理解中，一直都存在着自然科学的成分。这一方面是出于纯粹性质的考量，也就是说，在弗洛伊德看来，精神分析的确带有自然科学的性质；另一方面，则与他本人的工作所受到的指责以及他捍卫精神分析的意图有关。在这一方面，自然科学意义上的"科学"，更像是一种自我保护性质的"铠甲"。这一点非常典型和清晰地表现在了"多拉"案例中。

　　在其"多拉"的案例中，弗洛伊德极力表达了科学化和专业化地处理他与患者之间关系的倾向。不过，细读文本就会发现，这一表达的内容极为丰富，我们需要仔细体会其多重意涵。

　　1900 年 10 月，弗洛伊德开始治疗多拉，并在大约三个月后，即 12 月底结束治疗。"多拉"这个案例史，全名为"关于一个癔症案例分析的片段"，完成于 1901 年，并在经历了四年的反复修改和投稿方面的犹豫之后，在 1905 年发表。❶在这期间，除了弗洛伊德本人对案例内容的主动修改之外，学界的疑虑甚至是敌意也产生了重要的影响。标准版译文集的相关"编者注"说，这个案例"曾被首先寄至《心理学与神经学杂志》（*Journal Für Psychologie und Neurologie*）。然而，显然是由于文本违背了医疗裁量权（medical discretion），编辑布劳德曼（Brodmann）将其退稿。这一决定可能对弗洛伊德影响颇大"❷。

---

❶ Marcus, S., "Freud and Dora: Story, History, Case History", *Partisan Review*, 41, 1974, pp.12-23, 89-108.

❷ 转引自 Freud, S., *Fragment of an Analysis of a Case of Hysteria (Dora)*, P. F. L, Vol. 8, Penguin Books, 1905/1977, p.33。

这一影响明显体现在该案例的写作中。弗洛伊德在这部作品的序言中做了一个在后来的精神分析史上非常著名的陈述，这一陈述堪称弗洛伊德的自我辩护：他所从事的是一种自然科学的工作，并遵循了一名科学工作者的职责。

在该序言的第一段，弗洛伊德明确地说："在开始本案例史之前，我必须通过本篇序言，来证明我所采取立场的正当性，同时避免各位读者对本案例史产生过高的期望。"❶

这一立场是什么呢？他接下来集中阐述了自己面临的一个两难困境：对于"科学"的职责，亦即通过发表案例来为科学的进步贡献自己的力量，与保护患者隐私之间的两难。处理这二者之间的关系，是一个必须面对的严肃问题，这是医生这种职业本身的性质决定的。他认为："医生所承担的职责，不仅在于个体病人，也在于科学（science/Wissenschaft）本身。"❷为了能够兼顾这两个方面，弗洛伊德在文本中做了充分的匿名化工作，同时言明，正是出于这一原因，才在四年之后"得知患者的生活已经发生了变化"，且这一变化足以保证案例的发表不会对患者产生影响，才将其发表。❸此外，弗洛伊德还有意"将这一案例发表在纯科学技术的期刊上"❹，以便"进一步保护患者"，并且随即保证说，哪怕患者本人看到了这一作品，也会发现这一案例并没有篡改任何真实的内容，并且也会感觉到这部作品对她的保护非常周到，以至于"她或许还会自忖，除了她自己，又有谁能从中发现，她就是这篇论文的主角呢？"❺。

---

❶ Freud, S., *Fragment of an Analysis of a Case of Hysteria (Dora)*, P. F. L, Vol. 8, 1905/1977a, p.35.

❷ Ibid., p.36; Freud, S., *Bruchstück einer Hysterie-Analyse, Gesammelte Werke, Werke aus den Jahren 1904-1905*, London: Imago Publishing Co., Ltd, 1905/1942, p.164.

❸ Freud, S., *Fragment of an Analysis of a Case of Hysteria (Dora)*, P. F. L, Vol. 8, 1905/1977a, p.36.

❹ Ibid., p.37.

❺ Ibid.

然而，这一强调有点欲盖弥彰。一方面，弗洛伊德在这里的行为明显泄露了他的本意：强调案例写作的科学性，乃是为了保护女主角的隐私。而另一方面，在接下来的段落中，弗洛伊德带着明显的恼怒情绪写到了维也纳的知识界对他的敌意或者戏谑。总而言之，这里的知识界并没有将他的工作视为严肃认真的科学研究，而他要对这些学者进行认真的还击：

> 我注意到——至少是在这座城市里 ❶，有许多心理学家（尽管这看起来有些恶心），在阅读这类案例史的时候，选择将其视为供他们私下娱乐的真人小说（roman à clef），而非对研究神经症的精神病理学的贡献。我可以向这类读者保证，我今后发表的每一份案例史，都将采取类似的隐私保护措施，以回击他们的聪敏——哪怕这会在选择材料方面，给我带来额外的限制。❷

确实如此。弗洛伊德此后几个大的案例史，包括小汉斯、狼人和鼠人，都采取了严格的隐私保护措施。这也确实给他的写作带来了非常大的麻烦，因为在这些案例中，许多关键性的线索往往与患者的名字和实际生活中的具体信息有着密切的关系，也因此与治疗工作紧密相关。弗洛伊德为了避免泄露患者的真实信息，在处理这些关键部分的时候经常大费周章、煞费苦心。

就"多拉"这一案例来说，弗洛伊德认为，这是他第一篇"既通过了医疗裁量权的要求，又免遭恶意环境之影响的"案例史。❸接下来，弗洛伊德开始直接面对和处理他所遭受的另外一个攻击，

---

❶ 指维也纳。

❷ Freud, S., *Fragment of an Analysis of a Case of Hysteria (Dora)*, P. F. L, Vol. 8, 1905/1977a, p.37.

❸ Ibid.

那就是：精神分析将诸多发现都归结于和性有关的因素，这只能表明他本人是一个道德卑下的流氓，是一个"窥阴癖"患者，他的工作，实际上是对女性的性骚扰，而他的写作则无异于色情文学。

行文至此，弗洛伊德恼羞成怒，并尽力为自己辩护。弗洛伊德并未否认精神分析的工作会涉及性的因素，然而他通过将这一工作命名为"科学"来捍卫自己。也就是说，在他的工作中，性是研究对象，除此绝无他意。而恰恰因为这样，他才能够做到和患者开诚布公地讨论性的问题。他说："在本文中，我尽量坦诚地讨论性的问题，用确切的概念来称呼性生活中的各类器官及其功能。"❶确实如此。在案例史中，弗洛伊德会用"纯科学"的术语来称呼各种性的器官与行为，以此来保证治疗和研究过程中的科学性和道德性——这二者在这里非常严密地结合在了一起，既成为弗洛伊德用以保护患者的手段，更重要的是，成了弗洛伊德自我保护的武器。然而弗洛伊德随即表明了他在这一"科学研究"中的坚持。他说："心地纯良的读者将会从我的记述中发现，我并不会因为所面对的是一位年轻女性，就拒绝使用此类语言来展开相关话题。"❷弗洛伊德强调"年轻女性"这一特质，是因为这一点特别容易使得读者联想到"诲淫诲盗"式的治疗并以此来攻击他。所以，他在此随即强调了自己的科学家身份，只不过这一次，他借用的是"妇科学家"（gynaecologist）这个与精神分析其实并不算近的身份："那么，我也要为此而进行自我辩护吗？我只愿申明作为一位妇科学家的应有权利——甚至是更为谦卑的那些权利。"❸这些权利指的当然就是作为一名科学家，要求面对事实本身，以客观冷静的态度来将研究对象

---

❶ Freud, S., *Fragment of an Analysis of a Case of Hysteria (Dora)*, P. F. L, Vol. 8, 1905/1977a, p.37.

❷ Ibid.

❸ Ibid.

视为研究对象，而不虑及任何其他方面意涵。❶在强调了这一点之后，弗洛伊德接下来不无悲愤地说：

> 只有极少数性情乖张、有意作对的淫秽好色之徒，才会把此类谈话想象成为一种激发或者满足性欲的有效方式。至于其他方面，我愿意用如下的引言来表达我的意见：
>
> > 可悲之处在于，在科学工作中必须做出此类声明和宣言；但是不要为此而指责我，请责备这个时代的风气；正是由于这种风气，我们今天才走到了此种地步：任何严肃意义上的书籍都无法幸存。❷

这段文字所代表的弗洛伊德的际遇和他自己对此种人生际遇的情绪，贯穿了他的一生。我们由此看到，弗洛伊德强调其工作的科学性，并不仅仅因为他的工作确实存在着此种属性，更因为他的工作所面临的敌意环境，使得他不得不强调其作品中的科学性。因为这一科学性，意味着"客观性"和"道德性"。他需要通过科学性来表明自己的工作与流俗意见中对他工作的印象，是截然不同的。这就好像一名妇科学家，虽然工作是研究女性的身体，却既不会因此而获得欲望上的满足，也不会由此来对他人诲淫诲盗一样。然而，这一强调，并不意味着科学性或者"自然科学性"是其工作的唯一属性。虽然强调科学性是这篇序言最为重要的意图，但是在正文开篇后，弗洛伊德似乎就忘记了外部环境的困扰。在开始介绍他

---

❶ 弗洛伊德曾多次表明这一态度。直至 1926 年，在《业余精神分析问题》一书中，他还在强调精神分析是"完全建立在彻底的坦诚（entirely founded on complete candour）基础上的"（Freud, *The Question of Lay Analysis*, P. F. L., Vol.15, 1926/1986, p.307）。

❷ Schmidt, R., *Beiträge zur indischen Erotik*, Leipzig, 1902.

的精神分析工作时，他引用了歌德在《浮士德》中的一句诗来描绘：

> 这不仅仅需要艺术与科学，
> 这一工作还需要有耐心！ **❶**

弗洛伊德在这里强调的耐心，是指精神分析需要耐心细致地深入癔症的所有细节和治疗的谈话内容中去，从病症进入到日常生活，以此来理解癔症。但是在强调耐心之前，他已经明确将精神分析视为同时兼有"艺术"和"科学"这两个特征了。

在"多拉"案例发表后的第 8 年即 1913 年，弗洛伊德发表了一部关于《精神分析之兴趣》(Das Interesse an der Psychoanalyse) 的作品。对于我们的研究来说颇为有趣的是，在英译本中，这一作品的标题被加上了"科学"一词，直接改为"精神分析对于科学兴趣的宣称"(The Claims of Psychoanalysis to **Scientific** Interest) **❷**。在从《科学心理学大纲》到 1913 年这将近 20 年的时间里，以及在此后的岁月中，弗洛伊德一直不断地在强调和重申精神分析是一种用来治疗神经症与精神症的"医疗"手段或技术 **❸**，然而与此同时，他也不

---

❶ [{Nicht Kunst und Wissenschaft allein,
Geduld will be idem Werke sein}
Not Art and Science serve, alone;
Patience must in the work be shown.
    Goethe, Faust, Part I(Scene 6).
    (Bayard Taylor's translation.)]

❷ Freud, S., *The Claims of Psychoanalysis to Scientific Interest*, P. F. L., Vol. 15, 1913/1986, p. 29; *Das Interesse an der Psychoanalyse, Gesammelte Werke, Werke aus den Jahren 1909-1913*, Vol.VIII, London: Imago Publishing Co., Ltd, 1913/1943.

❸ 国内对弗洛伊德的引介中，商务印书馆出版的由孙名之先生翻译的《释梦》，由高觉敷先生翻译的《精神分析引论》和《精神分析引论新编》等当属经典译本。我亦深受这些译本影响多年。不过，这些译本也受到了英文译本很大影响。所以在（转下页）

断在强调，精神分析是一种科学。❶不过，在这一思想历程中，弗洛伊德对于科学的理解已经发生了变化。如前所述，精神分析在被提出后受到了强烈的抨击和反对，而且此种反对之词从未伴随着时间的推移或越来越多的人接受精神分析而减轻。弗洛伊德也一直在澄清，为自己进行辩护和反击。他的陈述也随着时间推移而逐渐发生了变化。以《精神分析之兴趣》一书为例。他在其中表明，他对于"科学"（Wissenschaft）这个概念的理解，绝非仅仅是自然科学式的医学。尽管医学知识对于精神分析来说非常重要，然而他更关注的是具有"科学综合"性质的其他的领域和知识。❷弗洛伊德以各种"失调"为例来说明这一点。他认为，诸如口误、失语和遗忘等这些被其他种类的科学视为组织失调或者精神机制失调的案例，以及正常人的梦等现象，在精神分析看来，都有其"纯粹心理性质"，并且可以"被置入已知的心理事件链条中"❸。换句话说，弗洛伊德引入了理解这些现象的更广泛路径：他从灵魂的"病理现象"和"正常现象"这两个领域各自入手，发现它们有着同样的规律，遵循了同样的规则。❹随后，弗洛伊德以正常人群中的失调现象（如暂时性遗忘）和梦为例，进一步说明这些现象都是有意义、有"意图"（intention）的。这与精神分析在研究"病理现象"的过程中所获得的发现，如出一辙。在这一基础上，弗洛伊德表明，他

（接上页）本书中，如果遇到以上经典译本的引文，并且在核心概念翻译有误或者需要明确时，我将同时标注德文、英文和中文译本的出处，并在翻译方面有自己的修改。在其他地方，如果无须对照中、英、德三国语言，我将直接引用英文的翻译文献。Freud, S., *The Claims of Psychoanalysis to Scientific Interest*, P. F. L., Vol. 15, 1913/1986, p. 29；《精神分析引论》，高觉敷译，商务印书馆，2004，第1—10页。

❶ Freud, S., *The Claims of Psychoanalysis to Scientific Interest*, P. F. L., Vol. 15, 1913/1986, pp. 29-30.

❷ Ibid., p. 30.

❸ Ibid., pp. 30-31.

❹ Ibid., p. 31.

的"科学"与一般意义上的"科学"并不相同。在回顾其工作时，弗洛伊德说，他的工作"使得精神分析首次与官方科学（official science/offiziellen Wissenschaft）相冲突"❶。这一官方科学即自然科学。他接下来说，医学研究将梦视为一种"纯粹的躯体现象"（somatic phenomena）❷，而精神分析则不同。精神分析将梦视为"具有意义和目的的心理行动进程，且在主体的灵魂生活（Seelenleben）❸中具有其位置，并因此而不再被视为奇怪、杂乱和荒谬的"现象。❹熟悉《释梦》一书的人都知道，这是弗洛伊德在《释梦》开篇即确立的立场。这一立场，与当时医学科学的观点完全背道而驰。然而这确实是弗洛伊德探究和理解梦，并且由此理解人之"灵魂"的道路❺，同时也是弗洛伊德毕生工作的基础，因为对于梦的研究帮助弗洛伊德发现了无意识的存在，而且对于理解人这一主题来说，该存在要比"意识"这个概念更为重要。这正是弗洛伊德常常说的"深度心理学"的开始。与前面的工作相呼应，弗洛伊德发现，从这一对于梦的研究中所发掘出的灵魂运作机制，也同样存在于对神经症的理解之中。意即梦被视为"所有心理病理结构的正常原型"❻。从这一思路可以看出，弗洛伊德在精神分析中所理解的科

---

❶ *The Claims of Psychoanalysis to Scientific Interest*, P. F. L., Vol. 15, 1913/1986, p. 34; Freud, S., *Das Interesse an der Psychoanalyse, Gesammelte Werke, Werke aus den Jahren 1909-1913*, Vol. VIII, 1913/1943, p.395.

❷ Freud, S., *The Claims of Psychoanalysis to Scientific Interest*, P. F. L., Vol. 15, 1913/1986, p. 34.

❸ 英译为"mental life"（精神生活），Freud, S., *The Claims of Psychoanalysis to Scientific Interest*, P. F. L., Vol. 15, 1913/1986, p. 34。

❹ Freud, S., *The Claims of Psychoanalysis to Scientific Interest*, P. F. L., Vol. 15, 1913/1986., p. 34; Freud, S., *Das Interesse an der Psychoanalyse, Gesammelte Werke, Werke aus den Jahren 1909-1913*, Vol. VIII, 1913/1943, p. 395.

❺ Freud, S., *The Claims of Psychoanalysis to Scientific Interest*, P. F. L., Vol. 15, 1913/1986., 此处德文中的"灵魂"一词被英译为"人类心灵"（human mind）。

❻ Freud, S., *The Claims of Psychoanalysis to Scientific Interest*, P. F. L., Vol. 15, 1913/1986, p. 37.

学，与当时自然科学意义上的心理学并不相同，甚至大异其趣。然而他依然坚持自己的工作是科学。在《自传研究》中，弗洛伊德表明，他的精神分析工作与其他科学一样，都是来自"长期、耐心和客观公正的工作"[1]。然而，在这些特征之外，他对于科学的理解，早已经与其他自然科学的"科学"不一样了。

在这部作品中，除了讨论精神分析与心理学之间的异同，弗洛伊德还讲述了精神分析对于其他各种"科学"的兴趣。通过与语言学、哲学、生物学、生命史和文明史、美学以及社会学和教育学等领域的比较与关联，弗洛伊德逐一阐述了他眼中精神分析的不同侧面。在科学的面向之外，精神分析同时还是一种诠释或者翻译的艺术或手艺，例如，释梦就是将梦的语言翻译成为日常语言。与一般意义上的医学科学研究不同，精神分析要将症状置于患者的生命历史中去加以理解，正如可以将一个人的学术工作与其生平联系起来进行理解一样。实际上，不仅是这一文本，从《释梦》及其后的诸多研究，如关于"笑话"的研究中，弗洛伊德都已经表明，精神分析作为一种科学，已经不仅仅是严格意义上的自然科学了。

在现实行动中，弗洛伊德也很早就表明了这一点。众所周知，从 1902 年开始，一批年轻人陆续跟随弗洛伊德学习精神分析。在这批年轻人中，除了医生之外，许多人来自其他行业。弗洛伊德认为这一点表明，精神分析很早就具有了扩展到自然科学领域以外的可能性："认识到精神分析重要性的教育者们：作家，画家，以及其他人。"[2] 而在这些人之中，将精神分析应用到神话学、神学、宗教、历史和社会之分析领域的工作，则从 1908 年就开始了。[3] 到了

[1] Freud, S., *An Autobiographical Study*, P. F. L., Vol.15, 1925/1986b, p. 233.

[2] Freud, S., *History of the Psycho-Analytic Movement*, P. F. L., Vol. 15, 1914/1986, p. 83.

[3] Ibid., pp. 94-95.

1914年，在回顾精神分析运动历史的时候，除了将精神分析继续界定为科学，弗洛伊德还明确将其视为一种"新的艺术"。❶

这一清晰的界定一直存在于此后的写作之中。1923年，弗洛伊德为《性学手册》（Handwörterbuch der Sexualwissenschaft）写作了两个百科词条，其一为"精神分析"。在这一正式解释中，他明确界定，"精神分析作为一种诠释的艺术"（Die Psychoanalyse als Deutungskunst）❷。此外，在1925年的《自传研究》中，他也明确说，"分析的工作包括了一种诠释的艺术"❸。而另一方面，他并没有放弃对于精神分析同时是一种科学的界定，并且不断对"科学"这一概念提出自己的理解。例如，在这一词条中，他说精神分析作为科学，只有一个目标，那就是"获得关于现实某一部分的稳定清晰的观点"❹。

弗洛伊德对于科学的复杂理解一直持续到他生命的最后时期。在写于1938年、发表于1940年的《精神分析纲要》一书中，弗洛伊德依然坚称他的工作是一种科学，只不过与其他的科学有所不同。他说："每一种科学都是基于从我们的心理机制这一中介而来的观察与经验。不过由于我们的科学就是将这一机制作为研究主题，所以这一类比就到此为止了。"❺这一科学的与众不同之处就在于，其研究对象不仅仅是研究对象，不能采用诸如其他科学的那种研究方法来从事研究。对于这一最终判断的解释，我们大概可以回过头来，从他在20多年前所做的演讲中找到支持。弗洛伊德在

---

❶ Freud, S., *History of the Psycho-Analytic Movement*, P. F. L., Vol. 15, 1914/1986, p. 85.

❷ Freud, S., *Two Encyclopaedia Articles*, P. F. L, Vol.15, Penguin Books, 1923/1986, p.135; "Psychoanalyse und Libidotheorie", *Gesammelte Werke*, Vol. XIII, London: Imago Publishing Co., Ltd, 1923/1940, p. 215.

❸ Freud, S., *An Autobiographical Study*, P. F. L., Vol.15, 1925/1986b, p.224.

❹ Freud, S., *Two Encyclopaedia Articles*, P. F. L, Vol.15, Penguin Books, 1923/1986, pp. 150-151.

❺ Freud, S., "An Outline of Psychoanalysis", *P.F.L.*, Vol. 15, 1940/1986, p.390.

《精神分析引论》中向听众介绍精神分析关于梦的研究之前，首先比较了其他的科学和精神分析这种科学对于梦的不同态度：

> 事实是：对于梦的兴趣逐渐降级而至与迷信相等，仅被保留于那些未受教育的阶层之中。到了今天，释梦术愈趋愈下，沦于只想从梦中求得彩券中奖的数字了。而另一方面，今日精密的科学（exact science/exakte Wissenschaft）又常常以梦作为研究的对象，但是它唯一的目的在于阐明生理学的理论。❶

这一说法基本可以解释弗洛伊德对精神分析的理解，即一方面，精神分析要从被其他科学所摒弃或忽略的日常"琐碎之事"入手来理解人；另一方面，充分注意到这一理解，则不能以简单的主客二分方式来进行，而是要充分反思自己的思考所具有的局限性，如此才能达到"深度的"心理学。在《自传研究》中，在回顾其毕生研究历程时，弗洛伊德如此定位精神分析与其他的精神科学之间的关系：

> 精神分析不再是精神病理学（psychopathology）方面的辅助科学，而毋宁说是一种全新的和更为深刻的灵魂学问（science of the mind/Seelenkunde）❷的起点，对于我们理解正常人同样是不可或缺的。他的假设和发现可以被用于灵魂与精神所发生活动的其他领域（other regions of mental happening/andere Gebiete des

---

❶ Freud, S., *Introductory Lectures on Psychoanalysis*, 1916-1917/1991, p.114; *Vorlesungen zur Einführung in die Psychoanalyse, Gesammelte Werke*, Vol., XI, London: Imago Publishing, 1916-1917/1940, p.82. 《精神分析引论》，第 59 页。译文有改动。

❷ 英文译为"心灵科学"。

seelischen und geistigen Geschehens übertragen) **❶**；在它面前，打开了
一条道路，通向远方，通往那些人类普遍关心的领域。**❷**

从作者到译者和受众

对于翻译过程的考察首先必须要明白一点：这一译本的批评
者，需要有足够的勇气来提出自己的发现。这一判断最直接的原因
在于，标准版的主编以及主持翻译者斯特拉齐，曾经是弗洛伊德的
紧密追随者，而且弗洛伊德也表示过对其工作的信任。而协助其进
行英文标准版译文集编辑工作的，是弗洛伊德最为心爱的小女儿和
选定的精神分析继承人安娜·弗洛伊德。

在标准版译文集背后厄内斯特·琼斯与斯特拉齐之间关于标
准化术语的故事，里卡尔多·斯泰纳（Riccardo Steiner）曾有详尽
的记述与讨论。**❸**在标准版译文集中所采用的翻译概念，大部分来
自厄内斯特·琼斯的工作。琼斯是在 1908 年参与弗洛伊德和布里
尔对于弗洛伊德作品英译本问题讨论的三人之一。可以说，琼斯
的工作极具权威性，而标准版译文集的出炉从始至终都是在琼斯
的"呵护"之下进行的。甚至连"标准版"（Standard Edition）这一
概念，也是首先出现在琼斯 1920 年 1 月 27 日写给弗洛伊德的信件
中的。**❹**不过，如果将标准化的概念术语仅仅归于琼斯一人之功，

---

❶ 英文译为"精神发生活动的其他领域"。

❷ Freud, S., *An Autobiographical Study*, P. F. L., Vol.15, 1925/1986b, p.231; Freud, S., *Selbstdarstellung*, *Gesammelte Werke, Werke aus den Jahren 1925-1931*, Vol. XIV, London: Imago Publishing Co., Ltd., 1925/1948, p. 73.

❸ 里卡尔多·斯泰纳，《"大英帝国作为世界强权的地位"：在首批弗洛伊德翻译中对于"标准"一词的注解》，载于《流放中的弗洛伊德：精神分析及其变迁》，2001。

❹ Paskauskas, R. Andrew (ed.), *The Complete Correspondence of sigmund Freud and Ernest Jones, 1908-1939*, Cambridge, Massachusetts, London, England: The Belknap Press of Harvard University Press.

也并不属实。弗洛伊德最早的英文译者布里尔在1909年翻译出版《癔症研究》的部分内容，以及此后翻译的《性学三论》与《释梦》中，都已经采用了那些后来被定为标准译文的术语，如"the ego（das Ich）""the unconscious（das Unbewußte）""displacement（Verschiebung）""condensation（Verdichtung）""resistance（Abwehr）""repression（Verdrangung）"，"libido（Libido）""Instinct/impulse（Trieb）""Seele（mind/soul）"等。在此之后，其他一些重要的英文概念也很快在布里尔、琼斯与普特南（James Jackson Putnam）等早期译者的翻译作品中出现，如"homosexual""heterosexual""oral""anal""fixation""perversion""sado-masochism""narcissism"等。此后斯特拉齐的工作，不过是沿用了这些译文而已。根据斯泰纳的统计，在1924年由琼斯主持出版的标准版术语汇编中，90%的英文词汇是在1908年至1910年之间采用的，而译者基本都是琼斯和布里尔。❶

译者斯特拉齐夫妇虽然在很多地方不同意琼斯的翻译，但最后还是使用了琼斯的术语。这其中，除了斯特拉齐几乎相当于琼斯的学生这一身份地位的差别之外，还有两个原因。首先是斯特拉齐与琼斯在弗洛伊德的英译本属性方面观点一致。他们都认为，弗洛伊德的作品应该属于科学而非人文范畴的工作。所以，采用科学化、专业化和学术化的写作风格与概念术语，符合其作品的属性。第二个原因应该与琼斯在此期间大量重要的学术工作有关。从1913年至1923年，琼斯继续翻译，并且引入了一些新的英文术语，如"omnipotence of thoughts""pain（Unlust）""ego ideal"等，并最终整理出一套完整的精神分析术语表。琼斯在1918年与1923年间发表

❶ 里卡尔多·斯泰纳，《"大英帝国作为世界强权的地位"：在首批弗洛伊德翻译中对于"标准"一词的注解》，载于《流放中的弗洛伊德：精神分析及其变迁》，2001。

的术语汇编及其更新版本，被公认为当时翻译弗洛伊德唯一的参考资料。❶在组织建设方面，琼斯的工作也极为重要。1913 年，伦敦精神分析学会成立，1919 年英国精神分析学会成立，这些都与琼斯的工作密不可分。此外，在学术建设方面，正如斯泰纳所考证的："随着 1913 年《国际医疗精神分析期刊》(*Die Internationale Zeitshrift für Ärztliche Psychoanalyse*) 创刊号出版，这些术语汇编被称为精神分析最重要术语的'法典'(Codex)。"❷而负责该法典英文版的，正是琼斯本人。1920 年，琼斯负责的《国际精神分析期刊》(*The International Journal of Psycho-Analysis*) 英文版创刊，更成为琼斯垄断英译事业的契机。所以，当斯特拉齐在 20 年代开始着手进行翻译的时候，在他面前已经确立了一个明确而无法改变的典范风格。❸

---

❶ 《流放中的弗洛伊德：精神分析及其变迁》，第 243 页。

❷ 同上书，第 239 页。

❸ 琼斯本人对于弗洛伊德及其精神分析的科学式理解，在他那本著名的《弗洛伊德传》中表现得淋漓尽致：对于弗洛伊德在开创精神分析之前的生命史描写中（前 12 章），琼斯几乎全都在强调他的科学学习历程。这一点甚至达到了稍显牵强的程度。在名为"职业选择"的第 3 章里，琼斯在引用了诸多材料证明弗洛伊德在科学才能（当然主要是自然科学方面的才能）方面的欠缺，以及他本人并不认同于成为一名医生的态度之后，居然通过分析认为，这恰恰使得弗洛伊德"感到需要一些智力训练，并把科学至上作为最高法则"（厄内斯特·琼斯，《弗洛伊德传》，2018，第 24 页）。琼斯接下来的评论可以说表达了他自己的典型态度："**正如对于今天大多数人来说的那样**，科学不仅意味着客观，更重要的是它指向严密、测量、精确等一切弗洛伊德所缺乏的方面"（《弗洛伊德传》，第 24 页。黑体字部分为本书作者所加）。然而，在接下来的几句里，琼斯明显是在以猜测的方式将这一弗洛伊德精神气质中的诸多要素之一，视为理解他最重要的一种。然而即便如此，他也无法否认，弗洛伊德对于科学的期待，是远远超出科学，而在于理解世界和解决世界之问题的："此外，自 19 世纪起，将科学视为世界之症结的最佳良药——一种弗洛伊德一直坚持到最后的信念——开始取代先前那些寄托在宗教、政治行动和哲学上的希望。这种对科学的高度尊敬晚些时候从西欧地区，尤其是从德国传入维也纳并在 10 年代达到了顶峰，这是一个有争议的时代。弗洛伊德**必定**也接受了这种观点，因此尽管他有着探索未知并将秩序引入混沌之中的天分，但**他肯定也认为**严密和精确是更加重要的——这在'精确科学'中是显而易见的。"（《弗洛伊德传》，第 24 页。黑体字部分为本书作者所加）

斯泰纳通过充分的资料说明了琼斯在这个主导英译文的过程中表现出来的明确自然科学取向。[1]也就是说，琼斯在翻译精神分析的诸多术语时，强化了其科学属性。在 1912 年的著作《精神分析论文集》(*Papers on Psycho-analysis*) 的序言中，琼斯明确将精神分析与生理学和生物学相参照，并且提到精神分析率先将"精神的"(psychical) 化约 (reduced) 为"身体的"(physical)，最后还因此而认为弗洛伊德的工作与尼采、柏格森等人大相径庭。在这一方面，译者布里尔和斯特拉齐等人与琼斯的观点几乎一致。在标准版译文集第一卷的前言中，斯特拉齐明确说："自始至终，我参照的典范，是那些受过渊博教育，生于 19 世纪中期英国科学家的著作。"[2]而早在《释梦》一书英文版首次出版之际，为了强调精神分析的专业合法性，布里尔已经表明，该书的读者群"仅限于医学、哲学、法学和神学领域的专业人士"[3]。1924 年琼斯出版精神分析学术汇编时，得到了来自弗洛伊德本人和另外一位早期著名英文译者琼·里维埃 (Joan Riviere) 的协助。在这一阶段，琼斯更加鲜明地提出了要采用古典希腊文和拉丁文来帮助翻译的风格，对此弗洛伊德并没有明确反对。

根据弗洛伊德本人的毕生主张，在翻译中这一科学化的处理方式也有其道理。原因在于，弗洛伊德确实曾将"自然科学"视为精神分析的属性之一。然而正如我们发现的，这只是弗洛伊德对于精神分析之属性所做界定的一个方面。事实上，对于其作品的错误翻

---

[1] Timms, Edward; Segal, Naomi (ed),《流放中的弗洛伊德：精神分析及其变迁》，第 238—239 页。

[2] Strachey, James, "General Preface", *S. E.*, Vol. 1, London: The Hogarth Press, 1966, p. xix.

[3] Brill, A. A., "Introduction to *The Interpretation of Dreams*", Fred, S., tr. Brill, A.A., London: G. Allen & Unwin, Ltd; New York: Macmillan Company, 1913.

译，是弗洛伊德本人对于精神分析的最大担忧——他并不介意反对者的贬低之词，那根本不值得他的尊敬 ❶，他最担心的，乃是精神分析在未得到充分理解的情况下，就被广泛接受了——尤其是在美国。❷

1914 年弗洛伊德曾撰文回顾精神分析发展的历史过程，在写到从 1907 年之后开始受到学界的承认和逐渐受到重视的节点时，他说："潜伏期已经过去，各地对于精神分析的兴趣日益增加。但是在世界其他地方，这种兴趣的增加首先带来的不是别的，而是非常有力的批判。这种批判绝大多数时候都充满了激情。"❸这也是为何他在此前一段时期非常重视荣格的工作。在 1907 年至 1908 年间，以荣格为核心的苏黎世波克罗次力（Burghölzli）医院，既独立获得了与弗洛伊德的工作相呼应的发现，又在诸多方面成为传播弗洛伊德及其精神分析工作的重要阵地。在弗洛伊德看来，与其他地方的传播不同的是，这里的精神分析是准确、严肃和有益的 ❹，因为这是以研究为基础的传播，与通过英文翻译来传播的形式明显不同。

所以，如果回到翻译的问题上，弗洛伊德本人的态度就非常值得关注了。一方面，正如前面所考察的，弗洛伊德认为精神分析有其科学属性，并且应该获得科学方面的合法性，所以琼斯、斯特拉齐等人的翻译工作也有其天然的正当性来源。而另一方面，弗洛伊德对精神分析的传播和发展也一直持有焦虑和复杂的心态。1908

---

❶ Freud, S., *History of the Psycho-Analytic Movement*, P. F. L., Vol. 15, 1914/1986, p.82.

❷ Freud, S., "Introduction to the Special Pschopathology Number of *The Medical Review of Reviews*", S. E., Vol. XXI, London: The Hogarth Press, 1930/1964, pp. 254-255.

❸ Freud, S., *History of the Psycho-Analytic Movement*, P. F. L., Vol. 15, 1914/1986, p.84.

❹ Ibid., pp. 84-86.

年，布里尔向弗洛伊德请求获得全部的著作翻译权，弗洛伊德同意了。这使得琼斯非常不满。[1]琼斯认为，布里尔既缺乏精神分析的知识，英语也并非其母语。几年之后，当琼斯向弗洛伊德提出，布里尔实际上并不能胜任这一工作时，弗洛伊德的回答是，"我宁可要一个好朋友，而非一个好译者"，并指责琼斯实际上是在嫉妒布里尔。[2]这一回应表明，对于弗洛伊德来说，翻译的问题不仅仅是翻译。这可能有助于我们理解为何他对英译者保持着模棱两可、暧昧不清的态度。精神分析在发展方面的诉求，有的时候会超过他对于翻译准确性的期待。弗洛伊德在这方面的焦虑众所周知。早期精神分析的圈子几乎全部都是犹太人，精神分析则被认为是犹太人独有的一种学问。这种偏见既伤害了精神分析作为一种科学的形象，同时也导致了对于精神分析的广泛抵抗。[3]这也是在研究接近、理论观点一致的前提下，弗洛伊德对荣格、琼斯等人特别钟爱的原因之一：他们的工作可以证明，精神分析是一种具有普遍性意义的科学工作，可以将其扩展到犹太文化之外的领域中去。这方面的证据非常丰富。例如，1908 年 8 月 13 日，弗洛伊德在信中向荣格坦承了自己愿意与他接近的目的之一："坦白承认，我的目的是自私的，是为了说服你接手完成我开始于神经官能症的精神病研究工作。你强烈且独立的个性与日耳曼血统，让你能够比我更轻易得到大众的赞同，你似乎是我知道的人选中，最适合贯彻这使命的人。除此之外，我非常喜欢你，但我已学会把这种因素放在第二位。"[4] 1910 年，

[1] Jones, E., *The Life and Work of Sigmund Freud*, Basic Books Publishing Co. Inc, 1961, p.259.

[2] Ibid.

[3] Freud, S., "The Resistances to Psychoanalysis", *P. F. L.*, Vol.15, 1925/1986a, p.273.

[4] McGuire, William (ed), *The Freud/Jung Letters: The Correspondence between Sigmund Freud and C.G. Jung*, edited by McGuire, W; translated by Ralph Manheim and Hull, R. F. C., Bollingen Series 94, Princeton University Press, 1974, p.168.

在纽伦堡大饭店举行的第二届国际心理分析大会上，弗洛伊德试图选择荣格任国际大会会长，并告诉准备抗议的维也纳分析师们说："你们大部分是犹太人，因此没能力为这新学说赢得支持。犹太人必须甘于做铺路石的角色。"❶

我们必须考虑到，弗洛伊德许多作品的英文译本是他在世的时候出版的，翻译和出版都得到了他的授权许可。此外，他有着良好的英文功底，许多翻译文本都经他本人亲自阅读与认可。所以，这一修正在某种程度上也可以说为弗洛伊德所允许。即便不是他本人的话，至少通读了英文译本的女儿安娜·弗洛伊德也有此意。

然而另一方面，在某些文章中，弗洛伊德也曾表示过对于翻译的忧虑。所以我们很难说，上述从德文到英文版本的翻译过程中所做的改动，究竟是否弗洛伊德授意为之的事情。他本人是否明了这些改变？若是知道，他为何不反对？若是支持，理由何在？对于这些问题的研究，不能仅仅集中在文本方面。或者说，文本所反映出的，是更大范围内的知识社会学问题。

在知识社会学的层面，我们还可以再换一种视角来讨论该问题：与这一翻译相关的，是英美的英文学界对于精神分析本身的理解，而非仅仅是弗洛伊德本人对于精神分析的理解，因为上述翻译问题在其他语言中并不存在。例如，在法语中，"das Ich"往往被译为"le moi"，"das Es"被译为"le ça"或者"le soi"，而"Über-Ich"则被译为"le surmoi"。

皮特·伯格与托马斯·卢克曼在《实在的社会建构》一书中对于知识社会学做出了如下的界定："'知识社会学'不仅处理在人类

---

❶ Wittles, Fritz, *Sigmund Freud, His Personality, His Teaching and His School*. Translated by Eden and Cedar Paul. London: Allen & Unwin, 1924, p.140.

社会中涉及'知识'的经验多样性，而且还要处理**任何**'知识'体被社会建构为'实体'的过程。"❶这样做的原因在于，"所有的人类'知识'都是在社会情境中被发展、传播和维续的"，所以，知识社会学的研究，就必须去理解这样一种过程："常人视为理所当然的知识，是如何实现的？"❷由此而言，仅仅从弗洛伊德或者译者的角度来理解前述系统化的误译，或许只能让我们获得关于精神分析整体变迁历史及其社会学意涵的只鳞片爪而已。

贝特海姆将这一系统误译放置在大的思想史论争背景中来理解。20世纪初期发生在德国的关于科学性质的争论中，对"Wissenschaften"（sciences）的理解有两种："自然科学"（Naturwissenschaften）与"精神科学"（Geisteswissenschaften）。社会科学的学者对于这段公案并不陌生。弗洛伊德和韦伯的同时代人文德尔班（Wilhelm Windelband）将自然科学视为普遍法则式（nomothetic）的科学，因为自然科学的任务就是概括普遍法则，而"Geisteswissenschaften"则是个别表意性（ideographic）的科学，因为其宗旨是对特定的个案做精确充分的描述，关注历史，关注那些发生之后永不会再度出现的事件。贝特海姆认为，在这一框架中，精神分析显然属于后者。在德文文本中，弗洛伊德提及科学时，或者是在说到"我们的精神分析这门科学"时，绝大多数时候使用的是整体意义上的"科学"（Wissenschaft）这个词，亦即同时包括自然科学与精神科学。如前所述，弗洛伊德本人曾多次表明，他的工作既是科学，又是艺术。具体说来，就是弗洛伊德希望通过科学的方法，实现对于人的思考和关怀。贝特海姆认为，英译者将弗洛伊德的"科学"理解成"自然

---

❶ Berger, Peter L., Luckmann, Thomas, *The Social Construction of Reality: a Treatise in the Sociology of Knowledge*, 1967, p.3.

❷ Ibid.

058

科学"，这一理解在当时相当普遍。贝特海姆的看法有其道理。一方面，虽然弗洛伊德用科学的方法来促进关于人的思考这一诉求，与以孔德、斯宾塞以及涂尔干等人为代表的早期社会学家的努力如出一辙，然而这种趋向却在当时使得弗洛伊德饱受批评。❶另一方面，在弗洛伊德身后，许多学者也努力将弗洛伊德的工作用自然科学的方法加以验证。❷在这种背景下，英文翻译将弗洛伊德自谓的科学工作，理解成了自然科学（Naturwissenschaft），也是可以理解的。此外，英文的科学写作中特有的清晰性要求，在德语写作中体现得并不明显，所以在英文翻译中，只剩下了德语"Wissenschaft"的某一种意义。贝特海姆对于这一变迁表达了一定程度上的理解。因为从理论发展史的角度来说，尽管弗洛伊德从早期纯粹自然科学的工作逐渐转向了兼具自然科学与人文艺术这两种性质的工作，然而对于他的同时代人和后继者来说，"弗洛伊德所处理的许多主题，都同时需要诠释性—精神心灵方面的（hermeneutic-spiritual）和实证性—实用主义的（positivistic-pragmatic）理解方式"❸。

　　贝特海姆的解读固然有其道理。不过，由于他有着鲜明的反对英文译本的立场，而并没有将英译本视为一种知识现象，所以也并没有从知识社会学的角度提问：为何英译本迅速获得了公认的权威，成为世界级与世纪级的现象？而许多关于精神分析发展史的研究也都注意到了与这一问题相关的如下现象：精神分析在20世纪所产生的世界范围内的影响力，与其在美国的迅速发展有着直接的关系。

---

❶ Rieff, Philip, *Freud: The Mind of the Moralist*, New York: Anchor Books, 1959, p.3.

❷ Ibid., p.19.

❸ Bettleheim, *Freud and Man's Soul*, 1983, p.44.

三、实践的理性化与"业余精神分析"问题

在关于知识社会学的研究中,马克斯·舍勒(Max Scheler)曾描述过这样一种法则:"精神'越纯粹',它对社会和历史产生的能动影响也就越小……只有当人们把某一种'观念'与一些利益、内驱力以及集体性内驱力或者'各种趋势'结合起来的时候,这些观念才能真正通过各种途径获得与现实有关的力量,或者实现可能……"❶从精神分析的传播史来看,舍勒的这一法则颇具总结性,因为这一变化同样体现在精神分析知识的具体变迁过程中,尤其体现在精神分析的美国化过程中。无论是弗洛伊德文本的变化,还是学界对于精神分析理解的变化,都体现了这一特征。我们将会发现,在其背后,乃是涉及一般知识现代性变迁的理性化过程。

精神分析的美国化及其问题

斯特拉齐与琼斯都不是美国人,然而他们翻译的弗洛伊德作品在英文学界——包括美国——被大规模使用。这一过程与精神分析实践进入美国并且接受其科学化和理性化的历史过程相呼应。这两个过程,都属于弗洛伊德进入到英文世界的历程。

弗洛伊德本人的思想在现实中的传播,要追溯至 1902 年,也就是最早一批年轻医生开始聚集在他周围"学习、练习和传播精神分析知识"的年份。❷到了 1907 年,精神分析开始在学界产生进一步的影响,"甚至有某些科学工作者准备承认它"❸。然而对于弗洛

---

❶ 马克斯·舍勒,《知识社会学问题》,艾彦译,译林出版社,2014,第 9 页。

❷ Freud, S., *History of the Psycho-Analytic Movement*, P. F. L., Vol. 15, 1914/1986, p.82.

❸ Ibid., p.83.

伊德来说，精神分析运动产生广泛积极影响的转折点，应该是1909年他在美国克拉克大学的演讲。该年9月，弗洛伊德在荣格和厄内斯特·琼斯等人的陪同下，赴美国克拉克大学访问，并以德语发表了五次演讲。如果一定要给弗洛伊德的思想在全世界尤其是英语世界的传播确定一个起点的话，那么他自己也认为，这次演讲堪称标志。弗洛伊德本人曾多次表明这一转折点，例如在《精神分析运动史》和《自传研究》中。在《精神分析运动史》一书中，他明确说："1909年，在一所美国大学的演讲厅中，我首次有机会向公众宣讲我的精神分析，这是一次重大的机遇。"[1]

从他自己后来对于这段人生历程的追述中，也明显能够看到这一次旅行对于他的积极影响。如前所述，在此之前将近十年的时间里，弗洛伊德一直处于困顿状态。1900年，《释梦》一书的出版并未给他带来预期中的成功。处于人生低谷期的弗洛伊德在写给弗里斯的信件中，自称为一位"年老、邋遢的以色列子民"[2]。这一极度沮丧的自我描绘，与他的工作在欧洲所遭遇的敌意有很大关系。这一敌意的起源甚至更早。1896年，弗洛伊德曾向"维也纳精神病学与神经病学协会"做过一次报告，希望他的工作能够引起维也纳学界的兴趣。他后来回顾这一次报告的时候说，"我将我的发现视为对科学的正常贡献，并希望能够得到同样的承认"[3]——然而回应他的却是学界的沉默。

在他写下"年老、邋遢的以色列子民"这句话将近十年之后，

❶ Freud, S., *History of the Psycho-Analytic Movement*, P. F. L., Vol. 15, 1914/1986, p.64.
❷ 彼得·盖伊，《弗洛伊德传》，龚卓军、高志仁、梁永安译，鹭江出版社，2013，第152页；Freud, S., *The Complete letters of Sigmund Freud to Wilhelm Fliess (1887-1904)*, translated and edited by Jeffrey Moussaieff Masson, Cambridge, Ma., and London, England: The Belknap Press of Harvard University Press, 1985, p.12.
❸ Freud, S., *History of the Psycho-Analytic Movement*, P. F. L., Vol. 15, 1914/1986, pp.78-79.

出访美国这一事件带给他的却是年轻与活力。在自传中，弗洛伊德如此回顾这一次出访："当时，我才五十三岁。我感到年轻而又健康，对于这个新世界的短暂访问在各个方面都鼓舞了我的自尊。"❶弗洛伊德随即对比了他在欧洲和美国两地所遭受的不同待遇，以及由此给他带来的对于精神分析的信心："在欧洲，我感到自己受到轻视，然而在美国，我却发现最重要的人都平等地对待我。当我登上伍斯特（Worcester）的讲坛，发表我的《精神分析五讲》之时，某种不可思议的白日梦似乎实现了：精神分析不再是一种妄想的产物，而是成为现实中富有价值的一部分。"❷这一出访不仅对于弗洛伊德如此重要，对于美国的精神分析发展也产生了重要的影响。弗洛伊德自己也承认这一点："自从我们访问以后，美国的精神分析方兴未艾。它在大众中极度流行，并且被大量官方的精神病理学家视为医学训练中的重要组成部分。"❸

　　不过，弗洛伊德的作品真正在英语世界产生持久影响力，还要依靠其英译本的出版。而这一译本的影响力，又要与精神分析本身在全世界范围内，尤其在美国的发展结合在一起，才真正出现。1911 年，霭理士（Havelock Ellis）在一份报告中说，精神分析在全世界范围内已经得到了充分的发展，不仅在奥地利与瑞士，在美国和英国以及加拿大等地都是如此。❹霭理士的说法确实有其道理。在组织的层面上，至 1910 年，柏林在亚伯拉罕（Abraham）的领导下，苏黎世在荣格的领导下，维也纳在阿德勒的领导下，都建立了精神分析的组织，而到了 1911 年，慕尼黑在瑟夫博士（Dr. L.

---

❶　Freud, S., *An Autobiographical Study, P. F. L.*, Vol.15, 1925/1986b, pp.235-236.

❷　Ibid., p.236.

❸　Ibid.

❹　Freud, S., *History of the Psycho-Analytic Movement, P. F. L.*, Vol. 15, 1914/1986, p.88.

Seif）的领导下，也建立了精神分析的组织。同一年，美国则在布里尔和普特南的领导下，建立了两个组织，分别是布里尔任主席的"纽约精神分析协会"（The American Psychoanalytic Association）和普特南任主席、琼斯任秘书的"美国精神分析联合会"（The American Psychoanalytic Association）。❶对于布里尔和琼斯在这一传播过程中的贡献，弗洛伊德赞赏有加。❷不过，弗洛伊德赞赏他们的主要原因是他们在英文翻译方面的贡献。而这一贡献确确实实要与精神分析运动美国化的进程结合在一起，才算完整。值得注意的是，这一美国化的进程，要早于他们二人的翻译工作。

一方面，如上所述，相对于德文学界对弗洛伊德与精神分析根深蒂固的偏见与忽视，英文学界对弗洛伊德工作的态度确实要更为友好。根据琼斯的记述，早在 1893 年梅尔斯（F.W.H. Myers）就开始关注和介绍弗洛伊德的工作了。《癔症研究》出版仅仅三个月后，梅尔斯就在英文学界介绍了弗洛伊德与布洛伊尔的这部著作。此后英文学界一直密切关注着弗洛伊德的工作进展。❸美国学界对弗洛伊德的思想尤为热衷。从 1893 年起，威廉·詹姆斯就开始在哈佛介绍弗洛伊德和布洛伊尔的工作。此后，美国学界一直都非常关注弗洛伊德的工作。❹比起学界，实践层面的精神分析在美国也发展迅猛，到第一次世界大战时，"美国已经拥有了世界上数目最为庞大的精神分析学家"❺。然而另一方面，美国许多学者在接受精神分析的时候，

---

❶ Freud, S., *History of the Psycho-Analytic Movement, P. F. L.*, Vol. 15, 1914/1986, p.105.

❷ Ibid., p.88.

❸ 详见 Jones，Ernest，*The Life and Work of Sigmund Freud*，1961，第 250 页以下。

❹ 约瑟夫·史瓦茨，《卡桑德拉的女儿》，陈系贞译，上海译文出版社，2015，第 139—142 页。

❺ 伊利·扎列茨基，《灵魂的秘密：精神分析的社会史和文化史》，季广茂译，金城出版社，2013，第 102 页。

就已经将其视为科学心理学的内容。沃森（J. B. Watson）曾说过，他在讲解弗洛伊德的心理学时，会省略原著中那些"粗浅的活力论术语（vitalistic terminology）和心理学术语"❶。弗洛伊德本人也不可能不注意到，1909 年他受邀前往美国克拉克大学之行，并不是克拉克大学校方专门为了他的精神分析而邀请他。这次美国之行的缘起，在美方看来，乃是为了庆祝克拉克大学成立二十周年而举办的系列邀访活动之一，弗洛伊德是被邀请的诸多"心理学家"之一。当然了，即便是考虑到这些理解，美国人在总体上特别友好的态度，比起欧洲学界对弗洛伊德和精神分析那并不值得弗洛伊德"尊敬"的拒斥和驳难来 ❷，很难不对弗洛伊德产生积极的影响。不过，这一积极的现象，对于弗洛伊德来说，同时也很难不带有一丝苦涩的味道。也许，在这些地方，弗洛伊德同样体会到了他那个著名的"爱恨交织"（ambivalence）概念的社会意义。在理解的偏颇之外，一方面，美国的精神分析运动有着脱离弗洛伊德领导、独立发展的明显迹象。这尤其以华盛顿那位富有影响力的怀特（William Alanson White）医生为代表。❸另一方面，即便是对于那些严格遵守弗洛伊德教诲的美国追随者及精神分析实践，弗洛伊德作为一个严格的思考者，对于这一现象也毫无自恋之意，而是从其背景思考成因。1914 年，弗洛伊德在《精神分析运动史》中赞扬了布里尔和琼斯对于传播其思想的贡

---

❶ 内森·黑尔（Hale Nathan），《弗洛伊德与美国人：精神分析在美国的滥觞》，第 324、355 页；转引自扎列茨基，《灵魂的秘密：精神分析的社会史和文化史》。此外，扎列茨基还举出了一个突出的例子来证明美国人对于精神分析的科学化理解：美国第一步精神分析的通俗介绍作品是埃德温·霍尔特（Edwin Holt）出版于 1914 年的《无意识概念》（*The Concept of Consciousness*）。在这部著作中，作者将"愿望"界定为"有机体的动力集合"（motor set of the organism）。（参见扎列茨基，《灵魂的秘密：精神分析的社会史和文化史》，第 119 页注 84）

❷ Freud, S., *History of the Psycho-Analytic Movement*, P. F. L., Vol. 15, 1914/1986, p.82.

❸ 史瓦茨，《卡桑德拉的女儿》，第 152—162 页。

献之后，专门分析了为何精神分析会在美国获得迅猛的传播和发展。他认为，"在美国，缺少深度科学传统以及官方权威特别薄弱，是斯坦利·霍尔（Granville Stanley Hall）推广精神分析的决定性优势。那个国家的特征就在于，从一开始，精神医院的教授和主管对于精神分析就表现出了与独立实践者同等的兴趣。但很显然，正是出于这一原因，那古老的文化中心，也就是一直都（对精神分析）表现出极大抵抗的地方，必定会爆发关于精神分析的关键战争。" ❶

弗洛伊德强调的这一点非常重要。因为在同样是英语世界的英国，对精神分析的接受就非常缓慢。❷当时在欧洲其他地方的精神分析协会，尤其以伦敦为典型，与美国并不相同。这一不同主要体现在欧洲文化与美国文化的区别。伦敦精神分析学会受弗洛伊德影响极大，并且很多会员秉承着对弗洛伊德之克里斯玛精神的追随，或者愿意成为具有此种人格魅力的领导者。而无论对于治疗的观点如何，美国各地的精神分析协会却要"朴实"得多——同时其理解水平也更令弗洛伊德生疑。弗洛伊德在这方面的担忧不无道理。他非常清楚一个事实："在美国对于精神分析感兴趣的绝大多数医生都不懂德语。" ❸琼斯在 1920 年创办《国际精神分析期刊》之举甚至被弗洛伊德解读为：琼斯主要是为了帮助英国和美国的读者理解精神分析。时至 1925 年，弗洛伊德在自传中依然明确表示："非常令人遗憾，在美国的精神分析掺杂了大量的水分。此外，许多与精神分析无关的领域也在冒领精神分析之名。而在技术和理论上能够进行真正培训的机会却几乎没有。" ❹此外，弗洛伊德一直强调，从事精神

---

❶ Freud, S., *History of the Psycho-Analytic Movement*, P. F. L., Vol. 15, 1914/1986, p.90.

❷ Ibid., p.91.

❸ Ibid., p.108.

❹ Freud, S., *An Autobiographical Study*, P. F. L., Vol.15, 1925/1986b, p.236.

分析的人需要首先接受精神分析，然后才可能对于何谓精神分析和如何从事精神分析有深入的理解。然而在英语世界，尤其是在英国和美国，这一要求却并没有得到"专家"们的理解和执行。在 1924 年写作的《关于精神分析的简短介绍》一文中，他明确说："在（精神分析的）这一发展中，精神分析已经和任何其他医学领域一样，有了明晰而精妙的技术。那些仅仅从阅读中获得了关于精神分析的一点点文本知识，而没有接受任何特别训练就认为自己可以从事分析治疗的人——尤其在英国和美国——没有认识到这一点，导致了许多滥用。" ❶

但是无论这一差异如何明显，在理性化的时代洪潮下，欧洲和美国的精神分析日益医学化，也就是日益专业化和职业化。在精神分析迅猛发展的美国，这一趋势显得尤其突出。当然，在弗洛伊德看来，这一迅猛的发展是有问题的。简单说来就是，"在北美，仍然真实可靠的事情是，对于分析的深度理解，跟不上其受欢迎的程度" ❷。

弗洛伊德的态度

在弗洛伊德看来，这个世界上对待精神分析最为苛刻的地方莫过于精神分析的诞生之地维也纳。❸无论其他地方的态度怎样，都绝不可能比维也纳这座城市的态度更加糟糕。然而维也纳毕竟是他居住的地方，是精神分析的中心，所以世界上其他城市精神分析的发展虽然很快，他却并未抱持天真的欢迎态度，而是对精神分析在传播过程中的"失真"充满了疑虑。

❶ Freud, S., "Short Account of Psychoanalysis", *P. F. L.*, Vol. 15, Penguin Books, 1924/1986, pp.174-175.

❷ Freud, S., *History of the Psycho-Analytic Movement, P. F. L.*, Vol. 15, 1914/1986, p.92.

❸ Ibid., p.99.

弗洛伊德对于"失真"现象进行了毫无保留的反击。他欢迎精神分析的传播，然而如果这一传播需要以歪曲他所理解的精神分析为代价，那么他就一定会坚决反对。在他看来，别人大可以从事任何研究，秉持任一观点，然而如果其研究和观点要冠以"精神分析"之名，他则绝不容忍，坚决予以还击。这一点非常清晰地呈现在他的写作之中。在《精神分析运动史》中，他说："在对外部的反对者们做到尽量自我克制，不去与他们对抗之后，现在我发现自己不得不举起双臂，以对抗从前的那些追随者，或者现在仍然愿意自称为追随者的人们。"❶弗洛伊德指的主要是荣格与阿德勒。事实上，从发现精神分析开始，到其生命的最后阶段，弗洛伊德毕生都在不停地与他人作斗争，以捍卫他自己的精神分析。弗洛伊德一生都充满了此类著名的故事。从早期与他老师们的决裂，尤其是与布吕克和布洛伊尔的决裂开始，到与他早年最好的朋友和知音弗里斯在 1901 年的决裂，再到后来与他最亲密的学生和追随者，包括阿德勒和荣格等人的决裂，其原因都非常清楚而简单：捍卫他自己的精神分析。他几个著名的长篇案例，尤其是在"多拉"和"狼人"中，都存在着诸多与他人论战的段落，尤其是与荣格和阿德勒之间的论战。弗洛伊德希望精神分析传播是一个"坦诚"的运动，在1910 年写给费伦齐的信中，他曾经明确说，"对我来说，真理乃是科学的唯一绝对目标"❷。这一"坦诚"的意思就是要清晰地表达自己的态度和立场。有趣的是，弗洛伊德与阿德勒和荣格这两位弟子之间的论战和决裂，刚好表明了他自己对于精神分析的两种态度：

❶ Freud, S., *History of the Psycho-Analytic Movement*, P. F. L., Vol. 15, 1914/1986, p.109.

❷ Eva, Braband, Ernst Falzeder, and Patrizia, Giampieri-Deutsch, *The Correspondence of Sigmund Freud and Sandor Ferenczi*, Volume 1, 1908-1914, translated by Peter t. Hoffer, The Belknap Press of Harvard University Press, 1993, p.122.

在科学与艺术之间，并不完全倒向任何一方。众所周知，弗洛伊德与荣格之间的决裂，存在着各种原因，其中最为著名的一种，甚至堪称在学理上最为重要的，乃是二人对于"西方现代科学和传统灵性间的冲突重演，有着基本的分歧"❶——弗洛伊德在这一冲突之中是作为一名理性主义者，站在科学一方的。然而另一方面，在弗洛伊德对于阿德勒的批判中，却又确确实实使用了诸如"理性化"（rationalization）这样的概念，并将其视为一个大问题。❷更有意思的是，这一对于阿德勒的批评，最早居然是由琼斯提出来的。❸在对于阿德勒的批判中，弗洛伊德毫不留情地指出了其在研究中出现的与精神分析的"翻译"和"传播"相关的问题。他说："阿德勒理论的特征并非是由他宣称的，而更多是由他否认的东西决定的；它包含了三种具有非常不同价值的要素：对于自我心理学的有益贡献；肤浅但是可以接受的、将分析事实转译进入新'行话'的翻译；以及当这些事实并不符合自我的要求时，对于它们的歪曲和倒错。"❹这一批判的对象，与我们在前面发现的弗洛伊德本人的作品在翻译过程中出现的问题几乎如出一辙，也由此可见弗洛伊德对于"翻译问题"的真正态度。

　　而他对荣格最不能容忍的地方，也正是在于这一点。❺1912 年，弗洛伊德写信告诉荣格说，"越是放弃了那些精神分析中难得的事实，就越会发现抵抗的消失"❻。

---

❶ 史瓦茨，《卡桑德拉的女儿》，第 91 页。

❷ Freud, S., *History of the Psycho-Analytic Movement*, P. F. L., Vol. 15, 1914/1986, p.113.

❸ 见于琼斯在 1908 年发表的 "Rationalization in Everyday Life" 一文（*Journal of Abnormal Psychology*，Vol. iii，No.2）。此文后收录于琼斯 1918 年的 *Papers on Psycho-analysis* 一书中。

❹ Freud, S., *History of the Psycho-Analytic Movement*, P. F. L., Vol. 15, 1914/1986, p.112.

❺ Ibid., p.119.

❻ McGuire, William (ed), *The Freud/Jung Letters: The Correspondence between Sigmund Freud and C.G. Jung*, 1974, p.515, and n.1, p. 517.

总而言之，弗洛伊德对于荣格和阿德勒两人批判的共同点在于，他无法容忍他们在后续的研究中，放弃了弗洛伊德本人所认可的各自对精神分析的发现。❶弗洛伊德也注意到了他对两位前追随者之批判的共同之处，并做了如下总结："他们两人都试图通过提出特别高尚的观点，而表达一种取悦于人的立场，那就是从永恒的观点来看待每一件事物（sub specie aeternitatis）。"❷两个人都宣称对精神分析做出了改进。从上面弗洛伊德本人的反应可以看出：首先，这两种改进都与前述英译本的特征有类似之处；其次，这种宣称都遭到了弗洛伊德的强烈反对。弗洛伊德的态度一以贯之地清晰而明确："我当然完全允许任何人有权力去思考和写作他所乐意之内容；但是，他没有权力将其冠以其所不是的名义。"❸这既是对于曲解的反对，也是对于何谓精神分析的一再重申。而在这其中，他对精神分析最为强调的一点，就是此二人都修改了"性"的理论，并忽略了"性"："事实上，这些人只是从生活旋律中捡拾起了一些文化泛音，而没有听到伟大的原始驱力的旋律。"❹从前面对于英译本的研究可以看出，这一批判同样可以应用到英译本的翻译之中。不过有趣的是，弗洛伊德却从未正面抨击过他的英译者，更不必提像对待阿德勒及荣格一样，与其英译者决裂了。

美国化中的"业余精神分析问题"：什么是精神分析？

　　弗洛伊德对自己的理论充满了信心。他曾在早期遭受多次思想

---

❶　Freud, S., *History of the Psycho-Analytic Movement, P. F. L.*, Vol. 15, 1914/1986, pp.116-117.

❷　Ibid., p.119.

❸　Ibid.

❹　Ibid., p.124.

传播的挫折之后说，他走上了一条要去"惊醒沉睡世界"❶的道路。在《精神分析运动史》中，他甚至如此设想自己的历史地位："我曾对未来做过如下设想：通过这种新疗程的成功治疗，我应该已经成功拥有了自己的地位。但是在我一生之中，科学会完全忽略我；数十年后，有人会成功做出这些发现——目前时机尚未成熟——并且会获得承认，会授予我先驱的荣誉。对于一位先驱来说，失败是必然的。与此同时，正如鲁滨孙那样，我在自己孤绝的岛屿上，尽可能舒适地定居下来。当我回顾那些孤独的岁月，今日的压力与误解，却都好像光荣的英雄时代一样。我的'辉煌的孤独'，并非没有成就和荣耀的。"❷

　　我们知道，尽管屡遭误解和拒绝，弗洛伊德却从未对自己的理论和工作失去信心，而是一直在尽力维护和发展它们。在欧洲本土，虽然弗洛伊德一直在强调精神分析的高度科学性，并一直希望能够获得诺贝尔医学奖，然而无论是他本人，还是其追随者，都力图在学理与影响力方面使精神分析超越医学领域。一个非常引人瞩目的现象是，早期欧洲的精神分析从业人员多数不是医学界的专业人士，他们理所当然地将精神分析扩展到了文学、哲学、教育和自然科学等领域。不过，当精神分析从欧洲传播至美国的时候，情况却完全不同了。在美国，精神分析几乎完全成为精神医学和神经医学领域的分支学科。医学方面的训练成为从事精神分析治疗的必修科目。

　　虽然精神分析在美国的发展并非铁板一块，内部也存在着强烈分歧❸，不过，以科学化面貌出现的美国精神分析实践的理性化还

---

❶ Freud, S., *History of the Psycho-Analytic Movement*, P. F. L., Vol. 15, 1914/1986, p.79.

❷ Ibid.

❸ 尤其表现为以布里尔为代表的纽约学派和以怀特为代表的华盛顿学派之间的冲突。另可参见史瓦茨，《卡桑德拉的女儿：欧美精神分析发展史》。

是成为一个必须要加以回应的重大问题。这是精神分析适应现代化趋势、变为一种专业化理性化之科学的过程，而该过程正与英译本中发生的变化相吻合。

当精神分析要在美国专业化的精神病理学机构中安身时，就不仅仅涉及其理念的传播问题，还涉及何为精神分析的问题了。作为这一问题的表现，业余精神分析议题（lay analysis）成为世界范围内精神分析的争论焦点。所谓"业余"，指的是不具备行医资格、并非医生的人。业余精神分析议题，指的是并不具备行医资格的人是否可以从事精神分析的工作。作为对于这一问题的明确回应，1925 年，美国精神分析学会制定了一个新制度，要求美国的精神分析师必须具备医学学位。❶弗洛伊德随即对此表示反对。不过他的反对并未起到太大的作用。在同一年，布里尔发表文章，明确反对业余精神分析，并且宣布"假如维也纳对待美国的态度继续如此，他决定与弗洛伊德断绝关系"❷。这一对待精神分析之父的几近"弑父"的表态，清晰地表达出美国学界对于精神分析的独立理解与坚持：精神分析的理性化和科学化才是其实质。而在 1927 年国际精神分析学会的年会召开之前，根据琼斯的记录，美国人清楚而坚定地表明了自己与弗洛伊德的宣战立场："1927 年 5 月，纽约协会通过一项决议，赤裸裸地谴责业余精神分析行为。"❸

在 1927 年的国际精神分析学会年会上，该问题成为争论焦点。以布里尔为代表的美国纽约代表团拒绝接受无医学资格者进入精神分

❶ 雅克·昆恩和埃里克·卡尔森，《美国的精神分析：起源与发展》，第 81 页。转引自盖伊，《弗洛伊德传》，第 260 页。
❷ 琼斯，《弗洛伊德传》，第 433 页。
❸ 同上书。中译本此处译文为"业外精神分析"，我根据自己的理解，改为"业余精神分析"。

析领域。尽管这并非美国学界的唯一态度 ❶，却仍然代表了美国社会与美国文化对于精神分析的典型回应。在同一年，《国际精神分析期刊》以业余精神分析为主题，刊发了一期专题论文集，多数作者都表达了不同于弗洛伊德的态度，其中尤其以布里尔的文章为代表。❷弗洛伊德则在这一年的 7 月 6 日给琼斯的信中愤怒而不屑地说："原先我想跟纽约派讨论得更加详尽些，但是我放弃了，因为我知道那会毫无成果，他们在这个问题上表现出来的水准与在其他问题上一样低。" ❸

到了 1928 年，这一持续紧张的关系，以及这些方面的分歧使得弗洛伊德筋疲力尽并且异常悲观，以致对费伦齐说："精神分析的内部发展处处偏离我的意图，它脱离了分析，成为一个纯粹的医学专业，我认为这对精神分析的未来发展是致命的。" ❹

---

❶ 例如，由怀特领导、创立于 1914 年的华盛顿精神分析学会（Washington Psychoanalytic Society）就允许外行人参会，这与布里尔担任会长、创立于 1911 年 2 月的纽约精神分析学会（New York Psychoanalytic Society）严格要求会员是医生的做法不同。

❷ 这份以"业余精神分析讨论"为主题的专题文集，共收录了 26 篇论文，以及弗洛伊德和艾廷冈（Eitingon，M）两个人的总结发言。琼斯的文章置于首位，却很难说没有"模棱两可"的态度和立场。他明确表示，在英国精神分析协会中，有超过 40% 的成员属于"业余精神分析"。不过他也同样表示了精神分析与其他医学学科紧密关联的重要性（如琼斯的文章）以及对于美国同行科学化态度的理解性立场。总体而言，在这个专题中，除了琼斯和来自柏林的萨斯（Hanns Sachs）之外，大部分作者都表达了不同于弗洛伊德的态度。来自纽约的布里尔甚至明确说，弗洛伊德出版于 1926 年的《业余精神分析问题》一书，"不能说服他的听众"（Brill, A. A. "Discussions on Lay Analysis", The International Journal of Psycho-Analysis, Vol. VIII, 1927, p.222）。弗洛伊德对于琼斯的立场非常清楚。在上文提到的那封信中，弗洛伊德明确跟琼斯说，"你知道他（费伦齐）完全同意我的观点；我知道你并不同意。"不过从信件中的其他内容来看，这似乎并未影响他们二人的友谊［Paskauskas, R. Andrew (ed.), The Complete Correspondence of Sigmund Freud and Ernest Jones, 1908-1939, Cambridge, Massachusetts, London, England: The Belknap Press of Havard University Press, 1995, p.621］。

❸ Paskauskas (ed.), The Complete Correspondence of Sigmund Freud and Ernest Jones, 1908-1939, 1995, p.621.

❹ 琼斯，《弗洛伊德传》，第 434 页。

从弗洛伊德本人的理论观点来看，这一跨文化的科学式挑战对他的真正威胁恐怕并不仅仅在于治疗方式的问题，而是在基本理念方面与精神分析背道而驰了。当精神分析的治疗方法被视为科学教条而在学校中加以传授时，这一关于灵魂的认识与自我认识，基本也就失去了活力。

在这件事情上，弗洛伊德的态度非常明确。1926 年，由于另外一个事件，弗洛伊德迅速写就并发表了著名的《业余精神分析问题》（*The Question of Lay Analysis*）一书。作为此书写作背景的那个事件，就是维也纳精神分析学会中一位杰出却并没有医学背景的分析师西奥多·瑞克（Theodor Reik），被他的一位患者指控违反了奥地利法律中关于禁止"江湖术士"（quack）行医的条款。在瑞克被起诉后，弗洛伊德立刻积极行动起来帮助他。这部著作的发表是对于这一指控的回应之一。不过本书的写作并不仅仅针对瑞克的遭遇，同时也是对于上述广泛争论的一个回应，并且也同样引发了更广泛的争论。其结果，就是前述《国际精神分析期刊》刊发的专题论文集。琼斯在他的《弗洛伊德传》中说，在其生命的最后阶段，这一业余精神分析的问题，可能是"出版社之外，在精神分析运动中最能吸引弗洛伊德兴趣和情感投入的一件事了"❶。琼斯认为，原因在于，"这关系到精神分析运动中的一个两难困境，目前还没有找到合适的解决办法"❷。然而这只是琼斯本人的态度，因为在这本小册子的一开始，弗洛伊德就清楚地表明了自己的立场。他希望可以澄清：在精神分析实践中，"患者与其他的患者并不一样，外行人也并非真正的外行人，而专业医生，其实也并不真正具备患者期望他所具

❶ 琼斯，《弗洛伊德传》，第 431 页。
❷ 同上。

备的相应资格"❶。

弗洛伊德在这本小册子里向读者介绍了典型的精神分析治疗的过程和方法，尤其强调了谈话疗法。弗洛伊德说，在治疗师与患者之间"除了互相交谈之外，什么也不会发生。分析师不会使用任何器具——甚至不会借用任何器具检查患者，也不会开任何药方"❷。如在诸多其他文本中一样，弗洛伊德再度向外界强调了"言说"的治疗性功能。在精神分析的实践中，分析师会请患者说出任何浮现在脑海之中的事情，无论患者认为那是否有意义。这一言说的实践与天主教在传统意义上的"忏悔"有类似的地方，不过并不完全相同："忏悔无疑在分析中扮演了部分角色——我们或许可以说，是作为一种分析的引介。但是，忏悔远非分析的实质，也无法解释分析的效果。在忏悔中，罪人告白他所知道的东西；而在分析中，神经症患者必须说出更多的东西。我们也从未听说过，在忏悔中能够发展出足够的力量来去除实际存在着的病理学症状。"❸这是精神分析与忏悔之间的实质区别，然而它们之间的不同不仅在于此。在同一篇文章中，弗洛伊德还表明了它们之间的另外一种区别，那就是：忏悔者是出于自愿，然而在治疗中，许多患者却并不想言说和被治愈："他无论如何都不想被治愈。"❹这当然与弗洛伊德对癔症的深入理解有关。这一现象首先被诠释为一种灵魂的"抵抗"机制，与灵魂的基本结构有关。弗洛伊德进一步的理解在于，疾病是患者生活中的意义，而且往往是至关重要的意义表达。关于"获得疾病"或者是"遁入疾病"这一点的讨论，弗洛伊德的解释已经众所

---

❶ Freud, S., *The Question of Lay Analysis*, *P. F. L.*, Vol.15, 1926/1986, p.284.

❷ Ibid., p.287.

❸ Ibid., p.289.

❹ Ibid., p.322.

周知。症状作为性的活动，其功能可以是满足患者的受虐欲望，这与噩梦的机制（如他在《释梦》第 7 章和《精神分析引论新编》第 1 讲中的讨论）完全相同。在《精神分析引论》第 24 讲和多拉的案例中，弗洛伊德详细分析了这种"遁入疾病"的需求。**❶**这与超我这种良知工具有关，是弗洛伊德对于灵魂机制的基本理论要求。**❷**

当然，精神分析与催眠也不尽相同。确实，在催眠疗法与精神分析中，分析师都会发挥作用，然而在精神分析中，患者所受到的分析师的影响并没有催眠疗法中那么大。此外，精神分析也不会使用暗示的方法来影响和压制症状。

在这部著作里，弗洛伊德尽管继续坚称精神分析是一种科学 **❸**，却明确区别了大学系科意义上的心理学和精神分析的不同。他认为主要的差别在于，当时的心理学所处理的是"感觉器官的生理学"（physiology of the sense organs），而精神分析所处理的是灵魂生活（Seelenleben）问题。**❹**心理学无法面对和处理灵魂的问题，因为灵魂生活的问题与意义相关，它并不能通过科学的心理学研究来获得。这一点与韦伯在《科学作为天职》中的判断如出一辙。正如科学的心理学无法像精神分析一样去研究梦，科学的心理学也无法像精神分析一样去研究神经症。进而，弗洛伊德说，他想研究的是灵魂机能（seeliscen Apparats）的问题。**❺**对于这一机能的研究首先带来了两

❶ Freud, S., *Introductory Lectures on Psychoanalysis*, 1916-1917/1991, pp.429-433; *Fragment of an Analysis of a Case of Hysteria (Dora)*, P. F. L, Vol. 8, pp.1-166, Penguin Books, 1905/1977, pp.75-6, n.1.

❷ Freud, S., *The Question of Lay Analysis*, P. F. L., Vol.15, 1926/1986, p.324.

❸ Ibid.

❹ 英译本在此译成了精神生活（mental life），参见 Freud, S., *The Question of Lay Analysis*, P. F. L., Vol.15, 1926/1986, p.291。

❺ Freud, S., *The Question of Lay Analysis*, P. F. L., Vol.15, 1926/1986, pp.294-5; Freud, S., *Die Frage der Laienanalyse, Gesammelte Werke, Werke aus den Jahren 1925-1931*, London: Imago Publishing Co., Ltd, 1926/1948, p.221.

个核心的概念，即"我"（I, Ich）与"它我"（ID, Es）。弗洛伊德说，所谓的"我"，当然是每一个普通人都会有的那种平常东西，即位于"感觉刺激（sensory stimuli）与肉体知觉的需求（the perception of their somatic needs）"和行动之间的东西。而"它我"则是灵魂中比"我"更复杂、宽广和抽象的东西。值得注意的是弗洛伊德如下一段关于"我"（Ich）与"它我"（Es）这两个术语的解释：

> 你可能会抗议我们使用如此简单的代词来描述我们的这两种（构成灵魂机能的）系统（instanzen）或领域（Provinzen），而没有给它们取上个像模像样的希腊名字。然而，在精神分析中，我们要与日常大众的思维模式打交道，愿意使其中的概念服务于科学的（Wissenschaftlich）目的，而非拒斥它们……我们不得不这样做，因为我们必须让患者懂得我们的理论。患者总是非常聪慧，然而有时也目不识丁。非个人化的"它"立刻就能够与普通人的某些特定表达形式联系在一起。❶

这一特定的表达形式，就是患者在治疗中经常使用的某些句法的意思，患者会说，"它击穿了我；现在在我之中有某种东西，比我还要强大。我受不了了！"（C'était plus fort que moi，I can't help it！）

这段话堪称弗洛伊德并不同意琼斯和斯特拉齐等人的翻译工作的明确证据。不过，至少就目前学界所获证据来说，弗洛伊德似乎并未对他的英译者直接提出过此类驳斥。

在这本小册子里，弗洛伊德继续阐明他所说的"灵魂的深度心

---

❶ Freud, S., *The Question of Lay Analysis*, P. F. L., Vol.15, 1926/1986, p.295; *Die Frage der Laienanalyse, Gesammelte Werke, Werke aus den Jahren 1925-1931*, 1926/1948, p.222.

理学"。他认为这一心理学与其他的心理学并不相同。弗洛伊德承认，由于精神分析总是涉及性，而患者和一般人往往会认为，只有真正的持照医生才有资格与患者谈论性的问题，所以专业医生资格是精神分析从业者的必要条件。然而弗洛伊德辩论说，在精神分析中，性的问题实际上要追溯回患者的儿童期，但是这方面的知识并不能从当时的医学院学到。与此同时，关于文明史与神话学的知识和思考，同样是精神分析实践必不可少的。而这些知识和思考也无法由医学院的专业训练所提供。

所谓"业余"（lay man），弗洛伊德指的是没有医学学历的人，而非没有受过精神分析训练的人。恰恰相反，严格的精神分析训练是精神分析实践必须具备的条件。不过问题也在这里。因为关于"业余之士"的讨论关键，正是在于一个具有此类训练而无医学背景的人，是否有资格为患者治疗。而弗洛伊德对于"江湖术士"（quack）一词的界定是：任何在没有必要知识与能力的情况下对他人实施治疗的人。根据这一定义，大量的医生在没有掌握精神分析知识的情况下实施了治疗，他们才是真正的庸医。此外，当时受过医科教育的医生反而更有可能敌视精神分析，因为他们已经习惯于"客观地"确定关于解剖学、身体及化学方面的知识，并且以一种与人的灵魂无关的特征来描述、探究与治疗疾病。而精神分析则致力于探究灵魂方面的失调，这些要求与医学教育没有任何关系。进而，由于教育的缘故，他们还会对那些在精神分析实践中真正重要的材料熟视无睹或鄙夷不屑，如口误、笑话、梦以及各种疯言疯语。在这个意义上，专业医生才是真正的"业余"。

至于在精神分析阵营中存在着许多支持精神分析专业化的成员这一事实，弗洛伊德认为，他们的观点来自其所承受的强大压力：他们希望以此换来对于精神分析的"专业／职业"（profession）的承认。然而在真正的治疗实践中，一名有着医学背景的分析师，其反应和行为往往与普通人并无两样，却与精神分析实践的要求相去甚远。所以，弗洛伊德认为，即便从现实的角度来思考，要求精神分析师具有医学背景，或者要求他们参与医学院的培训，也是完全不够的，因为一名分析师所需要的知识体系，是医学院的教育完全不能够提供的：

> 分析性指导所需要的知识体系与医学院教育相去甚远，也是医生在其实践中并不会涉及的：文明史、神话学、宗教心理学与文学研究……在医学院中所教的大量内容，对于其目的来说毫无意义。❶

弗洛伊德在此的假定非常简单：每一个人，当然包括患者，都是文化／文明人和社会人，如果对于任何一个社会本身以及相关的基本文化／文明没有了解，是无法进行精神分析治疗的。正是基于这一理念，弗洛伊德才在 1927 年《国际精神分析期刊》中，就大会上的这个专题讨论评论说，他理解的精神分析，是一种"心理学"。不过，他理解的这一"心理学"，既非医学或者病态的心理学，也不仅仅是与医学相关的心理学，而就是"心理学"本身。❷

在《精神分析引论》中，弗洛伊德也多次强调，作为科学的精神分析，恰恰就是要去探索超出治疗的研究领域。而这些研究领域，主要集中于对人类的自我认识。在这一面向维也纳大学师生的演讲中，他说，释梦所需要的知识来源极为广阔，其中"有

---

❶ Freud, S., *The Question of Lay Analysis*, P. F. L., 1926/1986, p.349.

❷ Freud, S., "Concluding Remarks on *the Question of Lay Analysis*", *The International Journal of Psycho-Analysis*, Vol. VIII, 1927, p.393.

神仙故事和神话，有笑话和戏语，有民间故事，有关于各民族习惯、风俗、格言和歌曲的传闻，还有诗歌和惯用的俗语"❶，随后他再次强调，精神分析与许多其他的研究领域，例如"神话学、语言学、民俗学、民族心理学及宗教学"等都有着很密切的关系。❷总结而言，他认为："精神分析之为科学（science/Wissenschaft），其特点在于所用的方法，而不在于所要研究的题材。这些方法可以同等地用来研究神经病学，研究文化史、宗教学和神话学，而不失其本性。"❸

所以，如果要实现这些要求，医学训练是无法提供足够支持的。弗洛伊德的说法明确而严格："针对这些理解和治疗，医学教育，严格来说毫无助益。"❹

所以弗洛伊德的态度是，精神分析实践需要特殊而严格的训练，而且他及其追随者也在各地的精神分析协会中施行了这种训练，然而这一训练无法经由医学院获得。恰恰相反，医学院的学习反而会误导这方面的年轻人。在《自传研究》的补记中，弗洛伊德说："在这一生中，我的兴趣沿着自然科学、医学和精神疗法兜兜转转，最后又回到了早年还几乎没有思考力时，就为之入迷的文明问题上。"❺他的这一说法与他在其他方面对于精神分析的认识相吻合。在《自传研究》中，弗洛伊德回顾说："我很少将精神分析应用到一般方面，然而这类应用却很吸引人。从神经症患者的幻想到

---

❶ Freud, S., *Introductory Lectures on Psychoanalysis*, 1916-1917/1991, p.192; *Vorlesungen zur Einführung in die Psychoanalyse*, 1916-1917/1940, p.160. 弗洛伊德，《精神分析引论》，第 119 页。

❷ *Gesammelte werke, Vorlesungen zur Einführang in die Psychoanlyse*, p.170. 弗洛伊德，《精神分析引论》，第 127 页。

❸ Ibid., p.403. 同上书，第 311 页。

❹ Freud, S., *The Question of Lay Analysis*, P. F. L.15, 1926/1986, p.333.

❺ Freud, S., "Postscript" of *An Autobiographical Study*, P. F. L., Vol.15, Penguin Books, 1935/1986, p.257.

人们在神话、传奇和童话中表现出来的想象性创作，其实只有一步之隔。"❶

所以，从弗洛伊德的角度来看，他在医学院提供精神分析的准入资格这一议题上持否定态度的真正原因，在于他所理解的那种科学的旨趣。他并不想让精神分析被融入医学院的教学课程中，并且成为与其他治疗方法并列的某种流派。他认为精神分析比那些诸如催眠暗示和自我暗示等疗法更具科学性。弗洛伊德极具野心，要求精神分析同时成为与人类文明相关的伟大科学与艺术实践：

> 作为"深度心理学"，作为一种关于灵魂无意识（mental unconscisous/seelisch Unbewußten）的理论，精神分析要成为在人类文明的发展演变过程中，那些必不可少的科学（sciences/Wissenschaften）中的一员，也要成为其主要构成部分如艺术、宗教与社会秩序中一个必不可少的部分。❷

在这个意义上，治疗只是它的各种应用中的一种而已，"未来将会表明，这甚至并不是最重要的"❸。所以，仅仅因为这一种小小的治疗应用涉及医学，就将其"囚禁"在医学院的体系下并牺牲了所有其他的应用，其实是错误的。这并非弗洛伊德首次表达这一立场。1913 年，在为奥斯卡·普菲斯特（Oskar Pfister）的一部著作所写的序言中，弗洛伊德就已经明确表达了这一点。❹在 1924 年的

---

❶ Freud, S., *An Autobiographical Study*, P. F. L., Vol. 15, 1925/1986, pp.253-254.

❷ Ibid., p.351; *Die Frage der Laienanalyse, Gesammelte Werke, Werke aus den Jahren 1925-1931*, 1926/1948, p.283.

❸ Freud, S., *The Question of Lay Analysis*, P. F. L., 1926/1986, p.351.

❹ Freud, S., "Introduction to Pfister's Die Psychoanalytische Methode", S. E., Vol. 12, London: The Hogarth Press, 1913/1958, pp.329-331.

《自传研究》中，弗洛伊德回顾了自己研究梦以及他在《日常生活中的心理病理学》一书的工作后，总结说，对于梦和日常生活中那些"过失"的研究之所以意义重大，并不仅仅在于其对精神分析工作有所助益，更重要的"在于它们在另外一方面的贡献"[1]。这些方面与病理现象无关，而是涉及"所有健康人的精神生活中都可能发生的那种现象"，弗洛伊德由此表明，精神分析真正的兴趣和道路在于理解"一般意义上的人"[2]。

虽然在弗洛伊德参与的这一案件中，他的学生瑞克最终胜诉，然而在更大范围内，弗洛伊德对于美国人的抗议似乎并未产生效果。时至 1938 年 8 月 1 日，在巴黎举行的国际精神分析大会上，欧洲和美国的精神分析师依然就业余精神分析问题展开了尖锐的争论。欧洲的精神分析师在当年的 12 月和次年 7 月面见了弗洛伊德，以寻求支持。[3]同样是在 1938 年，当一家美国报纸报道弗洛伊德在业余精神分析问题上的立场已经"彻底改变了"，认为精神分析应该"严格限制在所有国家的医务人员中"[4]时，暮年的弗洛伊德对此给出了愤怒的声明："我从来没有否认过这些观点，面对美国把精神分析变成神经病学一个纯粹女仆的倾向，我对它们的要求比从前更加强烈了。"[5]

1927 年，弗洛伊德在为《业余精神分析问题》一书所写的后记中自述心声，说自己虽然是出于谋生的要求而进入了医学界，却自认从来都并非一个真正的医生。弗洛伊德一直都是这么想的。在为弗洛伊德所作传记的"职业选择"一章里，琼斯开篇就引用了弗洛

---

[1] Freud, S., "Short Account of Psychoanalysis", *P. F. L.*, Vol. 15, 1924/1986, p.64.

[2] Ibid.

[3] 琼斯，《弗洛伊德传》，第 485 页。

[4] 同上书，第 434 页。

[5] 同上。

伊德的两份个人记录来说明这一点。[1]在 1914 年的《精神分析运动史》中，他曾同样明确说："我只是在不情愿的情况下，才进入医药这个职业的。"[2]几页后，他又说："我毫不犹豫地牺牲了作为一名医生那不断增长的受欢迎程度，而开始系统探究在患者的神经官能症成因中性的要素。"[3]原因在于，对弗洛伊德来说，这里隐藏着一个更大的、可以理解世界的秘密。从年轻时期开始，弗洛伊德的兴趣就在于理解这个世界，并希望能够为此做出自己的贡献。如他所说，"在年轻时代，我就感到一种迫切的需求，要去理解我们居于其中的这个世界之谜，并且甚至可以为解开这一谜题做出自己的贡献"，而这一理解的诉求绝非仅仅局限于医学领域。[4]纵观弗洛伊德毕生的工作，这一说法并非虚言。从《图腾与塔布》这一他最为满意的作品开始，其中后期的工作许多都集中于非治疗的领域，尤其集中于对人类文明与社会的分析。弗洛伊德自认，在漫长的治疗岁月中，自己这种"缺少真正医学品性的状况，并不会对患者产生什么伤害"[5]。而就精神分析本身来说，其研究主题则要求有着与涂尔干对社会学类似的出发点：

> 精神分析的唯一主题是人类的灵魂进程（seelischen Vorgänge des Menchen），只有在人类中才能研究此种学问。出于某些很容易理解的原因，患有官能症的人类比起正常的人类能够提供

---

[1] 琼斯，《弗洛伊德传》，第 20—21 页。

[2] Freud, S., *History of the Psycho-Analytic Movement*, P. F. L., Vol. 15, 1914/1986, p.65.

[3] Ibid., p.78.

[4] Freud, S., "The Postscript to *The Question of Lay Analysis*", P. F. L., Vol.15, 1927/1986, p.358; "Nachwort, Zur 'Frage der Laienanalyse'", *Gesammelte Werke, Werke aus den Jahren 1925-1931*, 1927/1948, p.291.

[5] Ibid.

更多赋予指导意义的材料，这些材料也更易于为我们所接受。❶

正如涂尔干通过对于自杀这种极端现象的研究来思考一个正常而普通的人及社会的道德问题一样，弗洛伊德同样是希望通过官能症这一"非正常"的现象，来思考"正常"人的灵魂机制，因为对于他来说，这二者没有实质区别。❷就像他在自传中总结的那样，"精神分析所揭示的深度心理学，实际上就是关于正常灵魂（Normal mind/normalen Seelenlebens）的心理学"。❸所以精神分析从一开始，就有一个鲜明的特征，那就是"在治疗和研究之间存在着不可分割的关联。知识带来了治疗的成功"❹。

弗洛伊德毕生都在如此界定精神分析。在《释梦》一书中，他就已经说过，《俄狄浦斯王》这部古老戏剧的写作结构，"很像精神分析"；更为重要的是，这部古老戏剧的基本内容，即我们今天所熟知的俄狄浦斯情结，在弗洛伊德看来，其实意味着索福克勒斯早就发现了精神分析的核心内容。❺在紧接着对于《俄狄浦斯王》这出戏剧的分析之后，他对于莎士比亚《哈姆雷特》的分析，同样意在表明，莎士比亚也发现了精神分析。在《精神分析引论》中，弗洛伊德再度明确说，《俄狄浦斯王》这出戏剧是从作为"成年人"

---

❶ Freud, S., "The Postscript to *The Question of Lay Analysis*", P. F. L., Vol.15, 1927/1986, p.359; "Nachwort, Zur 'Frage der Laienanalyse'", *Gesammelte Werke, Werke aus den Jahren 1925-1931*, 1927/1948, p.291.

❷ Ibid., p.307; "The Interpretation of Dreams", *P. F. L.*, Vol. IV, Penguin Books, 1900/1976, p.362. 弗洛伊德，《释梦》，第 260 页。

❸ 此处的"正常灵魂"在英译文中为"正常心灵"。Freud, S., *An Autobiographical Study, P. F. L.*, Vol.15, 1925/1986b, p.240; Freud, S., *Selbstdarstellung, Gesammelte Werke, Werke aus den Jahren 1925-1931*, Vol. XIV, 1925/1948, p.82.

❹ Freud, S., "*The Postscript to The Question of Lay Analysis*", P. F. L., Vol.15, 1927/1986, p.361.

❺ 弗洛伊德，《释梦》，第 261—263 页。

的俄狄浦斯王的询问开始的，整出戏剧以"问答"为基本的写作结构，所有的故事情节都在问答中展开，而俄狄浦斯王也是在问答中逐渐知晓了故事的谜底。这一"问询的经过和精神分析的过程相当类似（certain resemblance/gewisse Ähnlichkeit）" **❶**。

如果将《释梦》一书视为弗洛伊德精神分析的奠基，那么从这一部著作开始，弗洛伊德的写作风格就已经明确呈现出来了：不仅经常使用与读者的对话体或者与论敌的论战体，他还在写作中大量引用来自欧洲文明史中的文学艺术作品。除了上述古希腊的悲剧和莎士比亚的戏剧外，在他生命最晚期的《可终结的和不可终结的分析》一文中，弗洛伊德还将自己的工作与古希腊的恩培多克勒（Empedocles）的思想关联起来 **❷**，认为自己的核心思想（尤其是爱欲与毁灭驱力）与其基本理论之间存在着契合性。

众所周知，晚近对弗洛伊德产生重大影响的人物以歌德、叔本华和尼采等人为主。弗洛伊德在其毕生作品中，一直都在频繁引用以歌德的作品为主的诗歌文学作品。这一点在他获得"歌德文学奖"的致谢辞中得到了承认和集中的体现。 **❸**

弗洛伊德在这一致谢辞中，表达了歌德对于自己的影响，然而更为重要的是，他强调了作为诗人的歌德，在许多方面都做出了精神分析的核心发现。所以这一致谢辞，更像是针对歌德本人的致谢。弗洛伊德的这一致谢并非客套。在 1924 年的《自传研究》中，弗洛伊德在回顾精神分析的起源时特别表明，他自己的研究最终发

❶ Freud, S., *Introductory Lectures on Psychoanalysis*, 1916-1917/1991, p.373; *Vorlesungen zur Einführung in die Psychoanalyse*, 1916-1917/1940, p.342. 弗洛伊德，《精神分析引论》，第 263 页。

❷ Freud, S., "Analysis Terminable and Interminable", *S. E.*, Vol. XXIII, 1937/1964, p.245.

❸ Freud, S., "The Goethe Prize", *P. F. L.*, Vol. 14, Penguin Books, 1930/1985b, pp.467-472.

现："诗人与人性的研究者们的一贯主张，是正确的。" ❶

弗洛伊德曾经在两个面向上申明精神分析并非他自己的初创或者发现。一个是在具体的工作上，他一直都在不断强调布洛伊尔的安娜·O 案例才是精神分析的开始。而另一方面，他也一直在强调，精神分析中的若干要素，都是在欧洲文明史上早就存在的现象。他在 1917 年的《精神分析路径中的一个困难》一文对此有最明确的表达："可能很少有人认识到，对于科学和生命来说，无意识精神进程的重大意义。然而，我们必须要说，并非精神分析做出了这一发现。有许多著名的哲学家可以被引为先驱。其中，伟大思想家叔本华的无意识'意志'概念，就与精神分析中的精神驱力的概念等同。" ❷ 1925 年，在《自传研究》一书中，弗洛伊德再度表明叔本华在他之前就已经发现了精神分析中的许多理论，而尼采的思想与精神分析的一致之处，更是令他感到震惊，以至于"在很长一段时间里，我避免去阅读尼采的著作，主要是为了避免我的思想受到干扰，而非关心某些思想是由谁提出来的问题" ❸。

总而言之，毕其一生，弗洛伊德都在说，精神分析其实是由于紧紧镶嵌在欧洲文明史之中，才能够生根发芽和发展壮大的，所以他无法容忍精神分析仅仅被局限在医学领域和治疗实践中。然而，这种压抑（suppression/Unterdrückung）确确实实成为实际发生的历史。在翻译和传播的过程中，精神分析成为一种可以适用于分析患者的精神病理学的知识结构与实践工作，而非一种同时反指自身之灵魂、增进自我认识的实践。这一点对于弗洛伊德

❶ Freud, S., "Short Account of Psychoanalysis", *P. F. L.*, Vol. 15, 1924/1986, p.216.
❷ Freud, S., "A Difficulty in the Path of Psychoanalysis", *S. E.*, Vol. XVII, London: the Hogarth Press, 1917/1955, pp.143-144.
❸ Freud, S., *An Autobiographical Study*, *P. F. L.*, Vol.15, 1925/1986b, p.244.

来说尤为致命，因为在他的原著中，对于灵魂的关注着重的是自我拯救的问题，这也是为何弗洛伊德一再强调精神分析首先是一种自我分析，这种自我分析在《释梦》中催生了精神分析。弗洛伊德由此开始，到最后的《摩西与一神教》中对于犹太民族的整体自我分析为止，身体力行的方法论原则都是一条：精神分析首先是一种自我分析。这是他践行了毕生的"修行"。琼斯在《弗洛伊德传》中说，弗洛伊德曾告诉过他，"他从未停止对自己的分析"，直至生命终结之时，"他把生命中的最后半小时也奉献给了这项事业"❶。这种灵魂的自我体认，既是对患者的要求，更是对医师的首要要求。然而这一意象，在英译本以及精神分析美国化的过程中基本消失了。精神分析仅仅成为某种职业知识与技能。正是在这一意义上，贝特海姆说，美国的精神分析，实际上已经完全忽略了灵魂的问题。

　　针对这一压抑的分析，我们将留待后文去进行。不过，就弗洛伊德本人来说，他的复杂或者暧昧态度中，已经包含了对此的清晰认识。在《业余精神分析问题》这本小册子中，弗洛伊德甚至讨论了精神分析与美国文化之间的关系。在今天看来，这一讨论颇具预言性：弗洛伊德在其中表达了对于美国文化的疑虑态度，认为美国的最高理想是"效率和健身生活"，而此种生活风格，并非精神分析的生长土壤。他说："时间的确就是金钱，但我们并不完全明白，何以要如此手忙脚乱地把时间转化成金钱。……在我们的阿尔卑斯山脉地区，两个熟人见面或告别，常用的招呼语是：慢慢来，别着急。我们曾对这个客套话大加嘲弄，但看到美国人心急火燎的效率，我们现在渐渐意识到，这里面充满了丰富

---

❶　琼斯，《弗洛伊德传》，第 198 页。

的人间智慧。不过美国人没有时间。美国人对大型数字充满激情，对所有尺寸的放大充满激情，也对把时间投资切割成极小的单位充满激情。"❶

事实上，弗洛伊德对于美国文化的"嘲讽式"分析不止于此。在 1937 年的《可终结的和不可终结的分析》一文中，弗洛伊德再度对美国文化进行了嘲讽式描写。行文伊始，弗洛伊德即承认，经验表明精神分析是一项"耗费时间的工作"❷，所以必然会有一些人寻求简便快捷的方法。这一群体，以奥托·兰克（Otto Rank）在其《出生创伤》（*The Trauma of Birth*）一书中的诉求为代表。兰克希望可以用"几个月"的时间，一劳永逸地解决神经症问题。对于弗洛伊德来说，兰克的这个说法经不起检验，不过是"时代的产物，是在欧洲战后的困顿与美国'繁荣'的对比压力之下孕育出来的，是被设计出来适应美国那种快速生活的分析治疗节奏的"❸。弗洛伊德认为，兰克的这一主张没有带来任何实际的积极效果，并且已经被时代抛弃了——正如美国的"繁荣"一样。

在这两个段落中，弗洛伊德故意用英文来写作"繁荣"（Prosperity）一词，以示嘲讽。因为到了 1937 年，美国在"一战"后的繁荣早已经成为明日黄花：大萧条刚刚结束。这一对于"美国式速度"的讽

---

❶ Grubrich-Simitis, Ilse, *Back to Freud's Texts: Making Silent Documents Speak*, Philip Slotkin trans, New Haven, Conn.: Yale University Press, 1996, pp.176-181.

　　在《业余精神分析问题》一书出版时，由于琼斯和萨克斯的建议，为了避免激怒美国读者，并导致他们退出美国精神分析学会，弗洛伊德删除了这部分关于精神分析与美国文化关系的内容。此外，琼斯还在《弗洛伊德传》1926—1933 年间的这一部分中明确说过，"在维也纳，大多数接受分析的都是美国人，其中许多人回到美国后，自己也做起精神分析师来"（琼斯，《弗洛伊德传》，第 432 页）。在琼斯看来，"这是美国和欧洲分析家之间长期矛盾的开始"（同上）。

❷ Freud, S., "Analysis Terminable and Interminable", *S. E.*, Vol. XXIII, 1937/1964, p.216.

❸ Ibid.

刺，恰好与他在约十年前所强调的欧洲人的"慢速度"相对应。

　　然而，弗洛伊德的主张并未引起太多的共鸣。他本人及其著作与思想也很快遭遇到另外一场巨大的历史变迁：法西斯主义对于犹太人及精神分析的迫害。希特勒于 1933 年 1 月 31 日当选德国总理。是年 5 月 10 日，弗洛伊德的著作在柏林被公开焚毁。是年 10 月，精神分析被视为犹太科学而遭受攻击，并被莱比锡心理学大会取缔。弗洛伊德的作品开始被封禁。行至暮年，弗洛伊德的精神分析遭遇到了真正具有毁灭性的危机。由于大部分精神分析家都是犹太人，所以这一毁灭的危机是在身体与知识两个层面同时出现的。虽然弗洛伊德最后选择伦敦作为避难地，然而大部分精神分析师还是去了美国。❶所以无论精神分析的创始人如何对美国文化及精神分析的美国化冷嘲热讽，美国似乎已经成为保存精神分析火种的最佳地域，尽管这一火种需要付出"异化"的代价。

---

❶　琼斯，《弗洛伊德传》，第 452、458 页。

第 **2** 章

爱欲与认识：精神分析知识的理性化

> 爱者与认识者之间的对立这一古老
> 冲突贯穿着整个现代史。**❶**
>
> ——舍勒，2014：137

　　与本书开头那张明信片相关的文本故事，我们也许还可以在弗洛伊德的作品中发现两处。

　　1930 年，在前文谈到的一篇"序言"中，弗洛伊德在强烈批评了美国人对于精神分析的肤浅理解以及由此带来的精神分析美国化之后，再度提及了曾在 1909 年的那张明信片上写过的"详尽"（thoroughness）一词。他说，"（以上的做法）必定会损害详尽性" **❷**。

　　时至 1937 年，真正到了晚年的弗洛伊德，在他的《有限的与

---

❶　马克斯·舍勒，《爱与认识》，载于《爱的秩序》，刘小枫编，北京师范大学出版社，2014，第 137 页。

❷　Freud, S., "Introduction to the Special Pschopathology Number of *The Medical Review of Reviews*", 1930/1964, p.255.

无限的分析》❶一文中，意味深长地讲述了如下的这个故事：

　　让我们想象一下，在书籍不是被印刷出来，而是被手写出来的时代里，某一本书的命运。我们假定，一本此种类型的书里，包含着某些在后来不受欢迎的内容，例如，根据罗伯特·艾斯勒（Robert Eisler）的研究，弗莱维乌斯·约瑟夫（Flavius Josephus）的作品，必定包含着某些冒犯后世基督徒的关于耶稣基督的内容。如果是在今天，官方审查系统唯一的抵抗机制就是没收并且摧毁这个版本的全部作品。然而，在当时，人们会运用多种方法来使得这部作品无害化。一种方法，是使那些具有冒犯性的段落厚厚叠合在一起，让它们难以辨认。以此方式，这些段落就无法被转抄誊录了。而下一位本书的抄写员，会在抄写时复制一个无可指摘的文本，却在这些特定段落留下空白，以致无法阅读。然而，如果当局不满意于此，想要掩藏这个损害文本的痕迹，那就还有一种方法：进一步改造这个文本。某些词语会被移除，或者被其他的词语取代，新的句子会被移植进来。最佳做法是：移除整个段落，代之以一个全新的、包含着完全相反内容的段落。而下一位抄录者，就会毫不怀疑地复制这个伪造的文本。这个文本中不再包含作者想要表达的内容；而且极有可能，这一修订根本就没有朝向正确的方向。❷

---

❶　德文原文为 Die endliche und die unendliche Analyse，意为"有限的与无限的分析"，英文为"The Finite and Infinite Analysis"。斯特拉齐的英文翻译为 Analysis Terminable and Interminable，意为"可终止的和不可终止的分析"。与前文的讨论一样，这一英文翻译也体现了自然科学的性质。

❷　Freud, S., "Analysis Terminable and Interminable", *S. E.*, Vol. XXIII, 1937/1964, p.236.

在经过了前述对弗洛伊德英译本的考察之后，我们可以发现，这一段话几乎就是对其英译本遭遇的描述。今天，我们已经很难判断，弗洛伊德在其生命的最后阶段，在写下这段话的时候，内心究竟在想些什么——这是否就是在暗指他的作品被翻译为英文过程中的变化？他是在针对他的译者抑或仅仅是传播者？对此我们都无从得知。然而，如果按照他一贯的理论和思考的风格，仅仅指出翻译中存在的错误是不够的。事实上，这段描写极为类似弗洛伊德在《释梦》一书中对于梦的审查机制的描述。根据这个故事的逻辑，翻译问题所代表的，是在精神分析传播过程中所遭受的抵抗或更改。所以，更为重要的是：思考在这一翻译过程中出现的错误究竟表达了什么样的意义，或者说——尤其是在美国——这一翻译及相应的实践，是在何种社会/政治机制的背景下出现的？

一、针对精神分析的压抑/抑制： 英译本作为弗洛伊德之梦

如前所述，弗洛伊德的确将精神分析视为科学，不过他所理解的科学，事关人类灵魂，不应该将"科学精神分析"简化为"精神疾病的治疗"。然而这一精神分析的实质内核，在传播的过程中发生了重大的变化。这一变化的突出表现，就是英文译本的理性化现象。而在精神分析实践过程中发生的重大变化，则是以美国化为代表的职业化与理性化。

在《业余精神分析问题》这一作品的附录"自述心声"的最后部分，弗洛伊德对发生在美国精神分析界的这一现象特别提出了批评。他认为，美国精神分析家们在"业余精神分析问题"上的

选择，是在伤害精神分析，也是在伤害美国精神分析界的地位。❶
弗洛伊德的批评明确而尖锐。他认为，这一拒绝"业余精神分析问
题"的举动，"或多或少相当于抑制（repression）"❷。

对弗洛伊德来说，将精神分析局限于医学领域和治疗实践，确
实是一种真正的压抑。不过，这并非精神分析所面对的唯一一种压
抑：精神分析遭受的来自内外的敌意，远远多于这一点。我们知
道，在全世界广为流传的故事是：精神分析是一种始终都要面对敌
意的学问。❸在弗洛伊德本人及其追随者如琼斯的记述中，作为一
位毕生都是单枪匹马挑战全世界的堂吉诃德，面对铺天盖地而来的

---

❶ Freud, S., "The Postscript to *The Question of Lay Analysis*", *P. F. L.*, Vol.15, 1927/1986, p.363.

❷ Ibid.. 抑制与压抑这两个概念的意义既有重叠之处，又有区别。弗洛伊德的抑制理论乃
是其精神分析的基石（Freud, S., *An Autobiographical Study*, *P. F. L.*, Vol.15, 1925/1986b, p.213）。
就严格意义而言，抑制（repression/Verdrängung）指的是这样一种机制，即主体借以将
某种与驱力相关的表象（思维、影像、记忆）逐出或者维持在无意识之中。弗洛伊德
认为，某种本身可以带来快感的驱力，如果同时还会导致不快，那就意味着抑制的产
生。在广义上，弗洛伊德有时会将抑制一词用作类似于"防御"（defense/Abwehr）的
意义。抑制这一概念会出现于诸多复杂的防御过程中，与此同时，抑制理论也是弗洛
伊德防御机制理论的原型（尚·拉普朗虚，柏腾·彭大历思，《精神分析词汇》，2000，
第 422—423 页）。

　　压抑（suppression/Unterdrückung）这一概念在精神分析及相关传统中使用非常频
繁，不过界定并不系统。与"抑制"一词比较起来，这一概念指的是使得某种令人不
快的或者不合宜的内容（思维、意念、情感等）从意识中消失的机制。所以在"机
制"的意义上，这两个概念存在着类似之处，"就此意义而言，抑制是压抑的一种特
殊模式"（尚·拉普朗虚，柏腾·彭大历思，《精神分析词汇》，第 450 页）。不过，与
"抑制"比起来，压抑更倾向于指将某些内容驱逐出意识，而非特指逐入无意识。在
这种意义上，这两个概念差别甚大，因为抑制是一种无意识的工作，而压抑乃是一种
有意识状态的工作，也就是说，必然带有道德性。"道德动机在压抑中占有主导的角
色"（尚·拉普朗虚，柏腾·彭大历思，《精神分析词汇》，第 450 页）。不过在英文翻
译中，这两个概念在某些时候被错误地等同使用。本书将区别使用这两个概念。在
遵从弗洛伊德原文的基础上，本书将在涉及严格意义上的精神分析抑制理论时，使用
"抑制"这个概念；在涉及社会与道德意义上的分析时，使用"压抑"这个概念；涉
及二者的重叠意义时，将会同时使用这两个概念。

❸ 史瓦茨，《卡桑德拉的女儿》，第 3—5 页。

敌意，弗洛伊德并无畏惧，而是会以"道之所在，虽千万人吾往矣"的气概继续进行和发表他的研究，只是会不时暂停一下，认真分析这些敌意的原因何在。1914 年，他曾如此理解、评价当时的学界对他工作的拒斥：

> 精神分析理论帮助我理解同时代人的这种态度，并且将其视为根本性分析这一前提的必要后果。如果我所发现的那些事实，确实是由于患者的情感性内在抵抗所隔绝，从而使得他们无法获得的知识，那么，只要有某种外部材料向健康的人群提供了某种被抑制的内容，这些抵抗也必然会出现在健康人群之中。❶

弗洛伊德认为，世间对于精神分析的抵抗，是一种与"病态"无异的表现。更为精妙的是，如果前述精神分析传播过程中的理性化现象确实存在，那么结合弗洛伊德本人的判断和理解来分析就会变得非常有趣，因为他恰好从自己理论的角度做出了类似的理解。弗洛伊德认为，这一出现在健康人群之中对于精神分析抵抗现象的机制，是以情感为基础，以理性为其表达形式的："毫不奇怪，他们会在智识的基础上合理化这一对我的观点的拒斥，尽管其根源是情绪性的。"❷

显然，弗洛伊德这种以情感为内核和动力，以理智化为基本表现形式的判断，与马克斯·韦伯对于新教教徒之行动伦理的结构分析极为类似。不过我们在此不做过多扩展性分析，而是集中于弗洛

---

❶ Freud, S., *On the History of the Psychoanalytic Movement*, P. F. L, Vol. 15, 1914/1986, p. 81.
❷ Ibid.

伊德的文本和工作——对弗洛伊德而言，在现代性科学语境下反对精神分析的冷静客观态度，其核心动力恰恰是情绪性的。因此，弗洛伊德对世人接受精神分析并无信心。所以在关于精神分析运动史的回顾中，他不无悲观地说："如何使得这些健康之人以一种冷静客观的精神研究问题，在当前是一个无解的问题，最好留给时间去解决。"❶

　　弗洛伊德在这里直接面对的，是当时欧洲的学界和大众对他学说的拒斥，并不涉及在翻译中对他学说的改造。他从来没有直接讨论过英译本的问题。不过，一方面，他的这一分析本身就可以帮助我们理解英译本中存在的问题。另一方面，如前所述，弗洛伊德本人对这一改造应该是知悉的，只不过他自己对译者和翻译的态度比较暧昧，始终犹豫不决罢了。这位对抗全世界、认为"追求真相乃是科学的绝对目标"❷的堂吉诃德，在这件事情上却身处矛盾之中，无法公开对抗自己的翻译者——如果说"自由联想"以及由此而来的诠释乃是必然，那么这一改造或者说具有诠释性质的翻译是否可以被视为某种"自由联想"，并且也有其道理呢？与此相关的，乃是另外一个对理解弗洛伊德非常关键的问题：弗洛伊德是一位真正的堂吉诃德吗？抑或，这一形象多少带有他自我塑造的成分？戴克尔（Hannah Decker）通过梳理弗洛伊德时代欧洲的思想潮流认为，无论弗洛伊德的思想有多么激进，在当时的欧洲，确实也存在着对精神分析的"承认与欢迎"，所以弗洛伊德那十年之久的"辉煌孤

---

❶　Freud, S., *On the History of the Psychoanalytic Movement*, 1914/1986, p.81.

❷　出自弗洛伊德在 1910 年 1 月 10 日致费伦齐的信。参见 Freud, S., *The Correspondence of Sigmund Freud and Sándor Ferenczi, Volume I, 1908-1914*, edited by Eva Brabant, Ernst Falzeder, and Patrizia Giampieri-Deutsch, 1993, under the supervision of André Haynal, transcribed by Ingeborg Meyer-Palmedo, translated by Peter T. Hoffer, Cambridge, Massachusetts, London, England: The Belknap Press of Harvard University Press, p.122。

立"（splendid isolation）❶的背景要更为复杂。然而弗洛伊德却更为强调维也纳以及欧洲大陆学界对他的压抑，并将其作为一种社会现象，运用精神分析的手法加以理解。当这一"压抑／抑制"出现在精神分析运动的内部时，弗洛伊德所表现出来的态度就更为"爱恨交织"了。

弗洛伊德对压抑／抑制的理解与分析

弗洛伊德曾经多次提及精神分析所遭受的批评与敌意，并且认真分析过它们。在《精神分析引论》中，他在开篇即向维也纳大学的师生们表明，精神分析为何会受到普遍而深刻的敌意。他认为，这与西方近现代文明的进展密切相关：其一为启蒙之后的"理性"，其二与现代人的道德观有关。精神分析工作直接对抗这两点，并由此撼动了西方现代文明的根本前提。他在演讲中说："精神分析有两个信条最足以触怒全人类：其一是它和他们的理性成见相反；其二则是和他们的道德或美育的成见相冲突。这些成见是不可轻视的，它们都是人类进化所应有的副产品，是极有势力的，它们有情绪的力量做基础，所以要打破它们，确是难事。"❷他随即对这两个信条做出了解释，认为它们虽然是现代西方人的基本信念与许多信条的前提，却经不起分析，并不具有明证性。不独于此，在毕生的写作中，弗洛伊德一直在不断地解释精神分析"触怒世人"的这两点。例如在《自传研究》的第 5 章，弗洛伊德概要地回顾了自己在初创精神分析之时被德国学界所反对、摒弃和隔绝

---

❶ Decker, Hannah, *Freud in Germany: Revolution and Reaction in Science, 1893-1907*, Madison, CT.: International Universities Press, 1977, p.2.

❷ Freud, S., *Introductory Lectures on Psychoanalysis*, 1916-1917/1991, p.46; *Vorlesungen zur Einführung in die Psychoanalyse*, 1916-1917/1940, p.14. 弗洛伊德，《精神分析引论》，第 8 页。译文有改动。

的孤独状态。❶这是一段不堪回首的时光。弗洛伊德不无愤恨地说，在科学界，这种对他的敌意甚至到了人身攻击的程度。这并非弗洛伊德自己的感受。在《弗洛伊德传》中，琼斯专门用了一章来记述当时这种针对弗洛伊德及其精神分析的"严酷"局面。对于这一局面，弗洛伊德在自传中也说，"我想，如果我们经历的这个历史阶段被载入史册，那么德国科学界将不会为那些代表人物而感到自豪"❷，原因在于，科学界的那些代表人物并非在对他的工作进行科学批评，而是表现出了"不可一世的傲慢"和"毫无良知的污蔑逻辑"，对他进行的是"粗俗卑劣的攻击"，所有这一切，都"无法被原谅"❸。弗洛伊德最后甚至说，在"一战"期间，敌国同声指责德国野蛮行径的那些陈词，"总结了我在上面所写的全部"❹。

不过，在此种愤怒的声明和前述在总体上理解精神分析遭受敌意的思考之外，他还以精神分析一贯的态度，多次详细阐述了精神分析招致世人敌意的具体原因。这些讨论都堪称精神分析理论工作的一部分，大致可以分为两类：第一类是有关精神分析在科学和思想领域中所遭受的批评，第二类是有关精神分析在大众文化的层面上所遭受的敌意和攻击。第一类分析代表性的文本主要有两个。第一个出现在1923年他为《性学手册》所撰写的"精神分析"的词条中。弗洛伊德专门用一小节讨论了针对精神分析的误解与批判。在弗洛伊德看来，绝大多数误解与批判，都出自对精神分析的不了解与情绪性的反应，尤其是对于"性"这一概念的误解。作为对于自己的辩护，他明确表示，精神分析"从未想到要解释一切，甚至

---

❶ Freud, S., *An Autobiographical Study*, P. F. L., Vol.15, 1925/1986b, pp.231-233.

❷ Ibid., p.232.

❸ Ibid., p.233.

❹ Ibid.

是关于神经症，精神分析也并非仅仅追溯到性本身，而是追溯至性与自我之间的冲突"❶。弗洛伊德对于相关的误解尤为恼怒，甚至带有情绪地说，"相信精神分析是通过给予性以自由来治疗神经失常，是一种严重的误解。这种误解不能仅仅用无知来解释"❷。换句话说，此种对于精神分析的误解，不仅仅是在科学讨论的范畴内，而已经涉及恶意中伤了。另外一个是在 1924 年，在法语期刊《犹太期刊》（La Revue Juive）的编辑阿尔伯特·柯亨（Albert Cohen）的邀请下，弗洛伊德写了一篇名为《对于精神分析的抵抗》的文章，并于 1925 年发表，分析为何精神分析会遭受到如此深入而广泛的批评和敌意。他在文中说，尽管在科学的历史上，新发现受到怀疑和抵抗的现象较为常见，然而像精神分析的接受历史"尤为糟糕"的现象并不多见。❸不过在这篇文章中，弗洛伊德并未详细回溯精神分析被拒绝的历史，而是集中讨论了这一拒绝的"动机"。在他看来，这一抵抗首先来自理论认识。精神分析将癔症症状视为心理表达的一个部分，而一般的科学则尚未准备好接受这一点，并因此而拒绝认为，弗洛伊德建立在这一基础之上的工作具有科学性质，所以才"对于生活问题中最重要和最困难的问题，表现出了短视的误解"❹。而从哲学的角度来说，绝大多数哲学家将灵魂仅仅视为意识层面的现象，再加上在哲学领域中，也从来没有基于实证材料而来的关于无意识的讨论，所以在弗洛伊德看来，精神分析不受欢迎的原因在于其"跨界"位置，即位于科学与哲学之间的处境。正是由于精神分析既强调科学性又强调哲学性，这才导致他的工作在两个

---

❶ Freud, S., "Two Encyclopaedia Articles", *P. F. L*, Vol.15, 1923/1986, p.150.

❷ Ibid.

❸ Freud, S., "The Resistances to Psychoanalysis", *P. F. L.*, Vol.15, 1925/1986a, p.264.

❹ Ibid., p.266.

方面都不讨好：

> 所以结果就是，精神分析从其介于医学和哲学之间的位置
> 上所获得的，只有不利因素。医生们将其视为一种沉思性的体
> 系，拒绝相信它像所有其他自然科学一样，也是基于对那些从
> 知觉世界而来的事实坚持不懈的探索。而哲学家们则从他们自
> 己构建起来的体系来评判精神分析，指责它绝大多数的一般性
> 概念（目前仅仅处于发展阶段）都缺乏清晰与精确性。❶

而在科学和哲学领域之外的大众文化里，对于精神分析的敌意
出自和"性"相关的工作。在 1926 年的《业余精神分析问题》一
书中，弗洛伊德明确表示，他注意到了，"我们对于性的承认已经
变成了其他人对于精神分析抱有敌意的最强烈动机"❷。而在这方面
的敌意，尤其来自"泛性论"（pan-sexualism）这一对弗洛伊德理论
的错误认知。此种观点认为，"泛性论"这一概念，不仅有"诲淫
诲盗"的嫌疑，而且贬低了人类的尊严与价值。❸

在弗洛伊德那里，这两类批评其实可以统合起来。也就是说，
弗洛伊德认为，存在着更为根本的反精神分析的理由。这同时也是
他在这方面最著名的解释——这或许也是弗洛伊德本人对于精神分
析最为著名的评价。弗洛伊德曾在两个地方做过这种几乎完全一致
的解释——其中一次更为完整，另一次则较为简短。完整版解释存
在于 1917 年的《精神分析路径中的一个困难》一文中 ❹，简短版则

---

❶ Freud, S., "The Resistances to Psychoanalysis", P. F. L., Vol.15, 1925/1986a, p.268.
❷ Freud, S., The Question of Lay Analysis, P. F. L., Vol.15, 1926/1986, p.268.
❸ Ibid., p.269.
❹ Freud, S., "A Difficulty in the Path of Psycho-analysis", S. E., Vol. XVII, 1917/1955, pp.137-144.

在《精神分析引论》一书中。在《精神分析引论》这一演讲中，弗洛伊德说：

> 人类天真的自爱（naiven Eigenliebe/naïve self-love）曾先后受到科学两次重大的打击。第一次是知道我们的地球不是宇宙的中心，仅仅是无穷大的宇宙体系的一个小斑点，我们把这个发现归功于哥白尼，虽然亚历山大的学说也曾表示过近似的观点。第二次是，生物学的研究剥夺了人的异于万物的创生特权，沦为动物界的物种之一，而同样具有一种不可磨灭的动物性：这个"价值重估"的功绩归于我们这个时代的查理·达尔文，华莱士，及其前人的鼓吹，也曾引起同时代人最激烈的反抗。然而人类的自尊心受到了现代心理学研究的第三次最难受的打击；因为这种研究向我们每个人的"我"（Ich）证明，就连在自己的屋里也不能自为主宰。❶

这一自我评价，同样也是他认为"世人普遍非难精神分析这一科学"的主要理由。因了这一对于人的理解，世人对精神分析的非难甚至到了"不顾学者的态度和严谨的逻辑"的地步。❷所以对于弗洛伊德来说，精神分析在历史上所遭遇的系统和普遍的贬抑，无论是否存在着某种社会机制的工作，其背后一定是情绪性的反对。对此，弗洛伊德一以贯之地坚信他自己的逻辑和理论，认为这种情绪性的反应来源于某种具有根本性的"集体无意识"：对于人类社

---

❶ Freud, S., *Introductory Lectures on Psychoanalysis*, 1916-1917/1991, p.326; *Vorlesungen zur Einführung in die Psychoanalyse*, 1916-1917/1940, pp.294-295. 弗洛伊德，《精神分析引论》，第 225 页。译文有改动。

❷ 同上。

会秩序的维护。在《文明及其不满》及其他文章中，弗洛伊德都分析过人类文明的两个基石，即对于自然力的控制和对于人自身驱力的控制。文明这一"统治者的王冠建立在戴着镣铐的奴役者的身上"❶。人类文明本身就要求对于"性"的力量和奴役的状态有着极为敏感的态度："社会关注着这一点——而且不允许相关主题被提及。"❷

以上两个方面对于精神分析的贬抑，实际上正对应了英译本的变化进程。从通俗流畅的德文文本，到作为一种科学化知识、可以进入课本、被系统传授和学习的英文文本，这一过程可以说是某种"原知识"遁入现代性知识的一个典范：通过向某一种学科方向靠拢而获得在"科学"上的认同，使精神分析具备了某种可以在现代社会通行的许可证。

理解这一点并不那么困难。这两个文本之间的差别恰好表达了某种现代性机制。正如彼得·盖伊所说，尽管历史学家和精神分析家常常指出，人类的观念、语言、行动比起普通人看到的更丰富、更有深度，然而，这并不能使事情的真相与其表现截然相反："充满悖论的是，事情既不是它们表面看起来的那样，但同时又是它们表面看起来的那样。"❸这一论断与弗洛伊德对于梦的分析如出一辙，同样也适用于弗洛伊德的英文译本与德文原著之间的关系。尽管弗洛伊德将性作为主题，然而他一再强调，他并非一位泛性论者，非但如此，他还强调说："精神分析从未说过任何支持释放驱力、伤害我们共同体的话；恰恰相反，精神分析甚至警告并且

---

❶ Freud, S., "The Resistances to Psychoanalysis", *P. F. L.*, Vol.15, 1925/1986a, p.269.

❷ Ibid., p.270.

❸ 彼得·盖伊，《感官的教育》，赵勇译，上海人民出版社，2015，第 13 页。

训诫我们要去修补我们的漏洞。"❶然而这种自相矛盾（ambivalence）之处，并不能为社会／文明的机制所认可，因为社会中存在的"文化伪善主义"（cultural hypocrisy），以及与其相伴的"不安全感"，会"运用禁止批判与讨论的方法而对无法否认的危险情况视而不见"❷。对于弗洛伊德来说，精神分析所做的，无非是作为一种"直面事实本身"的学问，揭示社会与文化／文明中的弱点，并且给出自己的建议。然而，作为对于这一勇敢行为的回应，社会与文明却认为精神分析"有害于文化"，并且将其作为一种"社会危险"而加以禁止。❸

　　从个体的角度而言，由于精神分析将成年人的症状与行为追溯至童年期，会使得成年人大为光火，并通过将精神分析视为错误和胡说八道而加以拒斥。所以，弗洛伊德总结道，"对于精神分析最强烈的抵抗并非智识层面的，而是来自情感的源泉"，这一动力源泉也解释了为何在弗洛伊德看来，对于精神分析的抵抗与神经症患者抵抗治疗几乎如出一辙。❹这一普遍的抵抗，恰恰证明了精神分析理论的正确性，与此同时，也表明他的精神分析理论绝非志在疗治个体，而在于对人类文明的整体理解与治疗。

作为弗洛伊德之梦的英译本

　　在弗洛伊德本人工作的基础之上，我们还可以进一步去讨论弗洛伊德与其译者的"暧昧"关系。弗洛伊德分析的是世人对于精神分析的敌意与压抑。然而这一压抑并不仅仅体现在"敌意"上。前文说过，弗洛伊德曾经明确反对阿德勒与荣格以精神分析之名而对

---

❶　Freud, S., "The Resistances to Psychoanalysis", *P. F. L.*, Vol.15, 1925/1986a, p.270.

❷　Ibid.

❸　Ibid., p.271.

❹　Ibid., p.272.

精神分析的曲解。那这一严格直面事实的科学精神与态度，为何没有用在英译本的译者身上？对于这一问题的回答，需要我们更加深入弗洛伊德的工作与生活，及其所处时代的变迁。

首先，英译本中拉丁文的普遍使用并非没有意义。一方面，译文的古典化在科学化的努力之外，还起到了清除弗洛伊德原文中所隐含的各种性、文化、历史、宗教、社会和个人生命史背景的作用。另一方面，这种做法可以使精神分析的文本产生疏离感，较易为大众接受。弗洛伊德在写作中也会使用拉丁文，这既有其丰富的历史文化意涵，也有其个人原因。在《释梦》一书的结尾，弗洛伊德那句著名的判断 "Die Traumdeutung aber ist die Via regia zur Kenntnis des Unbewussten im Seelenleben"，在英文译本中被译为了 "The interpretation of dreams is the royal road to a knowledge of the unconscious activities of the mind"，我们可以发现，原文中的拉丁词语 "Via Regia" 并没有被保留，而是被翻译成了 "royal road"。然而这个概念在弗洛伊德那里明显有着基于欧洲历史与弗洛伊德生命史的自我认同的意义。❶弗洛伊德在克拉克大学的演讲中虽然使用了德语，然而在介绍梦的时候，也使用了 Vie Regia 这个词。由此可见，这个概念对于弗洛伊德非常重要。在英译本的改动下，这一概念的使用就与弗洛伊德本人的历史及主体性几乎没有关系了。

此外，弗洛伊德往往会在某些概念极为挑战世人道德感或者对他自己产生挑战的时候，使用拉丁文，目的在于使他自己产生疏离感，从而舒缓治疗和研究中的紧张情绪。这方面最著名的是他在多拉案例中的声明。不过，弗洛伊德也会在写作中带入他自己的生平

---

❶ Sherwin-White, Susan, "Freud, The VIA REGIA, and Alexander the Great", *Psychoanalysis and History*, 2003, (5)2, pp.187-193. 孙飞宇，《方法论与生活世界》，生活·读书·新知三联书店，2018，第 267 页。

情境：这并不是说他以自己的梦或口误为研究案例，而是说他本人的生平情境会被带入，成为研究的一部分。例如，在 1897 年 10 月 3 日致弗里斯的信中，当写到他梦到了自己母亲的裸体时，弗洛伊德说：

> 将其写出来对我来说无比困难……（在两岁到两岁半之间）我对母亲（matrem）的力比多被唤醒了。在一次跟她从维也纳到莱比锡的旅行中，我们必定曾经在一起过夜，而我必定有机会见过她的裸体（nudam）……我尚无法理解这些隐藏在我的历史深处的场景。如果理解了它们，我就能成功解决我的癔症……❶

弗洛伊德在信件中清楚明白地解释了他为何要使用这两个拉丁词语。因为"将其写出来对我来说无比困难"，而只好借助于另外一种语言。在这一意义上，此处使用拉丁文与英译本的整体风格变迁有着类似的功能。所以我们可以认为，标准版英译本并非如许多学者指出的那样，因为其有问题而需要被废弃。恰恰相反，它本身已经成为一种有待我们去理解的时代现象。如前所述，弗洛伊德的英译者对其文本进行科学化与专业化处理的直接原因，是要清除其特殊性，并试图将精神分析刻画成一种具有普适性的自然科学理论。这一倾向，在弗洛伊德和琼斯那里都非常明显。

---

❶ Freud, S., *The Complete Letters of Sigmund Freud to Wilhelm Fliess (1887-1904)*, 1985, pp.268-269. 根据琼斯的研究，弗洛伊德在这封信中所说的旅程发生在 1860 年，也即弗洛伊德家族的那次迁徙。彼时弗洛伊德已经 4 岁，与他在信中所述不符。琼斯猜测，弗洛伊德必定曾有过两次这样的经历，而在回忆中将其压缩了（琼斯，《弗洛伊德传》，第 10 页）。

斯蒂文·马克斯（Steven Marcus）在研究中清晰总结了这一点。他认为这一倾向是要将弗洛伊德的洞察力与更为广泛的人格结构——"维多利亚时代后期上流布尔乔亚文化的深层人格结构"❶——关联起来，而拒绝将弗洛伊德的工作仅仅与其所身处的犹太文化联系起来。这一观点得到了彼得·盖伊的支持。❷假如这一观点成立，那么弗洛伊德的工作与其自身的文化历史之间的关系当然也可以加以广泛研究。事实上，关于弗洛伊德的理论内容和思考结构与弗洛伊德所身处其中的犹太历史文化传统、社会阶层乃至政治变迁之间的关系，亦已在一系列偏近知识社会学的历史分析尝试中有所涉猎。❸

其次，上述努力的吊诡之处在于：寻求普适性的努力恰恰要以牺牲丰富性和深刻性为代价。著名的弗洛伊德传记作家彼得·盖伊在其《感官的教育》一书中曾经做过如下精妙的总结："敏锐的历史学家不止一次地指出，维多利亚女王不属于维多利亚人；同样，弗洛伊德也不属于弗洛伊德学派：他们不对围绕他们的名字所编织起来的神话负责。"❹从文明的角度来说，正如弗洛伊德发现性欲的问题揭示了人类文明的机制一样，弗洛伊德文

---

❶ Marcus, S., *Freud and the Culture of Psychoanalysis, Studies in the Transition from Victorian Humanism to Modernity*. Boston: George, Allen & Unwin, 1984, pp.33-34.

❷ Gay, Peter, *Freud, Jews and Other Germans: Masters and Victims in Modernist Culture*. Oxford: Oxford University Press, 1978.

❸ 如 Carl, Schorske, *Fin-de-Siècle Vienna: Politics and Culture*, Random House, Inc, 1980; McGrath, William J., *Freud's discovery of psychoanalysis: the politics of hysteria*, Cornell University Press, 1986; Bakan, D, *Sigmund Freud and the Jewish Mystical Tradition*, Princeton, N. J, 1958; Cuddihy, J. M, *The Ordeal of Civility: Freud, Marx, Levi-Strauss and Jewish Struggle with Modernity*, New York: Basic Books, 1974; Klein, Dennis B, *Jewish Origins of the Psychoanalytic Movement*, University of Chicago Press, 1987.

❹ 盖伊，《感官的教育》，第 4 页。

本的遭遇和其思想的变迁也同样昭示了对欲望的压抑／抑制和掩饰。在《性经验史》一书中，福柯开篇即描述了"维多利亚时代布尔乔亚阶层"的道德特征。他说，在这一时代，"性被小心谨慎地圈禁起来；它被移回到了家中。核心家庭将其保管起来，吸收进繁殖这一严肃的功能之中"❶。福柯认为，在现代性进程中，性的历史首先是一种压抑／抑制增加的编年史，"或许弗洛伊德增进了一点我们关于性的知识"❷。然而，这一努力仍要受制于重重的"疑虑"和"保护"。福柯甚至大胆地批评弗洛伊德的工作也并不彻底："在弗洛伊德的躺椅和言语（discourse）之间的那些最安全和最隐秘空间中的话语，不过是床笫间的那些呢喃耳语的另一个版本罢了。"❸这一状况，再加上英译本的变迁现象，使得理解弗洛伊德成为一种必须用力才能深入的工作。与此同时这一切也成为可以供我们探究的主题。正如弗洛伊德文本中的拉丁词语所行使的功能"在他自己和被禁止的冲动之间建立了一个安全空间"❹一样，英译本在全世界与弗洛伊德之间建立了一个安全空间。或者我们可以说得更为直白一点：正如在弗洛伊德那里，梦在欲望和现实之间建立了一个安全空间一样，英译本也成了弗洛伊德的梦。作为一个"显梦"，英译本并非没有意义。恰恰相反，一方面它是通过了"审查机制"而得以在世界中被最广泛使用的文本；另一方面，这一文本可以作为"VIA REGIA"，帮助我们到达对弗洛伊德原著的理解。当然，正如弗洛伊德对于梦的

---

❶ Foucault, M., *The History of Sexuality: An Introduction.* Vol.1, New York: Vintage Books, 1978, p.3.

❷ Ibid., p.5.

❸ Ibid..

❹ 盖伊，《感官的教育》，第 11 页。

分析一样，更为重要的，英译本可以帮助我们理解现代知识生产的机制。

在《释梦》一书的最后，弗洛伊德大胆地宣称，梦是我们理解无意识的"VIA REGIA"。我们需要简单回顾一下弗洛伊德的梦理论，来帮助理解他的英译本与原著之间的关系。这正是本书的核心主张：弗洛伊德的精神分析理论，在实质上乃是一种社会与政治理论，而非仅仅用以理解人之灵魂的理论。我们发现，弗洛伊德作品英译本的发生机制，与他的梦理论之间，存在着一种非常奇异的对应关系。

弗洛伊德的理论中，梦的机制有如下几个特点。首先，梦的材料来自儿童期与做梦的前几天，而且这些材料往往是当下生活中"最不重要"和"最无意义"的细枝末节。其次，梦的遗忘现象，是为抵抗机制服务的。第三，梦的显著心理特征包括了陌生性以及使用视觉意象（visual images）进行思维。第四，在梦中不具有道德感。显梦与隐梦之间的关系极为复杂，其中审查机制正与浓缩、移置等一系列梦的化装机制对应，是弗洛伊德理解人之灵魂机制的关键部分。在一系列的复杂分析后，弗洛伊德发现，梦的基本机制，在于对欲望／愿望（wish/Wunsch）的满足。

在 20 世纪，弗洛伊德的工作首先是一种现代人收获的经验。这种经验改变了我们，且为我们带来了极大的愉悦和自我理解，同时又增加了我们关于自身的焦虑；改变了我们看待世界的方式，同时又被世界通过接受英译本的方式所拒绝或压抑。这意味着，即便有了弗洛伊德，他的工作也很难为我们所接受。正如福柯所说："如果自古典时代以来，压抑确实一直都是位于权力、知识以及性之间的基本关联，那么我们就必然要付出相当的代价，才能从中挣脱出来，获得自由……因为真理最为微弱的光芒，也是受制于政治的……"❶英译本自然是这一压抑的表现之一。在此意义上，甚至弗洛伊德本人也曾表现出这个方面的趋势。所以福柯才以极端决绝的态度说："我们要弃绝弗洛伊德那保守精神分析的规范化功能……以及由性的'科学'所确保的一切整合效果与性学那很难说是含混暧昧的实践。"❷

在这种强大的压抑（而且是以弗洛伊德这一精神分析之父的名义）之下，那些原始的文本开始"被遗忘"。在当代人的记忆中，它们遥远而又缄默无言，飘忽不定又难以理解，正如每一个人桀骜不驯的早期经验一样，与当下处于一种非合作的关系。然而它们并未消失。原著与英译本的关系，正如弗洛伊德在梦的理论中指出的化装结构一样：那些无法被埃利亚斯式"文明世界"直接接收的经验种子，通过英译本这一化装后的版本改变/塑造了世界。而这一化装版本，同时又构成了我们返回去理解德文本的重要线索。所以可以说，在现实世界中，审查机制改造或者说压抑/抑制了原著，同时原著则经由英译本而发生影响力。

斯特拉齐的翻译，将弗洛伊德的原著理性化、科学化与抽象化，表面上与弗洛伊德对于梦之分析的工作次序正好对应——在弗洛伊德那里，释梦是一种用理性化的语言来转译梦这种原始语言的过程，将显梦所代表的隐梦或者梦念阐释成为理性化的、现代个体可以理解的意义。所以表面上来看，似乎英译本这种对于弗洛伊德原著的阐释性翻译，乃是一种释梦。然而，通过以上的讨论，我们可以清楚地发现，这一英译本的功能与发生机制恰好相反：英译本才是弗洛伊德的梦，即这一翻译表面上使用了更为科学化和理性化

---

❶ Foucault, M., *The History of Sexuality: An Introduction*, Vol.1, 1978, p.5.

❷ Ibid.

的语言，其功能效果却正是以此来通过审查。因为在这一英译本中使用的材料，正是在现代社会的知识界最熟视无睹的希腊词语、拉丁词语以及各种科学术语——如前所述，它们完美地隐藏了弗洛伊德的原意。在整体方面，通过诸如"浓缩"和"移置"等技术将原文改头换面。更为重要的是，这一理性化的过程，也即这一科学化和专业化的化装改造，相对于弗洛伊德的原著而言，是一种在现代社会面前的"戏剧化表演"——这正是弗洛伊德式释梦所发现的最为重要的梦的机制。科学化在这里走向了其本意的反面：本意要抽象化与理性化，最后反而成为了一种视觉意象——所使用的语言退化了。英译本将弗洛伊德的德文科学化与抽象化，本意是要将其理解难度提高。然而这些理性化的概念反而更容易为现代人所接受。最后，也是堪称最为重要的关键——正如我们在前文已经提到过的——这个梦实现了最为重要的功能：弗洛伊德的欲望之满足——他得到了世界的承认。

我们还可以进一步强调这一点。英译本当然绝非弗洛伊德的经验本身，而是对它的改造和"升华"。弗洛伊德的思考必须通过这一化装才能进入历史，尽管其原始版本才是改变历史的真正原动力。这正如弗洛伊德所说的显梦与隐梦之间的关系。就对于文明和历史的理解而言，这两个版本都是不可或缺的。在这两个版本的比较中，我们可以发现明显存在着一种类似埃利亚斯式"文明进程"的社会机制。❶彼得·盖伊在对 19 世纪资产阶级的研究中，发现存在着对感官教育的蒙蔽与遮掩（这当然是普遍性的）。这种蒙蔽与遮掩并非有意为之，而是一种无计划的、具有高度适应性的防御行为，即存在着一种在公开场合对性知识的伪装与改变。盖伊将

---

❶ Elias, N., *The Civilizing Process*, translated by Edmund Jephcott, Oxford: Blackwell, 1994.

这种关于性的认识的"文明进程"称为虚假的纯真 。❶他认为,这是一种人类历史所共有的现象。英译本也符合这一大的进程。在这一进程中,焦虑日益增加,并且戴上了科学的面具。现代资产阶级式文化超我(cultural superego),无处不在。❷问题从来都不仅仅在于性本身,而在于其所代表的社会性意涵和所引起的社会性焦虑与罪恶感。所以性的问题在进入知识领域时,必须改头换面,而且往往是以负面或非道德的形象进入的。用福柯的话说,这种对于性语言的现代化改造,必须与资本主义的发展结合在一起才得以可能,因为只有这样,它才能"变成布尔乔亚秩序的一个构成部分"❸。福柯认为,在现代性进程中,存在着一种关于性语言的既爆发又净化的一体两面过程。这一过程:一方面是关于性的语言在权力范畴内大量出现❹;另一方面,则是对性语言的净化,也就是"存在着一种关于陈述的警察化(policing of statement)"❺。在何时、何地、以何种方式对何种人言说何物,都有了严格的规定:"这几乎构成了一种整体性的限制性经济,又半是自发半是皈依性的,纳入了伴随着古典时代社会重组的语言和言说的政治之中。"❻如此一来,对于性的反思和言说就成为对于更大的历史性秩序的反思和言说,表达的困难甚至更大了。然而,这恰恰是事情的本质所在。因为弗洛伊德和他的作品,从来都是属于某一种社会秩序,也要服从于某种历史的命运。无论如何勇敢,弗洛伊德及其作品的主体性,同时在理智和情感方面,都变得极具可塑性。英译本作为弗

---

❶ 盖伊,《感官的教育》,第 326 页。

❷ 同上书,第 438 页。

❸ Foucault, M., *The History of Sexuality: An Introduction*. Vol.1, 1978, p.5.

❹ Ibid, p.18.

❺ Ibid.

❻ Ibid.

洛伊德之梦的意思，就是说，弗洛伊德这一思考的原动力，也必然要服从于某种更大的社会要求，并且通过服从这一社会要求而获得表达的可能。

所以我们从未说过，英译本有着无法抵消的"原罪"。正如弗洛伊德从显梦入手来理解隐梦以及梦的机制一样，我们希望将英译本中的变化视为一种现代性现象，由此深入探讨该英译本得以出现的社会与政治背景或者说机制。

二、斯特拉齐的回应与移情问题

斯特拉齐必定注意到了诸多关于英文翻译的质疑，所以他曾先后在不同地方，为自己的翻译做过辩护。这些辩护并没有直接回应对他的批评。而接下来我们也将看到，这些辩护忽略了由于翻译问题而引发的真正重要问题，即英译本在移情品质方面的缺失。不过，在其《弗洛伊德传》中，琼斯所做的一些与精神分析相关的背景性记述，反而可以从社会学的角度帮助我们理解他和斯特拉齐在翻译中的科学化倾向。

斯特拉齐最为重要的一次自我辩护见于 1966 年出版的标准版译文集第一卷的开篇。在这一回应中，他集中说明了自己为何要使用那一系列受人诟病的拉丁文或希腊文作为英译本的核心概念。❶

---

❶ 例如，在关于翻译的说明中，斯特拉齐认为，自己尽可能保持了翻译概念在全集中的一致性。然而这一点往往会引起误解。此外，对于一些引起争议的概念翻译，他也做出了回应。其中，某些翻译只是沿袭了此前既有的翻译，如 "Abwehr" 翻译成 "defence"，被批评缺少了主动性的意涵，而增加了被动的意涵。至于 "Psyche-psychisch" 与 "Seele（或 Seelenleben）-seelisch" 之间的区别，斯特拉齐认为，弗洛伊德在多处交替使用了这两组单词，也就是说，在弗洛伊德那里，这两组单词是同义的。（转下页）

此外，他在《业余精神分析问题》一书的译者脚注中，在《驱力及其变迁》（Instincts and their Vicissitudes）一文的译文编者序言中，以及其他多个地方，都曾为自己的翻译做过辩护。❶

然而这些辩护并无法真正回应那些对他翻译的质疑。原因在于，斯特拉齐本人并没有注意到，他所做的翻译版本的意义，已经超出了他的掌握。在斯特拉齐的回应中并未涉及核心问题，即英译本在文体上的转换。文体的转换意味着写作风格的转变，而写作风格的转变意味着理论实质的变化。此前已经讨论过，弗洛伊德的文体和写作风格与他的理论有着直接的密切关系，甚至可以说，其写作风格本身已经是他理论的一部分。这一点在欧洲思想史上并不罕见。在《爱的知识》一书中，作者玛莎·纳斯鲍姆（Martha C. Nussbaum）通过对欧洲哲学与文学史的讨论，明确主张在探讨伦理学的相关问题时，要注意文体与内容的密切关系，尤其是在讨论与爱相关的知识时。❷马宏尼在《作为作家的弗洛伊德》一书中，更是详细讨论了弗洛伊德作品的文学性与其理论之间的共生关系。❸

（接上页）例如在《释梦》第 7 章（B）处。不过，这一辩驳并没有否认英译本引起误解的可能性。

至于从"Trieb"到"instinct"的变化，斯特拉齐认为，翻译成"drive"反而并不妥当，因为"drive"一词本来并非英语，在 1933 年的牛津词典中不存在这个词；而且在当时的心理学英语教科书中，也不存在这个词。斯特拉齐认为，许多批评认为应该使用"drive"，是因为"drive"一词肤浅地吻合了"Trieb"的意义。然而，弗洛伊德使用"Trieb"一词表达了许多不同的意思。作为译者，斯特拉齐最后选择了一个明显含混不定的词来翻译这个概念，似乎是唯一的选择。

另外，在"On the Grounds for Detaching a Particular Syndrome from Neurasthenia Under the Description 'Anxiety Neurosis'"译文的编者附录中，斯特拉齐还曾讨论过 Angst 一词的翻译问题。参见 *P. F. L.*, Vol. 10, 1895/1979, p.31。

❶ 参见 *P. F. L.*, Vol. 15, p.300, 以及 *P. F. L.*, Vol. 11, pp.107-108。

❷ Nussbaum, Martha C., *Love's Knowledge*: *Essays on Philosophy and Literature*, New York, Oxford: Oxford University Press, 1990, p.262.

❸ Mahony, *Freud as a Writer*, 1982.

约翰·奥尼尔（John O'Neill）在近年来对弗洛伊德五篇长案例的研究中也发现，弗洛伊德的写作风格与写作手法堪称其移情理论的一个部分。❶总而言之，如果我们认为，英译本的改变背后乃是对于精神分析在认识上的巨大转变，那么这一翻译显然已经修改了弗洛伊德本身，而斯特拉齐并没有注意到这一点。

事实上，琼斯在为弗洛伊德所写传记中"不经意间"的几句话，为他和斯特拉齐等人在翻译方面提供了更为有力的自我辩护，也为我们理解琼斯、斯特拉齐夫妇、安娜·弗洛伊德等人和英译本的科学化提供了更好的帮助：精神分析科学化的工作，既是为了在"一战"之后对于德国和德语文化充满敌意的英国以及英语世界里保存和发展精神分析，也是为了捍卫弗洛伊德的工作不被当时诸多其他流派所"攫取"并引为己用，尤其是那些容易引发更多反对的流派和理解方向。这两个方面在"一战"后紧密关联，再与当时对精神分析的常见误解结合在一起，构成了在英国和英语世界里反对精神分析传播人士的主要论据来源。

琼斯说，在"一战"后，英国的精神分析反对者们"充分利用了英国人的反德情绪"，将弗洛伊德的作品视为德国文化的代表而加以反对。这一点，再加上"由于其（精神分析）揭示的都是人性当中不甚体面的部分，就被污蔑为一种典型的德国式的堕落和普遍兽性"❷。对此，琼斯采取的处理方式堪称无可厚非甚至非常明智：他与斯特拉齐通过翻译将精神分析理性化和科学化的做法，在文本上切断了弗洛伊德的精神分析与其背景文化尤其是德国文化之间的关系。琼斯说，他向英国文化界的抗议是，"与其说弗洛伊德是德

❶ 奥尼尔，《灵魂的家庭经济学》，孙飞宇译，浙江人民出版社，2016。
❷ 琼斯，《弗洛伊德传》，第 380 页。

国人，不如说他是犹太人，但这于事无补——他用德语写作这件事就足够了——但我急切地希望，尽可能不去强调我们的研究与德国之间的联系，这是可以理解的"❶。

然而这只是一个方面。对于德国文化的偏见并不代表英国学界不会去做研究精神分析的工作。恰恰相反，在《弗洛伊德传》中论及"一战"后的"重聚"一章中，琼斯说："战后的几年里，英国知识界对弗洛伊德及其学说进行了大量探讨。"❷然而在琼斯看来，这样的研究似乎出现了偏颇。精神分析本是一种真正意义上的"科学"——无论这一"科学"是指自然科学，还是自然科学与人文社会科学兼而有之。总而言之，这是一门真正严肃的学问。然而令琼斯忧心的是，在当时热衷精神分析的那些流派中："事实上，很多都是一些邪教或潮流，这对正规的学生来说都是不受欢迎的，我们尽自己最大努力将研究范围限于科学工作——甚至承受着被说成是宗派主义或隐士的代价。"❸

琼斯的这个说法并非空穴来风。在后文的一个脚注里，他再度谈到了1921—1922年间，精神分析在伦敦以及英语世界遭受的艰难处境。

> 当时冒出来很多"野生分析师"，他们的所有不法行径都被归结为精神分析本身的罪恶。（一个叫"英国精神分析出版公司"的机构刊出了一则广告，内容如下："你想成为一名精神分析师，年入1000英镑吗？我们来告诉你如何做到。订购8节课，每堂课只需4几尼！"）新闻界对那些勒索和强奸患

---

❶ 琼斯，《弗洛伊德传》，第380页。

❷ 同上书，第359页。

❸ 同上。

者的故事乐此不疲。一位美国教师因其对"患者"的猥亵行为而被逮捕并驱逐出境,又一次证明了我们的欺骗性。我们写了一篇通告表示我们与他没有任何关系,但《泰晤士报》拒绝刊登。新闻报纸大幅刊登诸如此类的消息,高呼着精神分析的危险性,《每日写真报》(*Daily Graphic*)还安排了一个由律师和医生组成的委员会来调查我们的工作;每天在报纸上发表他们的调查进展⋯⋯有人呼吁某些官方机构,特别是医务委员会(General Medical Council)来调查我们的工作。皇家医师学会(Royal College of Physicians)接过了任务,但拒绝采取行动;然而不久之后,英国医学会(British Medical Association)开始着手调查,结论对我们完全有利。❶

从这段脚注中完全可以想见,这些艰难处境使得琼斯与斯特拉齐必须通过英译本来为精神分析正名。而他们的方式或者说途径只有一条:在接受无论是何种"医学会"的调查中,只有极力证明精神分析是一门真正意义上的严肃科学,尤其是一种与现代医学相关的科学,而与弗洛伊德本人所处的历史传统与文化,甚至与弗洛伊德本人都无甚关联,才有可能获得"对我们完全有利"的调查结论。

事实上,此种处理方法也得到了弗洛伊德的赞同。1922年,弗洛伊德对翻译进度表现出了急躁的情绪,并且在邮件中批评了琼斯,原因是"弗洛伊德著作英译本的出版被过度推迟这件事"❷。这一插曲以琼斯向弗洛伊德保证英译本是他生命中最重要的事情而

---

❶ 琼斯,《弗洛伊德传》,第380页。译文有改动。
❷ 同上书,第382页。

告终。❶时至 1924 年，当弗洛伊德终于收到了译文集第一卷的时候，他除了对翻译本身表达了"非常满意和惊喜"之外，特别提到英译本对扩展精神分析在英国的影响力的作用。在给琼斯的信中，他说："看，你已经完成了你的目标，确保英国有了精神分析文献的一席之地，我为这样一个结果向你祝贺，我本来几乎放弃希望了。"❷

所以看起来，在这个阶段，弗洛伊德对精神分析在英语世界里获得承认和扩张的关注，超过了他对于翻译本身精确性的要求。因此，我们在前一章里提到的弗洛伊德对英译本的诸种前后反复的态度，也就不难理解了。

由此可见，英译本的根本问题并不仅在于具体的翻译方面，而在于更为广泛的社会与政治背景之中。精神分析是否是一门科学的问题，前文已有讨论。不过无论弗洛伊德如何强调科学与艺术在精神分析中的共存，如何强调自己的科学与自然科学之间的差异，精神分析在其传播与实践过程中所发生的自然科学化与理性化，似乎已不可逆转。然而，这一点必然与弗洛伊德关于治疗最为核心的理念相悖。在弗洛伊德的理论中，治疗师与患者之间的移情（transfert/Übertragung/transference）乃是最核心的问题 ❸，也是治疗能否成功的关键。❹在精神分析的开端，移情是弗洛伊德从安娜·O

---

❶ 琼斯，《弗洛伊德传》，第 383 页。

❷ 同上书，第 417 页。

❸ 弗洛伊德最早使用的是法语词 transfert 而非德语词 Übertragung。在《精神分析辞典》的台湾译本中，译者讨论了该词中文翻译的困难，因为在弗洛伊德的理论里，该词代表的不仅仅是情感的传输，也包括行为模式、对象关系类型等（尚·拉普朗虚，柏腾·彭大历思，《精神分析词汇》，第 534—535 页），并建议使用"传会"一词来翻译这一概念。不过我仍然采用在大陆学界沿用已久的移情这一译法。

❹ Freud, S., *New Introductory Lectures on Psychoanalysis, P. F. L*, Vol.2, Penguin Books, 1933/1973, pp.497-498.

这一布洛伊尔的案例所获得的最大启发之一。正是由于其中存在着移情与谈话疗法等显著特征，弗洛伊德才会在后来多次说，布洛伊尔的这一案例，乃是精神分析的真正起源。

这一案例本身是由布洛伊尔治疗和报告的。然而由于弗洛伊德和琼斯的记述，它已经成为精神分析史上著名的起源神话。众所周知，在这一"起源神话"中，当布洛伊尔对安娜·O 的治疗由于移情而进展顺利时，却因不敢直面这一移情落荒而逃并且放弃了治疗，也因此放弃了精神分析的发现。而了解这一案例及其治疗史的弗洛伊德却声称，自己从这一案例中发现了精神分析。在对这个著名"神话"的讨论中，弗洛伊德一再强调他与布洛伊尔之间对于"移情"的不同态度，以及在这一案例中所出现的精神分析的实质要素。例如，在 1932 年 6 月 2 日写给茨威格的信中，弗洛伊德再次讲述了这个故事，并且评论说：

> 布洛伊尔的患者到底怎么了？我是后来才想到的。那是在我们的关系破裂之后很久。有一次我突然想起，我们开始合作前，布洛伊尔曾经在某个场合告诉过我一些事情，这些事情他后来再也没有提过。在她所有的症状都得到了处理的那天晚上，他又被召唤到病人身旁，发现她很困惑并且腹部在抽搐。他问患者怎么了。她回答说："布洛伊尔医生的孩子就要出生了。" ❶

对于弗洛伊德来说，这是精神分析的起点，是他最早对于移情

---

❶ Freud, S., *Letters of Sigmund Freud*. Selected and edited by Ernst L. Freud, translated by Tania & James Stern, introduction by Steven Marcus, New York: Basic Books, Inc., Publishers, 1960, p.413.

的发现。弗洛伊德与布洛伊尔不同，他直面并研究了这一现象。弗洛伊德说，当布洛伊尔在面对着移情这一现象的时候：

> 此时他手中就握着可以开启"众母之门"（doors to the Mothers）❶的钥匙，但是他丢弃了。虽然拥有出众的才智，他的本性中却没有一点浮士德精神。出于恐惧，他逃离了，将病人丢给一个同事。此后数月，她在一所疗养院里努力重获健康。
>
> 对于这一重构，我深信不疑，于是把它发表了出来。布洛伊尔最小的女儿（出生于上述的治疗后不久，而且与该治疗大有关系）看到了我的这个说法，并且在她父亲去世前不久询问了他。他证实了我的看法。她后来告诉了我这一点。

学术史上存在着关于安娜·O案例丰富的研究传统，其中包括对于弗洛伊德与琼斯构建起来的这一精神分析起源神话的解构。不过，这些后续关于该案例的研究并非本书重点关心的内容——我们希望集中讨论弗洛伊德本人在其中的收获。对于弗洛伊德来说，只有通过移情，被治疗者和治疗者才能够产生对于自己的新认识。移情要求双方的关系超越一般意义上的现代职业关系，进入到情感与（自我）认识相互促进的层面。这不仅是说，关于爱欲的知识，必然要在某种情感体验中才能获得；它还意味着，即使是关于他人和自我的一般知识，也必须要在某种与爱欲相关的情感关系中才能够获得。正如弗洛伊德本人所说，"如果缺少同情，那么理解将不会太容易"❷。这一点在弗洛伊德的几个长篇案

---

❶ 歌德《浮士德》第二部里的意象。
❷ Freud, S., "A Difficulty in the Path of Psychoanalysis", S. E., Vol. XVII, 1917/1955, p.137.

例中体现得非常清楚。**❶**

　　弗洛伊德曾经多次表达过移情对于精神分析的重要性。在《精神分析运动史》中，弗洛伊德在将"抑制理论"视为精神分析的"基石"之后，明确说，"精神分析理论是一种试图解释两种惊人且出乎意料的观察材料的理论。每次只要尝试去追溯神经症患者症状的起源，这两种材料就会出现：它们就是移情和抵抗的事实"**❷**。在《业余精神分析问题》一书中，这一移情问题也被弗洛伊德提到了至关重要的位置，被他认为是精神分析能否成功的关键。**❸**弗洛伊德明确说，"这一情感关联，就是爱的性质"**❹**。于他而言，这同样是精神分析与其他医学治疗的不同之处，因为精神分析需要以此为契机，利用这一移情来进行治疗。**❺**这一关系至关重要，因为这涉及弗洛伊德对于人、神经症与治疗关系的理解。在弗洛伊德看来，患者的移情，并非仅仅是"爱上"分析师这么简单，而是一种在生命史中过去历史的重演。弗洛伊德在《精神分析引论》等工作中已经明确说出了这一点。**❻**在《业余精神分析问题》一书中，弗洛伊德再度不厌其烦地向他的读者解释这一移情的重要功能：

　　　　在我们眼前重复他那旧时的抵抗行动；他宁愿在与分析师的关系中，重复他生命中那被遗忘时光里**所有的**历史。所以他

❶　这方面分析的典范，是约翰·奥尼尔的工作，参见奥尼尔的《灵魂的家庭经济学》一书。

❷　Freud, S., *History of the Psycho-Analytic Movement*, 1914/1986, p.73.

❸　Freud, S., *The Question of Lay Analysis*, P. F. L., Vol.15, 1926/1986, p.326.

❹　Ibid.

❺　Ibid., p.327.

❻　Freud, S., *Introductory Lectures on Psychoanalysis*, pp.495-498; Freud, S., *Vorlesungen zur Einführung in die Psychoanalyse*, pp.461-463. 弗洛伊德，《精神分析引论》，第 358—360 页。

向我们展示的是他那隐秘生活史的核心：他在明确复演这一核心，就像其正在实际发生，而不是回忆起来。以此方式，这一移情之爱的谜题就可以解开了，在这一似乎非常危险的新情景的帮助下，分析可以继续前行。❶

对于弗洛伊德来说，如何面对和处理移情，成为精神分析能否成功——同时也意味着治疗是否具有精神分析的性质——的关键。通过压制或者无视这一移情而逃避困难的做法是完全错误的。这是弗洛伊德毕生都在强调的重点，是他在精神分析的一开始即安娜·O 的案例上就与他的老师布洛伊尔之间的显著区别。前面所引用的弗洛伊德的那句话，即"如果缺少同情，那么理解将不会太容易"，既可以用来解释治疗中移情的地位，也可以表明读者对于某个文本的阅读和理解的效果。

也就是说，要想实现这种理解的效果，就必须注意到：这种移情的特征作为精神分析的实质，充分体现在弗洛伊德的写作之中。弗洛伊德本人曾经明确说过创作者与其作品之间的这种浓厚的移情关系："毫无疑问，创造性的艺术家会像父亲一样去感受他的作品。"❷也就是说，在弗洛伊德这里，作者与作品之间的关系，并非现代文化工业中的工人与产品之间的关系，而是一种带有浓重移情关系的艺术家与其作品之间的关系。如果没有这种关系，弗洛伊德的作品就无法承载他的理念；而如果读者没有体会到这种写作风格和这层关系，也就无法理解弗洛伊德。

马宏尼非常详尽地考证了弗洛伊德的理论和写作风格与他在治

❶ Freud, S., *The Question of Lay Analysis*, P. F. L., Vol.15, 1926/1986, p.328.
❷ Freud, S., *Leonardo da Vinci and a Memory of His Chilhood*, S. E., Vol.11, The Hogarth Press, 1910/1957, p.121.

疗中所使用的话语、他的演讲之间的紧密契合关系。❶弗洛伊德的原始文本所呈现的，往往就是他所说的话。然而此种"口述"的特征，既是专业化、理性化与科学化的精神分析所反对的，如第 1 章所示，也是在英文译本里所缺失的。也就是说，在英译过程中发生的变化，不仅涉及科塞所说的从西方传统文人知识分子向现代学院派职业学者之间的转变 ❷，更是治疗理念发生变化的过程。从现象学社会学的角度来说，理解视域的基本特征是当下的立意会影响到所见之物。在这个意义上，移情就变得特别重要，因为移情与立意之间必然存在着紧密的关系，移情导致立意的重大变化，才能见到原本不重要的东西。理解视域发生了转变，所见之物，当然也就截然不同了。

在《业余精神分析问题》一书中，弗洛伊德强调治疗中分析师需要"客观地"接受材料。然而这一"客观"意味着什么呢？绝非意味着分析师本人的性格或者特性与治疗毫不相干，绝非意味着英译本的译者和美国的精神分析从业者所希望实现的职业化与理性化。恰恰相反，就好像布迪厄所说的"反思社会学"一样，这一"客观"意味着要充分反思到分析师本人的主体性和视域，如此才能够全面地理解"对于材料的理解"。弗洛伊德明确强调了这一反思的重要性。他说："我并不是说，分析师的个人性格对其工作无关紧要。敏锐地发现无意识与被抑制之事是一种特别的能力……此外，我们要求分析师必须能够通过对自己的深度分析，来实现对分析材料的无偏见接受。"❸所以，这一"客观"就意味着，精神分

---

❶ Mahony, *Freud as a Writer*, 1982 .

❷ 刘易斯·科塞，《理念人：一项社会学的考察》，郭方等译，中央编译出版社，2004，第 302 页。

❸ Freud, S., *The Question of Lay Analysis, P. F. L.*, Vol.15, 1926/1986, p.320.

析首先必须承认，个人的性格特征与其工作息息相关。其次，分析师与患者之间的关系，在精神分析的工作中至关重要。最后，必须经由分析师本人的自我深度分析才能够确保对于材料的理解是真正"客观的"。

在《业余精神分析问题》一书中，如同在许多其他地方一样，弗洛伊德再度强调了移情作为精神分析实质内核的重要性，并且强调应如何面对这一移情："尝试通过压抑和忽视移情以回避困难是愚蠢的；如果在治疗中做任何别的事情，它就不能称作精神分析。因为移情神经症带来的不便而将病人送走是不理智的，甚至是怯懦的。就好像唤起了一个精灵，却在它出现时逃离了。有时候可能的确是别无他法。在一些病例中，人们无法控制如猛兽脱缰般的移情，分析必须终止；但是至少要尽最大努力与这个邪灵做斗争。"❶

直面移情，驯服移情，而非逃避，这是一种要求；不屈从于该移情的要求，也即分析师不能完全落入与患者的移情关系中，则是另外一端的要求。前一种要求关系到"浮士德"式的科学探索精神，后一种要求则既是"道德考虑"，也是由于若如此则会导致治疗"毫无效果"❷。

这两个面向的要求，都同时充盈着韦伯所强调的"信念伦理"与"责任伦理"，并且也因此而使得治疗充满了困难。在《业余精神分析问题》一书中，弗洛伊德说，只有经历了所有这一切，即受过精神分析的训练，进行过自我分析，拥有了分析的技巧之后，在了解了关于无意识、性的科学、诠释的艺术以及与抵抗和移情的斗争等知识之后，才可以说，这个人不再面临精神分析的"业

❶ Freud, S., *The Question of Lay Analysis*, *P. F. L.*, Vol.15, 1926/1986, p.328.
❷ Ibid., p.329.

余精神分析问题"❶。

在《精神分析引论》中，弗洛伊德说过，移情至关重要，因为移情意味着分析师与患者之间达到了一个可以互相信任的程度，而这一点对于调动力比多来说是关键，因为力比多的调动并非通过理智性的辩论或者理性的推理来实现的。弗洛伊德说：

> 如果缺少此种移情，或者如果移情是负面性的，那么患者甚至都不会听医生在说什么。而在这一种（积极的移情）关系中，他的信任在重复其发展历程中的故事；信任是一种爱的衍生物，其起源不需要论证……如果没有此种支持，论证就毫无力量。❷

如果能够利用这种移情的力量，治疗就会大有进展。弗洛伊德将他在对于梦的诠释中所做的工作延伸至此，也即请患者"将重演（repetition）化作回忆（recollection）"，成效非常显著："常被认为是治疗大障碍的移情作用，不论是友爱的或敌视的，都可变成治疗最便利的工具。"❸不过，这还不能算是终结。移情使得患者的力比多转而集中于医生，在弗洛伊德看来，这就好像是一种基于旧的神经症而发生的新的神经症。由于力比多的流动，患者的症状所附着的原初意义就消失了，而拥有了新的意义，所以与其相应："我们假使能治愈这个新的神经症，就等于治愈了原有的病，换句话说，就

---

❶ Freud, S., *The Question of Lay Analysis*, P. F. L., Vol.15, 1926/1986, p.330.

❷ Freud, S., *Introductory Lectures on Psychoanalysis*, 1916-1917/1991, p.498; Vorlesungen zur *Einführung in die Psychoanalyse*, 1916-1917/1940, p.463. 弗洛伊德，《精神分析引论》，第360 页。

❸ *Einführung in die Psychoanalyse*, 1916-1917/1940, p.461. 弗洛伊德，《精神分析引论》，第358 页。译文有改动。

是完成了治疗工作。"❶

这就是移情具有重要性的根本原因。弗洛伊德固然知晓移情的危险，然而这并不代表他要对其敬而远之。在《精神分析引论》的最后，他用了手术刀和医生的比喻来强调移情对于精神分析的重要性："手术刀不能切割，也就无法用来治疗了。"❷移情固然危险，然而其危险性也恰恰正是其价值所在。只有掌控了这一危险，使其为分析师所用，才是真正的精神分析，正如只有掌控了手术刀，使其为医生所用，才是真正的治疗一样。

进而，对于弗洛伊德来说，移情是一种普遍现象，并非仅仅出现在精神分析的治疗中。❸在《自传研究》中，弗洛伊德认为，"移情只是由精神分析发现并分离出来的。移情是一种人类心灵的普遍现象，决定着所有医学治疗的成功与否，并且在实际上左右着每个人与其环境的全部关系"❹。精神分析不过是将这种关系凸显出来而已。由是观之，精神分析的初衷当然是治疗患者的神经症，然而由此发展出来的，却是分析师和患者之间密不可分的互动关系，以及与分析师本人的主体性，包括他的人格、成长史和精神状态等密不可分的学问和实践。它与分析师密切相关，最终也会反过来影响分析师本人。所以，在《精神分析引论》中，弗洛伊德将精神分析视为一种再教育，是关于人的成长的一种科学艺术。这种教育一定同时是一种自我教育。就其教育意义而言，移情当然至关重要。一名学生如果不信任其老师，他就无法真正学到东西；而一名老师如果

---

❶ Freud, S., *Introductory lectures on psychoanalysis*, 1916-1917/1991, p.498; *Vorlesungen zur Einführung in die Psychoanalyse*, 1916-1917/1940, p.461. 弗洛伊德，《精神分析引论》，第 358 页。

❷ *Vorlesungen zur Einführung in die Psychoanalyse*, 1916-1917/1940, p.462. 弗洛伊德，《精神分析引论》，第 359 页。

❸ Freud, S., *An Autobiographical Study*, 1925/1986b, p.226.

❹ Ibid.

第 2 章　爱欲与认识：精神分析知识的理性化　**123**

不对教育关系有真正的力比多投入，他就不会实现真正的教育，也不会从教育中受益，获得自我教育。

弗洛伊德在《业余精神分析问题》一书中强调移情的原因就在于，他担心精神分析在医学职业化的过程中，亦即在成为某种医学治疗分支的过程中，丧失移情这一实质内核。当韦伯式的理性化开始主宰精神分析治疗的过程，当现代科层制度意义上的形式开始钳制分析师与患者之间的关系时，精神分析也就不再是精神分析了。就此而言，以科学文本为其模板的英译本以及职业化的精神分析实践，因为不再具有"移情"的精神气质，也就无法承载和传达弗洛伊德丰富的本意。

三、爱欲与认识

在《被背叛的遗嘱》一书中，米兰·昆德拉以卡夫卡等人为例，谈到了艺术家和作家的"遗嘱"遭到篡改的情形。这里的遗嘱指的不仅仅是形式上的遗嘱。昆德拉在这本书的多个地方，尤其是在第四章，讨论了一个作家的作品在被翻译成其他语言的时候，所发生的意义丢失或者被改变的现象。这一现象的巅峰，就是一名作家的整体表达与语言结构在翻译过程中的改弦更张。在讨论尼采作品的时候，他说：

> 如果一位哲学家的思想是如此地与他文章的形式组织相关联，那么它可能在文章外存在吗？人们可能从尼采的文笔中抽出尼采的思想么？当然不能。思想、表达、结构是不可分离的。对于尼采有价值的就是一般来说有价值的么？即，是否可以

说一部作品的思想（意义）在原则上永远地与结构不可分开？ ❶

　　一部作品的思想或者意义，在原则上当然与其写作不可分离。在这个意义上，翻译是一种背叛。弗洛伊德的英译本也是一种背叛。不过，如果将视野扩展到具有普遍性诉求的科学化，或许能够帮助我们更深入地理解这一"背叛"。原因很简单，当今学界的科学化写作，其基本条件就是作者与作品的分离——这正是"匿名评审"这一制度的基本现代性意涵。

　　在弗洛伊德这里，如果我们将他的"同情"与"理解"这两个概念，转换成"爱欲"与"认识"，或许更有助于我们在社会学中打开理解经典精神分析的视野。如前所述，弗洛伊德在研究中发现，如果患者与分析师之间没有产生移情关系，患者不信任分析师，那么又如何可能理解并且支持分析师的工作呢？而研究者如果没有这种移情关系，又如何能够获得认识呢？所以这一移情关系至关重要。只有在这一前提下，才能实现精神分析的要求，即"使得我们自己掌控症状，并解决它们" ❷。

　　不过，我从来都认为，英译本的问题并**不**意味着它有无可抵消的"原罪"。如果将英译本所产生的变化视为一种具有现代性意涵的知识现象，就可以深入探讨它的社会与政治背景了。只不过我们对于这一知识现象的社会学理解，需要从韦伯、伯格和卢克曼的理论转入马克斯·舍勒和福柯的理论。以便有助于我们理解爱与认识的关系，文本与作者的关系都在这一文本变化中体现出来。这一文本变化及其"理论"的理性化过程作为一种"文明的进程"，已经

---

❶ 米兰·昆德拉，《被背叛的遗嘱》，余中先译，上海译文出版社，2003，第 177 页。

❷ Freud, S., *Introductory Lectures on Psychoanalysis*, 1916-1917/1991, p.507; *Vorlesungen zur Einführung in die Psychoanalyse*, 1916-1917/1940, p.472. 弗洛伊德，《精神分析引论》，第 364—367 页。

充分表明了现代社会的知识生产机制及其现代性。

爱者与认识者

在《爱与认识》一文中，舍勒将移情这一原本属于精神分析的核心认识，追溯到了欧洲的文化传统之中，认为在歌德、达·芬奇等人那里都存在着深刻的关于"爱与认识"之间相互促进之关系的见解。不仅如此，舍勒进而在基督教神学的传统中找到了此种关于"认识"之认识的传统，并且发现这是与古希腊的认识论传统相冲突的欧洲另外一种认识论传统。在舍勒工作的基础上，我们可以向前继续推进一步。因为这两种认识论的区别，不仅仅存在于舍勒所说的两种传统之间，也存在于天主教和新教的传统之间。一方面，荣格曾经明确表明天主教的仪式（尤其是忏悔仪式）与精神分析的忏悔之间的亲缘性。[1]尤其值得一提的是，荣格对于欧洲传统宗教的理解与弗洛伊德的工作如出一辙："由牧师或者神甫所实践的对于灵魂的治疗，乃是一种基于有关信仰的基督教忏悔的宗教影响。"[2]另一方面，马克斯·韦伯对新教伦理理性化的经典研究，也已经表明在新教影响下的理性化，是如何塑造了现代认识论的理性化变迁。理论方面的传承影响当然并非如此简单。因为新教对于教堂忏悔仪式的拒斥，反而强化了私人的忏悔经验。也就是说，反对通过仪式来处理灵魂的问题反而带来了另外一种历史经验：由于缺乏仪式，新教对于灵魂的治疗会发展出一种基于"我—你"（I-Thou）之个人关系的移情经验。[3]荣格说："（新教）不可能像天

---

[1] Jung, C. G., *Psychology and Religion: West and East*, Vol. 11 of *the Collected Works of C.G.Jung*, Princeton, New Jersey: Princeton University Press, 1958, pp.348-354.

[2] Ibid., p.348.

[3] Ibid., p.353.

主教那样将移情（transference）这一基本问题转变为某种非个人的东西，相反却必须抱有信心把它作为个人经验来应对。"❶将移情问题视为个人经验，并将其作为治疗方法论的核心，这也是弗洛伊德理论的关键要旨。如果我们认为此处荣格的理论与弗洛伊德的理解并不相悖，那么在弗洛伊德的方法论中其实较为微妙地夹杂了两种截然不同的宗教传统的实质性特征。弗洛伊德的精神分析之所以会在历史上出现，一个相关背景必然是新教改革影响下韦伯式个人主体性的出现。

不过在现代社会，上述传统遭到了强烈反驳，一种截然相对的观点出现在现代思想中，即，"爱使人'盲目'而非明智，只有尽可能克制情感行动，同时排除对象的价值差异（对象的价值本来与情感之行动体验，在体验整体的意义上密切相关），才能获得对世界的真正认识"❷。这是现代科学实践的基本特质。舍勒同时将现代意义上的认识发生机制与现代社会的发生密切结合在一起，认为这是一种"极其现代的市民观点"❸，亦即一种符合现代市民阶层价值观念、人格气质乃至家庭结构的观点。在这个意义上，舍勒才说，"爱者与认识者之间的对立这一古老冲突贯穿着整个现代史"❹。

舍勒的这一判断并非独有。在前述引用过的那封弗洛伊德本人1910年写给费伦齐的信中，曾明确表达过这一观点——虽然他并非从思想史的角度，而是从精神分析的视角来做出这番判断的。他说："真理乃是科学的唯一绝对目标，但爱是一个生活的目标，完

---

❶ Jung, C. G., *Psychology and Religion: West and East*, Vol. 11 of *the Collected Works of C.G.Jung*, Princeton, New Jersey: Princeton University Press, 1958, p.353.

❷ 舍勒，《爱与认识》，《爱的秩序》，北京师范大学出版社，2014，第 137 页。

❸ 同上。

❹ 同上。

全独立于科学，这两种主要力量之间的冲突，当然是完全可以想象的。我看不出其中任何一方有对另一方产生原则性与常规性屈从的必要。"❶

韦伯、胡塞尔和曼海姆等人都讨论过以科学化为代表的现代学术机制的建立，所带来的科学与生活之间的张力。❷这一点在福柯的考察中体现得更为清晰。福柯从来没有将自己与写作分开 ❸，而是不断强调作者与其作品之间的明确关系：作品必然与作者之间存在着实质性的关联，而非可以匿名化处理的工业产品。这一主张明显是针对现代科学知识生产机制的。进而，我们必须认识到，这一生产机制不仅与现代知识有关，而且还是一种与社会建构相关的权力机制："知识不是为了理解而被制造出来的；它被制造出来是为了切割的。"❹

具体到关于性的认识更是如此。围绕着性的知识，现代社会还通过更为复杂的方式建立起了现代主体性叙述与真理之间的关系。在《性经验史》中，福柯总结了五种科学化地讨论性经验的现代范式。这些范式通过将人的认识与其认识对象分离，一方面将性隐匿化，另一方面又服从了一套知识和真理生产的现代权力机制。在福柯看来，现代科学的发展与建立过程，就是一个旨在生产各种关于真相／真理之话语的宏大进程。在这个意义上，现代人的性经验与

❶ Eva, Braband, Ernst Falzeder and Patrizia, Giampieri-Deutsch, *The Correspondence of Sigmund Freud and Sandor Ferenczi, Volume 1, 1908-1914*, 1993, p.122.

❷ 马克斯·韦伯，《学术与政治》，冯克利译，生活·读书·新知三联书店，1998；埃德蒙德·胡塞尔，《欧洲科学的危机与超越论的现象学》，王炳文译，商务印书馆，2001；卡尔·曼海姆，《意识形态与乌托邦》，姚仁权译，九州出版社，2007。

❸ Foucault, M., *Politics, Philosophy, Culture, Interviews and Other Writings 1977-1984*. New York: Routledge, Chapman & Hall, Inc., 1988, p.156.

❹ Foucault, M., *The Foucault Reader*. Edited by Paul Rabinow. New York: Pantheon, 1984, p.88.

现代的性科学是以同谋的方式共生发展起来的。从这一角度理解英译本就会发现，原本与作者紧密相关，带有作者丰富力比多色彩的科学 / 艺术作品，在英译本中被改造为已经与作者无关的现代科学作品。这一消匿作者与作品关系的努力本身，正是值得我们深入研究的现象。

在这五种范式中，福柯首先讨论了一种临床规范，这种临床规范将尤其是关于性的忏悔与一整套科学化的方法、制度和对于个体的要求联系到一起，即诱导个体将性经验纳入科学之中。成为科学范式的第二种途径是"通过普遍与扩散的因果性公设（through the postulate of a general and diffuse causality）。必须坦白一切和能够提问一切，这两者的合法性来自这样一种原则：性被赋予了一种不可穷尽的和多形态的因果权力"，也就是说，性开始被认为是"所有事情的原因" ❶，并且是一种带有危险的原因。性内在于生活世界之中，属于最隐秘之事，然而同时又散播于生活世界之外。性与生活世界这二者彼此之间貌似存在着无穷无尽的关联，也因此而值得现代科学对其花费无穷无尽的耐心。第三，性的潜伏性特征，表明它的本性与它的机制就在于逃避，这意味着即便是忏悔者本人，也可能并不知悉他 / 她自身的秘密，所以，科学的意义不仅在于督促忏悔者说出其秘密，还包括揭示忏悔者自己并不知晓的关于他自身的秘密。忏悔者并不无辜，却未必需要对所有之事负责。正如福柯在对于现代医学之发生学研究中发现的，现代人除了需要将自己的身体交付给制度化科学医学之外，还需要进一步将自己的灵魂交付给现代的科学医学。现代人不仅无法主宰自己的身体，同样也被剥夺了对于自己心灵的诠释权与发言权。所以，第四个方面就是诠释的方

---

❶ Foucault, M., *The History of Sexuality: An Introduction*. Vol.1, New York: Vintage Books, 1978, p.65.

法。"真相／真理是在两个阶段中构成的：在言说者那里，呈现但并不完全，自身无法见到自身；只有在听取并记录言说的人那里，真相／真理才能达致完全。"❶人之主体性的实质在于他和别人的关系。也就是说，掌握真相／真理的人乃是听者，这不仅仅是一种简单的在说者与听者之间的权力关系，它往往也来自说者自身的共谋。

第五，忏悔具有医疗化效果，而且这正是现代医学以此要求忏悔的理据所在。性被置于正常与病态的思考范畴中，成为某种难以被把握的极端不稳定的领域，同时也是医生要求必须加以反思的领域，因为它具有某种可以协助治疗的性质："如果那位同时既承担着性又需要对其负责的人及时向恰当的听众说出来，那么真相／真理就会治疗。"❷这显然是精神分析的假设，不过却也可以应用到所有其他的科学领域之中，因为科学乃是对真相／真理最为渴求的领域，无论这一真相／真理是以什么形式出现、由谁来说出。现代科学的发展与建立过程，在福柯看来，就是一个旨在产生各种关于真相／真理之话语的宏大进程。与此同时，就性的经验来说，这一进程逐渐将关于性的经验集中在性及其快感的真相／真理方面，正如在弗洛伊德那里，一个人伴随着其成长过程，而逐渐从多形态的性变态（polymorphic perversion）的儿童阶段，成为一个以繁殖为意义的标准现代成年人一样。在这个意义上，现代人的性经验与现代的性科学是以同谋的方式一起发展起来的。在忏悔机制与科学话语的交叉点上，一方面，人们必须"在二者之间找出某些重要的调整机制（聆听的技术、因果性的公设、潜伏性原则、解释的规则、医疗化的律令）"，另一方面，性经验也在这一过程中得到了各种各样

---

❶ Foucault, M., *The History of Sexuality: An Introduction.* Vol.1, New York: Vintage Books, 1978, p.66.
❷ Ibid., p.67.

的界定，被认为是一种既存在着巨大的能动性，同时也容易受到各种病理过程感染，因此需要"治疗或规范的领域"。总而言之，正如现代社会科学目光之中的现代个体的日常生活一样，性经验成为"一个需要解码的意义场；一个被各种特殊机制掩盖的由多种过程构成的场所；一个关于各种不确定因果关系的焦点；一种必须要被揭露和聆听的抽象言说（parole）" ❶。

日常生活中的欲望越来越被"转换"进入关联起更大秩序的话语之中。在现代性进程中，在国家与个人之间，性本身已经成为一种公共议题，围绕着这一公共议题，出现了"一整套的话语、特殊的知识、分析以及建基于其上的各种命令" ❷。弗洛伊德的工作要放置在这种潮流中来理解。正如福柯所说，《性学三论》与《小汉斯》等案例，都成功地在这一趋势中重新提出了性的问题。❸所以福柯总结说："现代社会的特别之处，事实上并不在于将性隐藏起来，而是致力于在无休无止地谈论它的时候，又将其视为最终的秘密，要对其加以发掘。" ❹

在这个意义上，英译本的改变，极具弗洛伊德的"割礼"这一概念的意象。表面上看起来，"标准版"这一概念的意思是翻译忠实传达了原文的意义，然而在实质上，"标准版"的概念却带有极强的仪式性、权力性和象征性意义。英译本对原文的"修订"，正如行"割礼"的仪式一样。受了割礼的英译本，进入一套道德体系，并由此而在世界范围得以流行，取代了德文版本的地位。这一状态又恰如弗洛伊德笔下的俄狄浦斯故事：儿子坐在了父亲的位置

---

❶ Foucault, M., *The History of Sexuality: An Introduction.* Vol.1, 1978, p.68.

❷ Ibid., p.26.

❸ Ibid., p.27.

❹ Ibid., p.35.

上，取代了父亲。

这一"弑父"行为与现代社会的变迁紧密地交织在一起。带有弗洛伊德本人浓厚色彩的原著，被改造成为一种与作者无关的科学化文本，服从于一般的现代知识生产机制，并希望由此而获得科学意义上的普遍性。爱欲与认识的分离和对于作者的背叛，在"科学化的认识"这一高蹈旗帜下，成为了理所当然的事情。更遑论这一背叛，还有着更为具体的原因：美国社会的理性化进程。

理性化的进程：心理学化与美国化

正如社会学家米尔斯在《社会学的想象力》一书中所说，"任何社会研究，如果没有回到有关人生、历史以及两者在社会中的相互关联的问题，都不算完成了智识探索的旅程"❶，我们上述的讨论还要再进一步，将其落实到具体历史进程中来加以理解。在具体的历史进程中，精神分析在理论与实践上的美国化都呈现了非常典型的特征。我们十分清楚，在美国的社会学研究中，有关移民的社会融入问题一直都是非常核心的议题，它凸显了美国社会的实质特征。所以无论弗洛伊德是否喜欢，正如现实中所有从世界各地到达美国的移民都面临着融入问题，来自欧洲的思想，同样需要融入到美国本土的传统之中。

不过，我们首先要说，美国化也只是时代洪流的一个代表。如上所述，爱者与认识者之间的分离是现代性进程的一部分。这一点同样体现在精神分析的变迁中。即便不谈美国化，精神分析运动在发展到全世界的过程中，也必然面临着脱离弗洛伊德，并且进入到现代意义上的专业化或职业化的要求。而这必然意味着一个将弗洛

---

❶ 赖特·米尔斯，《社会学的想象力》，李康译，北京师范大学出版社，2017，第6页。

伊德的克里斯玛魅力常规化，即"从其私人权威走向开放的、理性的、分权的自制形式（forms of self-governance）"[1]的过程。这是在两次世界大战期间许多精神分析家的努力。如卡尔·亚伯拉罕在柏林大学，弗朗茨·亚历山大（Franz Alexander）在芝加哥大学，马克斯·艾廷冈在耶路撒冷的希伯来大学的努力等等。不过，在这一时间段里所有使得精神分析进入大学的努力，都以失败告终。[2]而在事实上，为了促进精神分析的发展，弗洛伊德本人也愿意支持建立稳定、合法和专业的机构。因此，贝特海姆对于斯特拉齐的批评稍嫌不公，因为这一转变不仅仅是斯特拉齐本人的意愿所致，更像是一种时代的洪流。在这一洪流中，存在着弗洛伊德本人的助力甚至合谋。即便在未受英译本影响的地方，"灵魂"一词似乎也在消失。例如，1967年，由拉普朗虚与彭大历思编纂并在法国出版的《精神分析词汇》中，也并没有收录 Seele 这个概念。

　　前文已经分析过，无论弗洛伊德本人是否同意甚至参与其中，这一努力的方向，似乎出现了自觉的动力与趋势：开始逐渐向心理学的方向发展。作为某种意义上的参照物，心理学的发展也堪称有着类似的过程。爱德华·里德在其《从灵魂到心理：心理学的产生，从伊拉斯马斯·达尔文到威廉·詹姆士》一书中，通过对19世纪心理学史的考察发现，从1815年到1890年，欧洲人对于"心理学"这一概念的理解，从世纪初"有关灵魂的科学"，变成了世纪末的"心理学已经或多或少地放弃了灵魂，而用心理取而代之"[3]。里德的工作在心理学史的研究中并不算主流。不过，即便是

---

[1] 盖伊，《弗洛伊德传》，第249页。

[2] 同上。

[3] 爱德华·里德，《从灵魂到心理：心理学的产生，从伊拉斯马斯·达尔文到威廉·詹姆士》，李丽译，生活·读书·新知三联书店，2001，第3页。

心理学史研究中的重要作品，如波林的《实验心理学史》一书中，也存在着这一"从灵魂到心理"的线索。在这部巨著中，作为一位典型的美国心理学学者，波林的工作堪称美国心理学界的代表性观点。他强调，近代科学的理想形式是"由17世纪的物理学确定的"[1]，并且认为实验心理学是从费希纳（G.T. Fechner）才真正起步的。[2]然而在费希纳之前，波林花费了整整300页的篇幅，来讲述近代心理学是如何从科学传统和哲学中起源的，这其间亚里士多德、笛卡尔、莱布尼茨、洛克乃至于康德等人关于灵魂的讨论，都被波林视为近现代心理学的基本历史或者背景。在这部巨著结尾处，波林又在"回顾"中重新强调了心理学"从灵魂到心理"的历程特征，并认为这是一种"时代精神"的表达。[3]

尤其值得注意的是，在这部论著的结尾部分，波林列举了人类心理学历史上的四位代表性人物：达尔文、赫尔姆霍茨、詹姆士和弗洛伊德。他认为，在这四人中，达尔文和弗洛伊德又比赫尔姆霍茨和詹姆士"在思想上产生了更大的革命"[4]。这一来自心理学家的判断并不寻常。因为波林的这部著作写于1929年，初版中并未专门涉及弗洛伊德和他的精神分析工作。而在1950年的修订本中，波林加上了"动力心理学"一章，并将弗洛伊德作为"动力心理学"的代表，专门用了一节的篇幅来讲述。这一变化可以说非常典型地代表了在这二十多年间，美国心理学对于弗洛伊德态度的转变。

波林首先强调了弗洛伊德在人类思想史上的重要地位，将其与达尔文相提并论，进而强调了他对心理学发展的重要意义："谁想

[1] 波林，《实验心理学史》，高觉敷译，商务印书馆，1982，第14页。
[2] 同上书，第311页。
[3] 同上书，第859页。
[4] 同上书，第860页。

在今后三个世纪内写出一部心理学史，而不提弗洛伊德的姓名，那就不可能自诩是一部心理学通史了。"[1]

然而接下来，波林随即强调，弗洛伊德对于心理学的意义在于，精神分析在经历了长期的对立和被排斥之后，对于学院心理学界和医学界的"渗入"："它既是一门科学，又是一种疗法，既为学院心理学家所不齿，复为医学界所不容。最后终于逐渐渗入这两个集体之中。"[2]所谓"逐渐渗入"，是指心理学界开始在偏近自然科学的实验心理学研究中使用弗洛伊德的概念，或者去验证他的理论。[3]而对弗洛伊德本人，波林在行文中承认，他的伟大之处在于"矢志不渝地竭尽毕生精力以求增进对人性的理解"[4]，而非仅仅将精神分析应用于治疗和心理学中。

波林的这一分析与评判集中于精神分析理论与心理学研究领域的碰撞，已经可以佐证我们在本书中的分析。不过，波林同样也关注到了在学说之外的影响。例如，他强调了"一战"之后的世界格局变化对于精神分析传播的影响："第一次世界大战以后，当精神分析集结力量企求新的发展时，心理学的领导权却已开始由德国移至美国了。"[5]这一世界格局的变化对于精神分析传播的影响是巨大的，因为美国文化导致心理学的重心发生了转变，并直接引发心理学作为一门科学对精神分析的拒斥以及此后的改造。波林说：

> 德奥两国的文化有利于主观心理学，精神分析乃得在那里

---

[1] 波林，《实验心理学史》，第 814 页。

[2] 同上书，第 815 页。

[3] 同上书，第 815—822 页。

[4] 同上书，第 823 页。

[5] 同上。

日益进展。但在美国，心理学已成为机能的，并正准备走向行为主义。而行为学则是难以吸收精神分析的，因为精神分析太富于主观色彩，以致在超我、自我和它我的概念中包藏有"幽灵"的嫌疑。❶

这一理性化的过程，作为一种"文明的进程"，其意义不仅仅停留在韦伯和曼海姆等人对科学化的社会学讨论，如曼海姆对心理学的批评，即心理学的现代化使得人们失去了"处理思想问题的能力，这一点说明了它为什么没有为生存着的人类提供其日常生活的立足点"❷。

这一知识理性化的历史进程折射出了更大的社会理性化这一历史变迁。发生在美国的这一社会理性化，与文本的理性化相辅相成，逐渐成为美国精神分析的主要面貌。被弗洛伊德视为精神分析之核心的移情问题，逐渐被湮没在历史进程中。而弗洛伊德本人的出场，也越来越困难了。

毕其一生，弗洛伊德多次表达过对于美国的厌恶。❸我们在前文中也对这一负面态度有过具体分析。从社会学的角度来说，美国化的问题的确更为典型一些。因为精神分析的美国化与美国社会的现代性变迁存在着清晰的对应关系。在美国的现代化进程中，一个重要现象是诸多现代职业通过"竞争"而获得合法性。这一点既体现在大学里与教育相关的系科之争，也体现在具体的市场利益争夺以及抽象的知识论争之中。甚至时至 1959 年，著名的社会学家米

---

❶ 波林，《实验心理学史》，第 823 页。译文有改动。

❷ 卡尔·曼海姆，《意识形态与乌托邦》，第 49 页。

❸ Falzeder, E., "A fat wad of dirty pieces of paper: Freud on America, Freud in America, Freud and America". In J. Brunham, ed., *After Freud Left: A Century of Psychoanalysis in America.* Chicago, IL: University of Chicago Press, 2012, pp.90-94.

尔斯还要在其《社会学的想象力》中敦请读者记住，"社会学往往要对抗其他系科而赢得其在学院中的生存权利"[1]。在这方面，精神分析所要付出的努力丝毫不弱于社会学。我们需要明白，弗洛伊德的精神分析在美国并非天然就受到欢迎的。在1909年至1914年间，美国知识界所接受的来自欧洲的影响并非精神分析一种，同时也存在着关于精神分析的大量激烈争论，尤其是与"性"这个主题相关的争论。[2]精神分析要在这一知识的"市场竞争"中胜出，就必须与美国本土知识界的普遍诉求结合在一起。而这一普遍诉求，就是通过职业化和专业化的方式获得其合法性。美国著名的社会学家安德鲁·阿伯特在关于美国职业发展历史的研究中发现，精神分析的职业化与专业化过程，必然要从早期鲜明的欧洲式个人属性，转向在美国社会中"依赖技术的科学化和理性化"[3]，这使得弗洛伊德主义在美国大获成功。[4]阿伯特总结的令其大获成功的那些具体特征[5]，正与英译本的属性不谋而合。例如，阿伯特描述了两种基于职业化背景的知识变迁过程：增长和更新。一方面，职业化要求产生大量新的、更为细致的知识，而另一方面，分工越是细致，对于抽象知识的要求就越高，原因在于："抽象知识比关于具体事实和方法的知识能够维持更长时间。"[6]也就是说，作为一种职业化的

---

[1] 赖特·米尔斯，《社会学的想象力》，第121—122页。

[2] Hale, Jr., Nathan G., *Freud and the Americans: The beginnings of psychoanalysis in the United States 1876-1917*. New York: Oxford University Press, 1971; *The Rise and Crisis of Psychoanalysis in the United States, Freud and the Americans, 1917-1985*, 1995, Oxford, New York: Oxford University Press.

[3] 安德鲁·阿伯特，《职业系统：论专业技能的劳动分工》，李荣山译，商务印书馆，2016，第283页。

[4] 同上书，第441—443页。

[5] 同上书，第442、445页。

[6] 同上书，第261页。

精神分析越发展，就越需要弗洛伊德，尤其是英译本中那个抽象的弗洛伊德。

美国历史社会学家伊利·扎列茨基（Eli Zaretsky）在其《灵魂的秘密：精神分析的社会史和文化史》一书中，以对于韦伯式加尔文主义的分析为基础，讲述了经典精神分析在美国的变迁史。他提出："在现代西方世界，出现过两个货真价实的内省（introspection）故事：一个是加尔文主义，一个是弗洛伊德主义。"❶在这本书中，精神分析的美国化及其在全球意义上的通俗文化中的形象，被扎列茨基讲成了一个似乎从一开始就已注定的历史命运：一定会脱离弗洛伊德克里斯玛气质的光环。扎列茨基还发现，无论人们怎么看，精神分析在现代历史进程中要想获得合法性，最终只能依赖两种渠道：新兴的精神病治疗与研究型大学（尤其是大学中的医学院）。而这两种渠道都隶属于韦伯意义上的现代理性历史进程，并在现实的层面表现出更为狭隘和苛刻的形态。❷上述两位学者的研究与弗洛伊德传记作者们的发现和观点不谋而合。琼斯在其关于弗洛伊德的传记中讨论到维也纳和纽约的精神分析家就"业余精神分析问题"的激烈辩论时，认为以布里尔为代表的美国精神分析家的态度是可以理解的，主要原因在于美国与奥地利这两个国家中，与精神分析相关的职业化发展水平以及专业医生的社会地位是不同的。琼斯说：

> 也许在第一次世界大战之前，世界上没有哪个国家比奥地利更推崇医学界的专业地位了，一个大学讲师或者教授头衔，几乎是任何社会中一切阶层的通行证。弗洛伊德不明白，医学的地位

---

❶ 扎列茨基，《灵魂的秘密：精神分析的社会史和文化史》，第 3 页。
❷ 盖伊，《弗洛伊德传》，第 198 页。

在其他国家可能是完全不同的。他不知道 50 年前美国医生们的艰苦斗争，当时各种非合格从业人员会赢得与专业医生同样多甚至更多的好处。因此，他绝不会承认美国分析学家对业外人士的反对，在相当程度上是美国各种学术职业斗争的一部分，是确保专业知识及其所需的培训能够得到尊重和认可的努力。❶

琼斯不止一次表达过精神分析在美国遇到的挑战以及以布里尔为代表的精神分析家为了获得承认而付出的艰苦努力。❷美国这一"十分严峻的"形势的一个例子就是，在 1925 年，"全美纽约以西的地方只有一位分析师——芝加哥的莱昂内尔·布利茨坦（Lionel Blitzsten）"❸。所以，精神分析的美国化固然有着弗洛伊德所说的文化的原因，然而这一简单的讲法并不能完全解释其在美国的职业化动力，因为诚如内森·黑尔（Nathan Hale）所说，在大众层面真正为精神分析进入美国打下基础的，恰恰是 1906 年至 1912 年间，发生在美国的"神秘主义浪潮"❹——而这一点与精神分析的美国职业化正好相反。所以，在 20 世纪初期，美国知识市场上严峻的"社会形势"同样也是美国分析师们表现出强烈的职业化和科学化倾向的原因之一。

彼得·盖伊在表达了几乎完全一致的观点❺之外，还将弗洛伊德主义与福特主义相提并论，作为现代性的核心机制而加以分析，并认为它们在美国的会合乃是一种现代社会的必然之事。在盖伊的笔下，福特主义已经是韦伯式现代理性主义的具体体现，而精神分

---

❶ 琼斯，《弗洛伊德传》，第 434 页。

❷ 同上书，第 418 页。

❸ 同上书，第 419 页。

❹ Hale, Jr., Nathan G., *Freud and the Americans: The beginnings of psychoanalysis in the United States 1876-1917*, 1971, pp.332-367.

❺ 盖伊，《弗洛伊德传》，第 198 页。

析则完美契合了这一历史性进程，并且处于核心地位：

> 精神分析已经变得十分重要。之所以如此，是因为它培养了个体性。一方面，它为走进内心世界铺平了道路，展示了原初过程思维（primary-process thinking），没有这一点，理性化就要永远停留在外部世界，与人类的内心世界无缘。另一方面，精神分析已经成为社会组织的稳定的一部分，帮着把私人生活和性融入规划和秩序之网。❶

盖伊的工作当然没有受到英译本的影响，而是直指精神分析的实质，并且认为在这一方面，精神分析在弗洛伊德那里与韦伯笔下的加尔文主义有着共同的特征：关心灵魂处于何种状态。❷正是在这个意义上，精神分析在美国的变迁才有其社会学意义。在今天，美国大学中的心理学系，已经基本上放弃了对于精神分析的研究与讲授。最直接的原因当然是其"不科学"。不过这一历史性结果的最初起源，却是将其视为一种"科学"。斯特拉齐夫妇操刀，琼斯监制的这份标准版译文集，本意要将弗洛伊德塑造成一个干干净净的、穿着白大褂的、以主客二分法来看待患者和病情的现代医生的形象，目的是能够适应历史潮流，赢得学界和大众的信任与欢迎，然而最终却走向了其本意的反面。

在扎列茨基看来，这一历史变迁与韦伯所分析的新教教徒的抉择过程一样，都属于"伦理理性化的此世方案"（this-worldly program of ethical rationalization）。精神分析制度化需要切断与其创始

---

❶ 盖伊，《弗洛伊德传》，第 198 页。
❷ 同上书，第 212 页。

人的克里斯玛之间的关系。一方面，精神分析的内涵和战后重建过程中出现的巨大社会转型与文化转型紧密结合在一起，既为其提供理论支持，又伴随着社会转型而转型；另一方面，这一巨大历史变迁中的主旋律即克里斯玛与理性化的交织，也成为精神分析变迁的主旋律。以医学制度化为代表的理性化开始主宰精神分析的变迁过程。精神分析越发与实证主义科学观紧密结合起来，而后者却又在一段时间之后被用来反对精神分析。❶精神分析最终不仅在文本的意义上变成一个洁净的版本，在实践的意义上也成为了一个洁净的版本。弗洛伊德在"多拉"案例中所强调的他作为"妇科学家"的那部分形象，本是为了自我保护，却在最终成了精神分析的最重要部分。虽然对于弗洛伊德的忠诚以及将精神分析视为一种天职（calling）的信仰仍然存在于部分分析师当中，然而英译本的出现，实际上与实践意义上的洁本精神分析形成了相互鼓应之势，并在最终成为真正的"标准版"。

四、一个比翻译更复杂的变迁故事

以上的论述表明，这个世界之中，弗洛伊德的主要形象来自其著作在英语世界的传播——这种形象大可质疑，其根本节点在于翻译。然而如果进一步追根溯源，我们会发现，前述使得这一误译得以成形的具体历史背景，仍然是弗洛姆最早提出来的符合资本主义生产机制的资本主义核心家庭。❷换句话说，本来是通过对于

❶ 扎列茨基，《灵魂的秘密：精神分析的社会史和文化史》，第 424 页。

❷ Fromm, E, "The Method and function of an analytic social psychology". In A. A rato and E. Gebhardt (eds.), *The Essential Frankfurt School Reader*, 1932/1982, New York: Continuum.

此种维多利亚式道德家庭提出挑战而加以深入理解的弗洛伊德，最终却在其英文译本中被归入此类文化之中。因此，英文译本的改造更像是马尔库塞所说的在资本主义背景下对于人之身体的纪律性作用——例如更加符合某种现代学科设置的科学化思维模式。通过将其变成某种专业，而降低其原创性、全面性和文化性。换言之，弗洛伊德本人的作品及其形象在这一翻译过程中——英文版弗洛伊德的生产过程中——被压抑了。而这一对于弗洛伊德的压抑符合资本主义及其道德文化的整体压抑性——尽管在被改造以后，弗洛伊德的理论在这种文化背景下仍然桀骜不驯，甚至依然对于此种文化产生了强大的影响。

当然，我们还可以将这种英文版本中的理性（学科、科学）化与资本主义化视为一种拉康式的婴儿对于其母体的分离。通过隔断与母体的原初认同，新的文本被抛入（纯粹）语言的领域，亦即真正为大众所熟知的英文中，进入符号界（symbolic order）。一方面，该文本可以真正为人接受，并隐晦地表达自身的意义亦即与母体的隐秘关联。意义只能通过差异来显现，德文原本的意义只能经由英文本的翻译问题而显现。另一方面，这一被接受的代价也是明显的，即作为本章主题的改造，或者说割礼。在此意义上，这两个版本共同构成了我们理解弗洛伊德必不可少的文本。不仅如此，它们的差异，更是我们在知识社会学的角度上理解现代社会的"实在"❶变迁的入手点。

我们已经知道，弗洛伊德在《业余精神分析问题》一书中强调说，在精神分析中，分析师在工作之前，必须先经历深度的自

---

❶ Berger, Peter L., Luckmann, Thomas, *The Social Construction of Reality: a Treatise in the Sociology of Knowledg*, 1967.

我分析，或者被分析。这样做首先是确保"毫无偏见地接收分析材料"[1]。然而更为重要的，是弗洛伊德在同一著作中所说的：仅仅通过理论指导的方式来教育学生，在精神分析方面很难见到成效。作为精神分析的基本训练，弗洛伊德要求"每一位想要对其他人进行分析的人，首先要分析自己。只有通过这种'自我分析'才能真正体会到分析中的那些进程对他们自己——或者毋宁说，他们自己的心智——的影响，并且获得对于分析的信仰，在后续的分析工作中得到指导"[2]。所以，精神分析同时是一种再教育和自我教育。事实上，弗洛伊德从始至终都是如此做的：众所周知，《释梦》一书的大部分内容，都以他对自己的梦的分析为基础，而其最后的作品《摩西与一神教》更是对于他自己所出身的犹太人及犹太宗教与文化的深度分析。

然而这一"科学化"的获取中立知识的方式，逐渐被形式化与制度化的现代科学建制所取代。在《精神分析运动史》一书中，弗洛伊德在分析了当时的大众和学界对于他工作的拒斥之后说："在科学的历史上，我们可以很清楚地发现，有些提议经常在最开始收获的唯一回应就是反对之词，到后来才被接受——尽管在被接受之际，其实并没有任何新的证据来支持它。"[3]在这一方面，弗洛伊德显得乐观了。一方面，英译本固然使得弗洛伊德的思想广泛传播，同时也带来了科学界对弗洛伊德的广泛批评。另一方面，许多学者努力用科学的方法验证弗洛伊德的工作[4]——而验证的结果，显然是不利于弗洛伊德的。总之，无论弗洛伊德如何抗议，

---

[1] Freud, S., *The Question of Lay Analysis*, Vol.15, 1926/1986, p.320.

[2] Ibid., p.299.

[3] Freud, S., *On the History of the Psychoanalytic Movement*, 1914/1986, p.81.

[4] Rieff, *Freud: The Mind of the Moralist*, New York: Anchor Books, 1959, p.19.

美国精神分析的教育、理论和实践都在努力将其更加"科学化"
（scientization）❶，然而时至 20 世纪 80 年代，弗洛伊德式精神分析
同时在理论和实践上遭遇到了危机，在"科学有效性"的考验下，
逐渐让位于诸如行为主义心理学等更具科学性质的流派。❷

　　而精神分析在另外一个方面的发展，恐怕同样会令弗洛伊德生
出"爱恨交织"的复杂情感：精神分析在美国文化中的影响力与日
俱增，甚至被扎列茨基称为美国两种精神气质之一。众所周知，这
一发展的高潮时期，是 20 世纪 50 年代和 60 年代，并且由此而真
正成为美国乃至现代文化的实质部分，塑造了美国人具有典型性的
人格。然而，无论这一面向的发展在表面上看起来与"科学的"面
向有多么的"分裂"，我们都必须意识到，这一面向也是基于对弗
洛伊德理论的诸多"误解"之上——英译本的概念和理解，乃是这
一面向发展的基础。

　　行文至此，我们已经看到了一个比翻译更为复杂的变迁故事。
弗洛伊德文本中那种浸透着情感的语言文字，被替换成了冷冰冰的
理性化术语，复又进入到弗洛伊德本人也感兴趣的大众文化和各种
人文与社会科学之中。精神分析实践也是如此。理性化从文本到实
践，又再度转移回理论本身。精神分析最终从关于灵魂的考察与自
我省察之术，转变为学科化与专业化地考察他人病态心理的专业理
性知识，并在大众文化中被不断误解和传播着。这是从灵魂到心理
的基本变迁故事。在这个故事之中，知识与激情、作者与作品、研

---

❶ Hale, Jr., Nathan G., *The Rise and Crisis of Psychoanalysis in the United States, Freud and the Americans*,
　1917-1985, 1995, pp.231-244; Witenberg, Earl G., *Interpersonal Psychoanalysis: New Directions*,
　Gardner Press, distributed by Halsted Press, 1978, pp.180-188.

❷ Hale, Jr., Nathan G., *The Rise and Crisis of Psychoanalysis in the United States, Freud and the Americans*,
　1917-1985, 1995, pp.300-321.

144

究者与被研究者、研究本身与研究者的自我成长这一系列关系都发生了断裂。我们可以从中看出，一种知识和关于这种知识的知识，乃至关于这种知识的知识的知识，在充斥着各种思想史传承、学术主张、观念潮流、权力斗争和社会政治历史变迁的场域之中，既被生产出来，又被视为生产的工具，在诠释和被诠释的命运中，同时在理性和非理性的时代命运之间飘摇不定。从尼采经弗洛伊德、韦伯、舍勒以至福柯，关于该问题的思考一直都是理解现代社会以及现代社会的自我理解的核心场域。澄清这一变迁，不仅有助于我们理解弗洛伊德本人的工作，而且可以使我们在西方思想史传统之中重新理解他关于"灵魂／肉体"的讨论。在这个意义上，弗洛伊德何尝不是另外一个"欧洲文明之子"呢？

在这个传播和变迁的过程中，后来在心理学领域淘汰精神分析的最重要理由，恰恰是它不够科学。最初改造它的主张，最终也成为在科学之中埋葬它的理由。虽然精神分析的实践在今天依然存在，然而借用韦伯的话来说，当初为了认识灵魂、为了教育与自我教育而披上的那件轻飘飘的斗篷，最终却在其命运之中变为了沉重的铁笼／铠甲（iron cage/stahlhartes Gehäuse）。铁笼／铠甲固然可以保护职业领域内部专业人士的安全，不过，铁笼毕竟是铁笼。❶

---

❶ 马克斯·韦伯在《新教伦理与资本主义精神》一书结尾处所使用的这一概念，以及帕森斯的翻译或者说误译，都已经成为社会学中的经典。在于晓、陈维纲译本中所使用的"铁笼"这一翻译，也堪称进入了中文学界的学术史。本书在此处同时使用这一概念的两种译法，正是为了尊重这一历史。关于"铁笼"（iron cage/stahlhartes Gehäuse）这一概念，参见由苏国勋、覃方明、赵立玮、秦明瑞翻译的《新教伦理与资本主义精神》第 287 页注释 129 中的讨论（韦伯，《新教伦理与资本主义精神》，苏国勋、覃方明、赵立玮、秦明瑞译，社会科学文献出版社，2010）。

第 3 章

爱欲与神圣：弗洛伊德思想中的
单性繁殖原则初探

> 怀胎、生育是一件神圣的事，
> 是会死的凡夫身上的不朽的因素。❶
>
> ——柏拉图，《会饮篇》

如果弗洛伊德之精神分析的核心概念是灵魂，而这一概念又在翻译与传播过程中遗失，那么，与这一遗失同时失去而不为我们所知的"灵魂的秘密"，还有什么呢？

在第 2 章的开始我们曾讲过，弗洛伊德所设想的文本遭到审查与篡改的机制，类似于他所理解的梦的机制。在这一机制中，"性"成了"性"本身。然而，"性"这一概念若要成为理解灵魂机制的核心概念，就必须与欧洲社会的文明传统发生关联。在本章里，我们将回到弗洛伊德的"性"这个概念本身，从社会理论的视角来理解它在灵魂中的位置。

弗洛伊德的理论以对于性（sexuality）的认识为基础。他关于人类之性的典范著作，自然是《性学三论》。弗洛伊德在世期间曾

---

❶ 柏拉图，《柏拉图对话集》，王太庆译，商务印书馆，2004，第 332 页。

多次修改过《性学三论》。这些修改中，最为引人瞩目的部分，当属该书初版十年后，在 1915 年所添加的关于力比多的前生殖组织部分（pregenital organization of the libido）的讨论。这一点有其渊源：无论其早期关于童年之性的讨论与后期有何不同，有一点可以确定的是，弗洛伊德早在 1897 年之前就已经将关于性的考察追溯到了童年期。❶自此之后，弗洛伊德对于人的思考一直都以一种历史的方式进行，采用一种被米尔斯视为社会学中经典的历史分析手法，将"当下"与"开始"以及"未来"并置，共同呈现在一种关于力比多的表征性思考当中。

　　将弗洛伊德的工作置于更为复杂的思想史乃至文明史情境中，我们发现，从前期到后期，延续着一个明显的思考原则，即单性繁殖原则（the Principle of Parthenogenesis）。虽然这一概念从未在弗洛伊德的工作中完全呈现出来，仅仅间或闪现在诸多作品之中，然而在新近出版的《灵魂的家庭经济学》一书中，作者约翰·奥尼尔坚持认为，这一原则居于弗洛伊德的思想核心 ❷，是我们深入理解弗洛伊德从爱欲到神圣的社会理论的出发点。简单来说，在弗洛伊德的理论假设之中，单性繁殖原则首先指一种在人的生活世界之中去性化（desexuality）的努力，其次是指这种去性化努力所代表的人类的单性社会与政治运行原则，而从爱欲到神圣的历程，就是这种运行原则的历史性表达。从现象学还原的角度来说，现代性个体在现代文明之中的诞生，是一种同时需要从精神分析理论和存在主义现象学的角度去理解的运动状态。

❶ Freud, S., *Three Essays on the Theory of Sexuality*, P. F. L., Vol. 7, 1905/1977b, p.34.
❷ 奥尼尔，《灵魂的家庭经济学》，第 4 页。

一、爱欲与性：思想史的维度

"泛性论"（pan-sexualism）是针对弗洛伊德的最广泛批评，也是令弗洛伊德极为恼火的一个误解，他曾多次对此加以澄清。

在《释梦》一书中，弗洛伊德就已经明确说，性的概念应该在精神分析常使用的爱欲概念的范畴之下来使用。[1]不久之后，他在《性学三论》中再度表明，生殖意义上的性与他所讨论的性有明确区别。[2]这成为弗洛伊德终其一生都在坚持的理论观点。

事实上，弗洛伊德对于性概念的理解总体上一直包括两个方面：一个是指狭义的成人生殖之性，一个是广义的性。《性学三论》中对于"儿童性欲"的讨论就是广义之性的重要表现。在 1913 年的《精神分析之兴趣》一书中，他明确说："首先有必要扩大对于性这个概念的过度限制。这一扩大可以被发生在所谓倒错和儿童的各种行为中的对于性的扩展所佐证。"[3]为了在这二者之间做出区分，他甚至指出，精神分析有必要同生物学保持距离，以"避免使用它们来实现探索性的目的"[4]。到了弗洛伊德学术生涯的中后期，在 1920 年的《超越快乐之原则》一文中，弗洛伊德已经开始将爱欲的概念与生命驱力（life instinct）的概念等同使用。而这一做法的目的就在于，"将其新欲力（爱欲）理论置入一个具有普遍意涵的哲

---

[1] Freud, S., *The Interpretation of Dreams*, P. F. L., Vol. IV., Penguin Books, 1900/1976, p.161. 反之，当然也不能够简单地用爱欲的概念掩盖性的概念（参见尚·拉普朗虚和柏腾·彭大历思，《精神分析词汇》，第 154 页）。

[2] Freud, S., *Three Essays on the Theory of Sexuality*, S. E., Vol. 7, 1905/1953, pp.133-134.

[3] Freud, S., *The Claims of Psychoanalysis to Scientific Interest*, P. F. L., Vol. 15, 1913/1986, p.45.

[4] Ibid., p.47.

学与神话传统中"❶。这一明确的主张同样体现在他于同一年所做的《性学三论》第四版序言中。在写于 1920 年的这个著名的第四版序言中，弗洛伊德更深入地反击了针对他广泛存在的一般性批评。他认为，精神分析的性学理论招致特别普遍的抨击，乃至陷入"泛性论"误解的原因之一在于，人们无法接受他的主张，即认为性活动与广泛意义上的社会文化成就——在他后期的讨论中，其实就是文明——有着极为重要的实质性关系。在这一序言中，他提出了西方思想史中两个重要人物的思想作为自己的思想渊源，以回应误解与抨击。其一是柏拉图所讨论的爱欲（eros）理论，其二是叔本华的理论。

在 1923 年发表的关于"精神分析"的百科词条中，弗洛伊德再度明确澄清，"泛性论"是对他和精神分析的误解。他说："精神分析从一开始，就区分了性的驱力与其他的驱力，也就是临时被称为的'自我驱力'。它从未试图去解释一切，即便就神经症而言，它也并非将其仅仅追溯至性的活动，而是追溯至性冲动与自我之间的冲突。"❷

时至 1925 年，在《自传研究》中，弗洛伊德重新回顾了《性学三论》，并总结说："（这部著作）希望能够有助于总结我对于性这一概念之意义的扩展（对于这种扩展我曾做过多次强调，但也多次引起人们的反对）。这种扩展具有双重意义：第一，它使得性与性器官的关系不再那么密切了。它认为，性是一种更为广泛的肉体功能，首先以快感为目标，其次才为生殖服务。第二，它把性冲动看成包括所有纯粹的感情与友爱的冲动，即通常由含义极为模糊的

---

❶ 尚·拉普朗虚和柏腾·彭大历思，《精神分析词汇》，第 154 页。

❷ Freud, S., *Two Encyclopaedia Articles*, P. F. L, Vol.15, 1923/1986, p.150.

词语'爱'所指的那些冲动。然而，我认为这种含义的扩展并不是什么创见，只不过使它恢复原意罢了，即把我们观念中已经形成的一些不适当的限制去掉。"❶

除了上述种种文献之外，弗洛伊德还曾多次引用柏拉图的爱欲概念，认为它与他自己的性概念极为接近。❷在希腊语中，eros 意为爱（love）或者爱欲之爱（erotic love），但并不仅仅指性欲望的满足。性欲固然是 eros 的一个组成部分，但是 eros 还包含其他的成分。对于苏格拉底、柏拉图和亚里士多德而言，eros 这个词有着严格的范围界定。❸不过，在柏拉图的《费德罗》和《会饮》篇中，这种对于年轻身体之美的爱，是一种对于更高的某物之爱的世俗表现。这种爱会导致人们次第去爱美好的灵魂、品性、学习（study）、某种生活方式、社会秩序，最后是对具有终极意义的美本身所呈现的形式（the very presence of the Form of Beauty itself）的爱。在柏拉图那里，其他一切形式的美都是这种美的呈现形式（或者说理念）的残缺形式，所以说，这种爱最终会导致对某种超越性的追求："eros 是把握精神真理的一种方式。"❹最终，对于一般世俗的人来说，爱欲由此成为从观看到美本身，而接触到品德的可能性所在。这正是《会饮篇》中苏格拉底所说的那段著名的话的意思："要达到这个目的，一个凡俗的人很不容易做到，只有靠爱神（eros）帮助才行。"❺

---

❶ Freud, S., *An Autobiographical Study*, P. F. L., Vol.15, 1925/1986b, pp.221-222.
❷ 尚·拉普朗虚和柏腾·彭大历思，《精神分析词汇》，第 153 页。例如，弗洛伊德在《对于精神分析的抵抗》一文中的讨论（"The Resistances to Psychoanalysis", P. F. L., Vol.15, 1925/1986a, p. 269）。
❸ 尼古拉斯·布宁、余纪元编著，《西方哲学英汉对照辞典》，人民出版社，2001，第 318 页。
❹ 同上。
❺ 柏拉图，《柏拉图对话集》，212B。

除此之外，弗洛伊德的爱欲（性）概念还受到了更为晚近的思想史的影响，比如叔本华，这一点尤其体现在弗洛伊德的升华理论中。在回顾自己的理论历程中关于升华这一概念的发现时，他明确说："这些观点并非全新的。性生活无可匹敌的重要性，已经被哲学家叔本华在他一份极为重要的工作中说过了。"[1]弗洛伊德指的是叔本华在其《作为意志与表象的世界》一书中的工作。当然，叔本华对于弗洛伊德的影响不仅仅体现在此处。弗洛伊德在中后期曾经数次引用叔本华来讨论他自己的性理论。[2]

　　在柏拉图和叔本华等人之外，我们还可以发现欧洲文明史上一系列的思想家对于弗洛伊德的影响。弗洛伊德曾频繁提到和引用古希腊悲剧、莎士比亚和歌德等人，而精神分析起源最重要的两个主题——性和压抑/抑制——既与他所关心的生理-心理、身体-心灵的二元论问题传统有关，也与特别具体的现实和历史经验有直接的关系。就前者而言，康德、费尔巴哈、叔本华以及弗洛伊德的老师布伦塔诺（F.Brentano）和梅涅特（Theodor Mynert）等人对他产生的直接影响可以帮助我们从各个侧面理解弗洛伊德的思想。[3]

　　具体说来，费尔巴哈对弗洛伊德的影响，主要是通过其1841年的名作《基督教的本质》（*The Essence of Christianity*），这部著作对

---

[1] Freud, S., *An Autobiographical Study*, P. F. L., Vol.15, 1925/1986b, p.266.

[2] 如在1917年的《精神分析路径中的一个困难》（"A Difficulty in the Path of Psychoanalysis"）一文结尾处；在1920年为《性学三论》第四版所做的序言中；在1920年《超越快乐之原则》第六章，以及1925年《自传研究》第五章等。

[3] Brentano, Franz, *Psychology from an Empirical Standpoint*, Trans. A. C. Rancurello, D. B. Terrell, and L. L. McAllister. New York: Humanities Press, 1973; McGrath, W. J., *Freud's Discovery of Psychoanalysis: The Politics of Hysteria*, 1986, pp.124-125, 142-145; Ricoeur, Paul, *Freud and Philosophy*, New Haven: Yale University Press, 1971, pp.376, 378, 379.

于弗洛伊德的影响，尤其体现在其后期的《一种幻觉的未来》一书中。芝加哥大学著名的弗洛伊德专家瑞夫教授甚至认为，在弗洛伊德的思想中，对于理解性非常重要的幻觉（illusion）这一概念，是直接借用了费尔巴哈的讨论 **❶**；而另外一位美国著名的弗洛伊德专家，罗彻斯特大学的麦克格雷（William J. McGrath）教授则发现，弗洛伊德与费尔巴哈的关系，要比以上几位作者的考证更为紧密。**❷**这一判断的原因在于，费尔巴哈和弗洛伊德都将宗教视为一种投射（projection）或者情感需求的满足。此外，麦克格雷还认为，费尔巴哈在这本著作中关于宗教的心理学观点，也影响了弗洛伊德关于梦及其与感觉之间的关系的观点 **❸**——费尔巴哈几乎明确提出了弗洛伊德后来的著名观点：梦是愿望／欲望的实现。也就是说，费尔巴哈对于弗洛伊德的影响甚至可以说在于其梦理论的实质部分。**❹**

　　根据麦克格雷的考证，在近世思想家中，对弗洛伊德影响最大的莫过于他的大学老师布伦塔诺。这一判断颠覆了学界通常的印象。因为我们熟知的那些对弗洛伊德产生重大影响的导师，如布吕克、布洛伊尔和沙可等人，在麦克格雷看来，对他的影响反而都不如布伦塔诺。麦克格雷考证的是弗洛伊德的人格成长方面。在他看来，在晚近思想史方面从费尔巴哈到布伦塔诺对弗洛伊德的影响，首先具体体现在弗洛伊德早期在政治上的抱负和野心逐渐从外向转为内在，成为思想上的激进主义者（radicalism），也即从政治的激

❶ Rieff, *Freud: The Mind of the Moralist*, 1959, p.24. 另外可参照 Warstofsky, Marx W., *Feuerbach*, Cambridge: Cambridge University Press, 1977。

❷ McGrath, W. J., *Freud's Discovery of Psychoanalysis: The Politics of Hysteria*, 1986, p.106.

❸ Ibid., pp.106-107.

❹ Ibid., p.107; Warsofsky, Marx W, *Feuerbach*, 1977, pp. 283-284.

进主义转为心理学的激进主义。

其次，麦克格雷引用了詹姆士·巴克雷（James R. Barclay）关于布伦塔诺的课程的考证。巴克雷在其《布伦塔诺与弗洛伊德》 **❶** 一文中，详细叙述了弗洛伊德在维也纳大学学习布伦塔诺的课程时的要点，并指出这些要点和弗洛伊德后来思想之间的关系。其中的重要内容，首先是联想的主题 **❷**，不过最为重要的还是意向性（intentionality）的概念。巴克雷认为，这一影响了同班同学胡塞尔并成为现象学传统里最为核心的概念，也同样影响了弗洛伊德，并成为精神分析传统的最核心概念。保罗·利科（Paul Ricoeur）也同样指出，在布伦塔诺的著作 **❸** 中关于意向性的定义，基本就是后来弗洛伊德对于无意识思维状态的界定：思维从一开始就是关于他人的，而不是自我意识、自我呈现的。 **❹** 最后，也是同样重要的一点，是弗洛伊德的老师梅涅特对他的影响——主要体现在康德和叔本华的影响方面。 **❺** 叔本华对于弗洛伊德的影响，其中之一在于对意志（will）本质的理解，是欲求，而非知：叔本华强调所有事物的物自体（things-in-itself）乃是意志（will），而这一意志又是盲目和非理性的。对于叔本华而言，我们，如果是作为认识主体（knowing

---

❶ Barclay, James R, "Franz Brentano and Sigmund Freud", *Journal of Existentialism*, Vol. 5, 1964, pp.1-36.

❷ McGrath, W. J., *Freud's Discovery of Psychoanalysis: The Politics of Hysteria*, 1986, pp.122-123.

❸ Brentano, *Psychology from an Empirical Standpoint*, 1973.

❹ McGrath, W. J., *Freud's Discovery of Psychoanalysis: The Politics of Hysteria*, 1986, pp.124-125. 同时参照利科的工作（Ricoeur, *Freud and Philosophy*, 1971, pp. 376, 378, 379）。在这里，特别值得注意的是意向性的概念与弗洛伊德关于内在真实的理解（Mcgrath, *Freud's Discovery of Psychoanalysis: The Politics of Hysteria*, 1986, p.125）。另可参见弗洛伊德在 1899 年致 Fliess 信中的观点（Freud, *The Origins of Psycho-Analysis, Letters to Wilhelm Fliess, Drafts and Notes: 1887-1902*, 1954, p.277）。

❺ McGrath, W. J., *Freud's Discovery of Psychoanalysis: The Politics of Hysteria*, 1986, pp.142-144.

subject），那么意志当然就是物自体，为它自己存在，是一种纯粹的欲求（Wollendes/desiring）。认识主体相对于意志是居于第二位的功能。❶

就后者而言，尼采对于弗洛伊德的影响已经众所周知，在此不再赘述，只强调一点：弗洛伊德多次承认，甚至曾明确表示，他不想过多阅读尼采，以防止自己受到他太多影响。❷

总之，无论是来自欧洲哲学传统中柏拉图的影响，还是欧洲近现代哲学的直接影响，我们都可以发现，弗洛伊德关于性这一概念的意涵，绝非仅仅指向生殖之性，而是有作为人的本性、性质（nature）之意。这样说并不是要否认，在弗洛伊德那里，性不是一个被建构起来的生殖之性。恰恰相反，这是弗洛伊德在《性学三论》等作品中的主要努力所在。但是，弗洛伊德认为，在可见的性背后，有另外一种每个人借以理解自己、认识自己（to know yourself）的性质属性，以及进一步的，每个人得以成为自己的性质属性。从上述对思想史的梳理中我们可以发现，在后两种关于性的界定中，弗洛伊德对性的理解乃是"性质"，而这种理解，有着一种超越于生殖之性、男女之性的努力。我们试图证明，这不仅是弗洛伊德努力去理解的对象，也是他的思考结构。正如他在《自传研究》中所说，在精神分析发现的基础上，他认为："所有感情的冲动，最初都完全带有性的性质，不过到了后来，不是其目标受到禁制（inhibited），便是得到了升华。因此，性驱力这种可以受到影响或转向的特征，能够使得这些驱力服务于各种文明成就，甚至能对文明做出极其重要的贡献。"❸

---

❶ McGrath, W. J., *Freud's Discovery of Psychoanalysis*: *The Politics of Hysteria*, 1986, p.145.

❷ Freud, S., *On the History of the Psychoanalytic Movement*, 1914/1986, p.73.

❸ Freud, S., *An Autobiographical Study*, P. F. L., 15, Vol. 1925/1986, p.222.

二、爱欲与神圣：单性繁殖原则

纵观弗洛伊德的毕生工作，虽然存在着复杂的变化与丰富性，然而对于灵魂的关注却堪称贯穿始终。在弗洛伊德这里，精神分析因这一研究主题而有着与涂尔干对社会学类似要求的出发点。❶从灵魂问题出发，我们才有可能将弗洛伊德的爱欲概念与社会理论之中的神圣概念统一起来。而对于弗洛伊德来说，这种统一性的逻辑原则就是单性繁殖原则。这一思考维度，作为弗洛伊德对人之为人的社会学理解，既体现在他的人学讨论，也体现在他对图腾与塔布的研究和最终对群体性与保守性（conservative nature）的理解之中。

压抑/抑制与升华：单性的力比多

灵魂与肉体的弥合，在弗洛伊德这里以压抑为基本特征。虽然如前所述，弗洛伊德在其工作的前后期对于压抑和抑制的界定使用有诸多变化，两个概念也有重叠之处 ❷，不过总体来说，作为精神分析基石的抑制理论以及与其相关的压抑理论，共同表明了弗洛伊德发展出其理论的前提假定：压抑的文明之人。个体爱欲被视为与文明/文化相抵牾，而文明/文化人的实质，就在于其压抑性/抑制性。压抑更多指向文明/文化对于个体的要求，而抑制则被弗洛伊德更多用于对灵魂机制的讨论。毕其一生，弗洛伊德不断在强调这一点。1923 年，弗洛伊德为《性学手册》写作的两个百科词条中的第二条，就是"力比多理论"。他对这一理论的首要解读，

---

❶ Freud, S., *The Question of Lay Analysis*, Vol.15, 1926/1986, p.359.

❷ 尚·拉普朗虚和柏腾·彭大历思，《精神分析词汇》，第 424、450 页。

就是"性驱力与自我的驱力之间的冲突"（contrast between sexual instincts and ego instincts/Gegensatz von Sexualtrieben und Ichtrieben）。而对于这种自我驱力，弗洛伊德的判断就是自我保存的驱力（instincts of self-preservation/Selbsterhaltungstriebe）。力比多是一个有着复杂内部结构的概念，每一种组成部分都有其客体对象（object）与目标（aim）。各种驱力可以彼此独立，也可以融合在一起，或者互相取代，力比多的贯注（cathexis）也可以互相转变，也就是说，"一种驱力的满足可以取代其他驱力的满足"❶。而所有这些驱力彼此之间的变化中，"一种驱力最重要的变化似乎就是升华（sublimation/Sublimierung）"❷。升华作为驱力最为重要的转变，其基本特征是在快乐原则与现实原则之间的这种压抑/抑制状态。对此，弗洛伊德的基本讲法是，在升华中，"客体对象与目标都发生了变化，所以最初性的驱力在某种不再是性的成就而是有着更高的社会或伦理价值成就中发现了满足感"❸。当然，弗洛伊德自己最后也承认，精神分析在这方面仍然缺乏一个完整的认识。正如学界后来总结的，弗洛伊德缺乏一个完整而融贯的升华理论。❹不过，即便如此，对于升华的理解依然是他的理论工作中从爱欲到神圣的基本路程。弗洛伊德在关于升华过程的表述中认为，这一过程就是爱欲转向自我，而自我则呈现为"去性化且升华"的状态。弗洛伊德对于自我的这种"自恋式"思考，以及他在1914年的《论自恋》一文中对于自

---

❶ Freud, S., *Two Encyclopaedia Articles*, P. F. L, Vol.15, 1923/1986, p.154; Freud, S., *Psychoanalyse und Libidotheorie, Gesammelte Werke*, 1923/1940, p.230.

❷ Ibid.

❸ Freud, S., *Two Encyclopaedia Articles*, P. F. L, Vol.15, 1923/1986, pp.154-155; Freud, S., *Psychoanalyse und Libidotheorie, Gesammelte Werke*, 1923/1940, p.230.

❹ 尚·拉普朗虚和柏腾·彭大历思，《精神分析词汇》，第424、499页。

我的力比多式理解，曾被认为是对其理论的严重威胁。[1]盖伊认为，这一威胁的关键点就在于，弗洛伊德将此前理论中与性的驱力相抗衡的自我，也理解为具有力比多性质的结构与功能。正如弗洛伊德本人所说："如此自我保存的驱力也具有了驱力性质：它们是性的驱力，选取了主体自己的自我，而非外部客体对象，作为其客体对象。"[2]这种状况在现实中的表现就好像是某些人"与他们自己陷入恋爱状态"[3]。这一对自恋的理解，恰好可以为我们提供理解其理论的切入点。一方面，因为这种自恋状态表达了一种回归早期事物的状态，即人在其生命早期的状态；而另一方面，弗洛伊德认为，这些驱力的性质其实都是一样的，只有"客体对象倾注与自我之分"[4]。也就是说，该转向的前提，就是单性繁殖的概念。

单性繁殖这一概念与弗洛伊德对于人及其力比多的基本假定有关。在《超越快乐之原则》中，弗洛伊德提到了一种存在于人身上的回归原始状态的保守性，并认为这种"重返事物早期状态的需要"，乃是一种和爱欲处于同样层次的人的基本要求。弗洛伊德并未在科学的方向上寻找这一理论的根据，而是返回欧洲传统思想中去寻求起源。这当然是指柏拉图在《会饮篇》中借阿里斯多芬之口所提出的那个理论。在弗洛伊德看来，这一理论不仅讨论了性驱力（drive/Trieb）的起源问题，而且还探讨了性驱力与其客体对象之间关系的最为重要的演化。在《会饮篇》中，阿里斯多芬说："最初，人和现在不一样。在一开始，人本来分成三个性别，不像现在只有

---

[1] 盖伊，《弗洛伊德传》，第 383 页。

[2] Freud, S., *Two Encyclopaedia Articles*, 1923/1986, pp.154-155.

[3] Ibid., p.155.

[4] Ibid..

第 3 章 爱欲与神圣：弗洛伊德思想中的单性繁殖原则初探 **157**

两个性别。那时，有男人、女人和这两种性别的结合……"❶这些原始人类的所有东西都是双重的：他们有四只手，四只脚，两张脸，两个生殖器，等等。最终，宙斯决定将这些人剖成两半，"就像切水果做果脯，用头发割鸡蛋一样"❷。在人被剖成两半之后，"这一半想念那一半，想再合拢起来，常常互相拥抱不肯放手"❸。

借由这一典故，弗洛伊德将人的原初性理解为单性化的整合人。在这一铺垫的基础上，他更为直接地提出了关于起源与复归的讨论：

> 我们是否该遵循这位诗人哲学家给予的线索，大胆假设生物体在获得生命的一刻，被分裂成了小碎片，从此以后，它们就一直在努力通过性驱力而重新聚合在一起？我们是否可以假设，这些驱力，保留着无生命物质的化学性亲和力，在经过了微生物的发展阶段之后，逐步克服了在上述努力的途中，由充满了危险刺激——正是这些刺激，促使它们形成了一种保护性的皮层——的环境所设置的种种艰难险阻？是否可以假设，这些生物体的零星碎片，以这种方式获得了成为多细胞生物的条件，并最终将这一重新聚合的驱力，以高度集中的方式，传递给了生殖细胞？❹

这一对于人的理解堪称弗洛伊德中后期思想的基本出发点。不过，从《性学三论》开始，弗洛伊德就隐隐表露出一个基本假设：

---

❶ 柏拉图，《柏拉图对话集》，309E。
❷ 同上书，310E。
❸ 同上书，191A。
❹ Freud, S., "Beyond the Pleasure Principle", *P. F. L.*, Vol. 11, Penguin Books, 1920/1984, p.332.

力比多是单性的。他在《性学三论》的一个脚注中说,"实际上,如果我们能够清晰界定'男子气概的'(masculine)与'女性气质的'(feminine)的话,甚至可以认为,力比多必然具有男性本质,无论它出现在男性还是女性身上,也无论其对象客体是一个男人还是一个女人"❶。弗洛伊德接着为这句话做了注解,将力比多具有"男性本质"这个判断解释成"主动性"(activity)❷——也就是说,"男性"在这里只意味着"单性"。他随即补充说,从社会学观察的角度来说:"无论在心理学的意义上还是在生物学的意义上,在人类之中,纯粹的男性或女性是根本不存在的。正相反,每一个个体都存在两性特征的混合;此外,该个体还会展示出主动和被动的混合,无论这些特征与其生物学特征是否吻合。"❸这一点可以说是弗洛伊德此后理论工作的基本前提。在1913年的《精神分析之兴趣》一书中,他再次表明了这一点。❹

然而,仅将力比多理解为单性,在弗洛伊德的理论体系中是远远不够的,因为这一点尚无法产生精神分析理论的运动性。单性繁殖原则的主要内容,就在于从爱欲到神圣的运动过程。这一运动过程的主要特征就是"去性化",即从爱欲到升华、从双性性质到单性甚至无性的性质。只有这样,我们才可以在经典社会理论的领域中理解弗洛伊德的性理论。因为"去性化"这一运动过程,本身即是这一领域的核心主题。而这一主题的不同表达,亦已成为社会理论的经典概念群,如禁欲主义、理性化、乱伦禁忌等等。

---

❶ Freud, S., *Three Essays on the Theory of Sexuality*, P. F. L., Vol. 7, 1905/1977b, p.141.

❷ Ibid.

❸ Ibid., p.142.

❹ Freud, S., *The Claims of Psychoanalysis to Scientific Interest*, 1913/1986, pp.47-48.

图腾与塔布：关于乱伦的触摸恐惧症

压抑理论通过弗洛伊德的社会人类学研究而真正具有了历史性。众所周知，这一研究主要集中在他对图腾与塔布的分析中。其间，弗洛伊德明确将从爱欲到神圣的升华可能落实在对于性的禁忌原则之上。

在弗洛伊德的工作中，乱伦禁忌与图腾制度紧密联系在一起，图腾亲属取代了血缘亲属，而"禁止真正的乱伦已被作为一种特例包括在图腾禁忌之中"❶。这种图腾制度表现出的努力在于，"超越仅仅对自然的群体乱伦进行预防的功能"❷，而对更大范围的群体之间的性关系加以限制。在更多的案例之中，弗洛伊德发现，这是一种触摸恐惧症式的努力。接触恐惧从性关系发展为其他的一般性接触，甚至是言语上的接触。弗洛伊德将其与儿童期状态和神经症状态相比较，认为这种乱伦畏惧"是一种必然会在婴儿期出现的精神特征，而且它显示出和神经症患者的精神生活有着某种惊人的一致性"❸。这种一致性同时在于，儿童具有性倒错性质的性状态以及相对于触摸的禁忌：这是一个人在成长过程中所遇到的社会性必然要求，也是神经症作为人的基本心理结构的原因。这一乱伦渴望与禁忌的冲突也因此成为"神经症的核心情结"❹。

塔布一词在弗洛伊德这里同时拥有相对立的两种含义，一方面指"神圣的"和"被圣化的"，另一方面又具有"神秘的""危险的""被禁止的"和"不洁的"等意思。塔布的神圣性可以传染，与触摸恐惧症的内容相似。从精神分析的角度来说，与塔布

---

❶ 弗洛伊德，《图腾与禁忌》，赵立玮译，上海人民出版社，2005，第12页。
❷ 同上书，第16页。
❸ 同上书，第25页。
❹ 同上。

相关的表现和强迫症患者的表现非常类似，几乎如出一辙。弗洛伊德说：

> 正如在塔布的情形中一样，作为神经症之核心的主要禁忌也是禁止触摸，而且正是由于这个原因，它有时又被称为"触摸恐惧症"（Touching phobia/ Délire du Toucher）。这种禁忌不仅适用于直接的身体接触，而且广泛地延伸到在隐喻意义上所使用的"去接触"这个词语的范围内。任何将患者的思想引至被禁物体上的事物，他在理智上将其与被禁物体相联结的任何事物，都和直接的身体接触一样被他视为禁忌。存在着塔布的地方也有着与之一样的延伸。❶

与这种禁忌或者触摸恐惧相关的，是一系列具有仪式感的行为，这些行为具有赎罪、自我惩罚、防御性措施和净化作用等性质。严厉的禁忌对应的是强烈的欲望，即接触和触摸的欲望。驱力和禁忌这两个方面同时存在，并带来了一种极为重要的心理特征："主体对某单一客体，或者更准确地说是对与这种客体相关联的某种行为的矛盾态度。"弗洛伊德就此提出了对于塔布的理解：

> 塔布是一种（由某些权威）从外部强行施加的原始禁止，它针对的是人类所屈从的最大的欲望。这种触犯禁忌的欲望保存在人类的无意识领域；而那些遵从塔布的人在对待塔布所禁忌的行为上却持有一种矛盾态度。❷

---

❶ 弗洛伊德，《图腾与禁忌》，第 38 页。
❷ 同上书，第 47 页。

在塔布的仪式化行为之中，弗洛伊德也发现了这种矛盾情感和态度及其占据的支配地位，并据此认为塔布和神经症（以及儿童期性）之间具有心理一致性。弗洛伊德对于塔布的理解就此具象化，用其来指称一种爱恨交织的矛盾性情感及其产物。弗洛伊德进一步指出，此种关于塔布的理解能够帮助我们理解良知（conscience）的本质和起源。与涂尔干一样，弗洛伊德也注意到良知与意识（consciousness）在许多语言之中有共同的起源。也就是说，良知在起源上与确定地感知某物有关。这种内在的知觉往往是对某种欲望的否定。这一否定的特征在于，"并不需要诉诸其他任何事物的支持。它'完全是自我确证'（Certain of itself）的"❶。与其相对的欲望、情感、思想乃至行动都会受到谴责。行动者本身并不会明了这种良知的起源。弗洛伊德将这一起源归于此种矛盾情感所附着的"某些十分特殊的人类关系之中"，而这些人类关系往往是压抑关系。❷

然而，这只是我们理解从爱欲到神圣的一个层面。这一层面还需要与另外一个层面结合在一起，才能帮助我们初步理解弗洛伊德的单性繁殖原则。在《图腾与塔布》这部著作的下半部分，弗洛伊德讨论了巫术的两种典型。一种是根据相似性原则而来的模仿性巫术，另外一种是根据空间上的关联性和邻近性（包括想象中的邻近性）而来的传染性巫术。对于精神分析来说，相似性和邻近性是联想过程的两条基本原则。这两条原则都含有"接触"这一词的意义。这是弗洛伊德最早通过释梦就已经发现的人的无意识运作原则，是在儿童期尤为明显的基本心理运动原则。在弗洛伊德的儿童心理学中，处于多形态性变态（polymorphously perversion）的儿

---

❶ 弗洛伊德，《图腾与禁忌》，第 86 页。

❷ 同上书，第 87 页。

童，免受现实原则之苦，在这一泛灵论阶段（the age of animism），在各种各样的社会结构和分类都还没有出现的前提下，尚未将自己和其身处的世界区分开，通过巫术与世界打交道。这种巫术的力量主要是通过言辞（words）的接触来完成的，或者说，言语便是巫术。儿童相信观念的力量，相信思想的万能。❶这种思想万能论（Omnipotence of thoughts）在神经症患者和原始部落的人群中同样存在。而与之相对应的社会机制也非常明确，即乱伦禁忌。乱伦禁忌原则被弗洛伊德明确表述为对儿童性（child sexuality）的接触性预防。对于弗洛伊德来说，这一预防最鲜明的历史特征，就是割礼这种现象。在这一仪式的主宰下，男孩和女孩都趋向于无性。虽然割礼的对象是男性，然而"女孩是失败的男孩，女人则是被阉割的男人"❷。

不过，这仍然只是一个开始。在个体成长史与人类整体心灵史之间进行简单对应❸的前提下，弗洛伊德提出了关于人类整体心灵发展的一般性理论：从泛灵论阶段到宗教阶段再到科学阶段。而这个发展的过程是一个理性化的除魔进程，这一过程同时亦是一种禁欲和"割礼"的实现过程：

> 在泛灵论阶段，人们将"全能性"归诸其自身。在宗教阶段，人们则将它转移到神的身上，但并未真正地将它从自身中拱手让出，因为他们仍然保留着依据他们自己的意愿运用各种不同的方式对神施以影响的权力。而从科学的观点来看宇宙，其中就不再有人类万能任何的存身之地了；人类认识到了自己

---

❶ 弗洛伊德，《精神分析引论新编》，高觉敷译，商务印书馆，2005，第 132 页。
❷ 盖伊，《弗洛伊德传》，第 165 页。
❸ 弗洛伊德，《精神分析引论新编》，第 111 页。

（在宇宙中）的渺小，而且不得不屈从于思维以及自然界中其他的必然性。虽然如此，若顾及现实的法则，可以说人类全能这种原始信仰仍残留在人类对其精神力量的信仰之中。❶

巫术构成了泛灵论的核心。而图腾崇拜这一现象在儿童期的重现，使得弗洛伊德可以类比图腾动物与父亲。在这一假定的基础上，儿童与原始人类就有了完全一致的行为原则了。也就是说，作为图腾崇拜核心的两条塔布禁忌——不杀害图腾和乱伦禁忌——与俄狄浦斯情结的两个原初欲望完全一致。而弗洛伊德通过对神经症的研究发现，"对这两种欲望的不彻底压抑或者它们的再次复苏也许正好构成了所有神经症的核心"❷。这一等同使得弗洛伊德提出了一种关于图腾制度起源的新理论，即"把图腾制度视为与俄狄浦斯情结相关联的诸条件的一个产物"❸。

图腾制度的另外一面是在神圣的图腾餐仪式中宰杀和分享神圣动物，以获得某种神圣的联结关系。作为爱恨交织的矛盾情感之鲜明体现，这种图腾餐仪式还包括之后的哀悼以及狂欢。所有这些环节都构成了俄狄浦斯情结的社会性呈现：逾越神圣制度，宰杀作为父亲之代表的神圣图腾动物，共同吞食，分享神圣性，然后哀悼。弗洛伊德由此将俄狄浦斯情结推展到了社会层面，并因此有了一种卢梭式的社会起源学说：平等的诸子团结弑父，由此获得了彼此缔结社会契约的条件。涂尔干式社会团结和神圣性也通过这一分食而得以实现。❹弗洛伊德认为，图腾餐因此成为人类许多社会

---

❶ 弗洛伊德，《精神分析引论新编》，第 109 页。
❷ 弗洛伊德，《图腾与禁忌》，第 159 页。
❸ 同上。
❹ 同上书，第 170 页。

与政治现象的开端。表面上看，图腾餐似乎是爱欲的胜利，然而弗洛伊德将此解读成一种单性繁殖的现象。因为对于他来说，"饮食"恰恰是作为认同的最为重要的隐喻："这个认同作用仿佛是将另一个人吞入腹内，化为他自己似的。"❶也就是说，图腾宴作为在节日中最重要的仪式，是要共同分享／吃下平时不可触摸、更不可食用的图腾动物；共餐的人彼此之间获得极强的认同与社会团结（solidarity）。这既是对父亲的纪念，也是对弑父的庆祝，然而，更为重要的社会机制在于，这是对于父亲的认同，是成为父亲的唯一通路。罪恶感与神圣感一体两面，密不可分。

在诸子与父亲之间，存在着一种爱恨交织的矛盾情感。弑父同时实现了这种矛盾情感的两个方面。一方面，它满足了憎恶痛恨的感情，并在同时实现了爱之认同，因为只有通过弑父，这一父亲的角色和位置才能为儿子所占据，也就是说，只有弑父，儿子才有可能成为父亲，社会性与政治性的繁殖和生产才能得以继续；而另一方面，在弑父之后，对于父亲之爱又会以悔恨的形式表现出来，催生罪恶感。死去的父亲并不会真正远去，正如被遗忘的经验不会消失，他们都会以更为强大的形式复活。这形式，就是图腾制度中最核心的两条禁律。

不过，这并不是从爱欲到神圣的唯一途径，因为弗洛伊德非常清楚地意识到，"性欲不是将人们联合起来的力量，反而是分裂的力量"❷。原因在于，虽然在面对父亲时，他们可以团结在一起，然而在事关女人的问题上，他们仍然是对手。所以，在弑父之后，这一临时性的社会契约立刻面临着崩溃，而且，由于"这些争斗者中没有一个

---

❶ Freud, S., *New Introductory Lectures on Psychoanalysis*, P. F. L, Vol.2, Penguin Books, p.95.

❷ 弗洛伊德，《图腾与禁忌》，第 172 页。

具有一种压倒性的力量"❶，所以要想共同存活下来，无性化的乱伦禁忌就成为挽救社会组织的必然选择。乱伦禁忌在这里既意味着父亲的复临以及对于父亲之戒律的延迟性服从（deferred obedience），又意味着共同保全的可能性。从父权制群落（Patriarchal horde）到兄弟制氏族（Fraternal clan）的过渡意味着神圣性进入每一个个体成为一种制度形式，并在最终呈现为"不可杀人"这一简洁的普遍形式。

然而这并不是故事的结束。弗洛伊德对于历史的理解呈现出一种永恒轮回的特征。在兄弟制氏族以及具有相关特征的社会组织出现后，父亲复临意味着，这种社会将要重新"逐渐地转变为一个建立在父权制基础上的有组织的社会……"，虽然与此同时，"兄弟氏族社会所取得的那些社会成就并未被抛弃"❷。由于那位原初的父亲已经成为神，所以在新父亲与原初父亲之间出现了无法逾越的鸿沟。不过，这种新宗教的出现仍然遵循着类似的结构。弗洛伊德认为，基督教的圣餐仪式，有着与图腾宴饮共同的矛盾情感结构与俄狄浦斯情结。而通过对古希腊悲剧的考察，使得他将这种情结推广至人类社会普遍的悲剧性英雄以及"宗教、道德、社会及艺术的肇始都汇聚于俄狄浦斯情结之中"❸。因为精神分析的临床经验发现，这种情结也是所有神经症的核心。这是弗洛伊德通过精神分析对人类个体与集体进行分析所得出的基本结论。

群体性与保守性

在 1921 年关于群体心理学的研究中，弗洛伊德延续了他当初

---

❶ 弗洛伊德，《图腾与禁忌》，第 172 页。
❷ 同上书，第 178 页。
❸ 同上书，第 186 页。

关于图腾与塔布的讨论，进一步分析了群体／社会团结的可能性。弗洛伊德将儿童性视为成年人的重要性质之一，并在这一前提下，用力比多来分析个体的群体性，因为他对于群体之团结性的解决方案，仍然在于精神分析式的认同。这种力比多式自恋是弗洛伊德所理解的社会团结的最重要纽带。其前提是，群体性要以保守性或者回归为前提，因为群体性维系的前提，是每个个体在催眠状态下回归到原初状态或者儿童状态。对于中后期的弗洛伊德来说，爱欲的概念并不能涵盖全部关于人之意志（will）的理解。如前所述，在《超越快乐之原则》中，弗洛伊德首次在爱欲的驱力之外，又提出了保守性驱力的概念。通过分析发生在儿童和神经症患者之中的重复性现象，弗洛伊德认为，他发现了一种从未被人提及的根本性东西，一种出于身体的器官生活内部、急欲回归原始状态的驱力。而这一驱力，是每个常人迫于日常生活的压力必须加以摒弃的。❶弗洛伊德并不否认这一发现对常识经验和精神分析的挑战性，因为我们通常只认可一种追求变化和发展的驱力，而现在却有了一种身体层面的"保守性"（conservative nature）表达。弗洛伊德从动物界找到了一些支持，比如洄游鱼类和每年迁徙的动物和鸟类，并认为这都是此种保守性的自然表达。而这种保守性的极限，就是无性别差异的单细胞状态及其单性／无性繁殖现象。

但是，人类社会的文明状态，显然不可能完全是保守性之功，而是不同因素共同作用的结果。这些因素使得回归原初状态的冲动转移至其他方面，使得它们在达到死亡目的之前，需要经历种种进程。这些在死亡关照下的进程，构成了弗洛伊德所谓的生活。因此弗洛伊德说："这些趋向死亡的迂回通路，由保守本能牢牢把控，

---

❶ Freud, S., "Beyond the Pleasure Principle", *P. F. L.*, Vol. 11, 1920/1984, pp.308-309.

在今天向我们展示了生活现象的画卷。"❶

　　弗洛伊德由此认为，自我保存的原则，比起这种死亡冲动来，其实只是次一级的驱力——它的存在，同样只是为了保证个体能够以各种方式，最终达到死亡的目的。正如它的存在，也是为了让个体能够以各种方式，最终获得快乐的满足一样。死亡和快乐都是身体的终极目标——但是自我保存原则的作用在于，在达到驱力的满足之前，设置一条迂回的通路。这也是弗洛伊德用来解释人在日常生活中趋利避害的理论依据。而自我的真正驱力就在于死亡驱力以及与其直接冲突的生之驱力（life instincts/drive），亦即弗洛伊德所理解的性驱力。如前所述，两性的区分是在后来才出现的，这里的性显然并非性别意义上的性，而是更为原始的生之驱力。这是弗洛伊德关于人性的二元论。弗洛伊德由此提出了一种完全不同于达尔文的人类学观点，一种对于"发展"这个概念的挑战：人的自然性不会随着时间的推移而达到越来越高的层次——哪怕人类文明的确是进化的，那也是多种因素共同作用的结果，绝非人的自然性单独导致。人的自然性本身不可能带来在文明程度上的进展和伦理道德上的升华。虽然少数人会成功使得自己的驱力升华——另一种去性化——从而为文化/文明带来巨大的成就，但是这类人毕竟是少数。在整体的意义上，对于神圣性的理解仍然要在爱欲之人的基础上进行。这一通路就是弗洛伊德在《群体心理学与自我的分析》之中所着力强调的群体性与保守性的紧密关联。对于弗洛伊德来说，重返童年状态，作为这一保守性的具体体现，确实成为西方文明中获得神圣性的通路。这一思路亦成为弗洛伊德的典型分析路径。这种通过回归性/儿童性来分析神圣性的方法，在1927年的《一种幻

---

❶　Freud, S., "Beyond the Pleasure Principle", P. F. L., Vol. 11, 1920/1984, p.311.

觉的未来》之中达到了高峰。

在弗洛伊德所有关于神圣性的讨论中,《一种幻觉的未来》这一文本居于核心位置,因为它将宗教置于人类的天性之中。❶在这部著作中,弗洛伊德继续从霍布斯的立场出发 ❷,在人与文明之间设立了强大的藩篱,将每个个体本身在实质上视为文明的敌人 ❸,也就是说,文明建基于对人之驱力的否认与挫败之上。❹伴随着个体的成长,这一藩篱还进而出现在人的灵魂之中,成为人格的基本结构即超我的部分。压抑从外在转变为内在抑制。在这一成长的过程中,个体的自恋受到侵害,伴随着压抑 / 抑制而产生了焦虑。然而这种状态是人之为人的必需,是个体获得自我保全的安全代价,人只能从其他的方面来寻求弥补。

关于人的这种弱小无助、受到挫折的状态,弗洛伊德提出的原型当然是童年状态。❺弗洛伊德首先将人的宗教需求视为人之为人的基本结构所带来的结果,将童年期的状态与欲求视为其原型。也就是说,弗洛伊德将宗教性视为了人之为文明人的基本性质:是压抑的基本结果,同时也是童年状态的再现。所以,弗洛伊德将宗教性置于每一个人的身上,认为这是由每个人的历史性(童年性)所促成的,具有普遍性。因为某些人可能未必会有后代,然而每个人都是其父母的子女。这一普遍的人类(儿童)状态构成了人之宗教性的来源。弗洛伊德在这部著作中深刻讨论了宗教这种幻觉的历史。这一历史扎根于每个人所具有的这种普遍性之中:"在儿童期,

---

❶ 盖伊,《弗洛伊德传》,第 192 页。

❷ Rieff, *Freud: The Mind of the Moralist*, New York: Anchor Books, 1959.

❸ Freud, S., *The Future of an Illusion*, P. F. L, Vol.12, Penguin Books,《1927/1985, p.184.

❹ Ibid., pp.184-185.

❺ Ibid., p.196.

无助这种令人恐惧的印象激发了对于——来自于爱的——保护的需求，而这种保护是由父亲所提供的。"❶在个体和群体的意义上，这种反应恰恰就是宗教的形成因素，因为弗洛伊德所理解的成年人，有着与儿童期同样的结构。关键并不在于这种观念是如何发展的，而在于这种观念是如何经由社会的力与个人之间的互动而产生的。

总结起来，弗洛伊德并不认为人类对于宗教的渴求和体验，可以从经验论或者先验论的角度来加以理解，而是将其视为一种"对于人类最古老、最强烈和最迫切愿望之满足"的幻觉。❷这是一种关于强大而无所不能的父亲的幻觉。幻觉来自人的愿望／欲望，是思考的基本形式。在这一基础上，弗洛伊德将宗教视为"人类普遍的强迫性神经症；和儿童的强迫性神经症一样，它也产生于俄狄浦斯情结，产生于和父亲的关系"❸。这一假定的前提是将儿童性视为与人的宗教性有密切关系的基本性质。与此相关的问题就是：弗洛伊德是如何从儿童性出发来理解西方文明历史上的神圣性的？

三、从儿童到神圣性

弗洛伊德对于儿童之性的理解令世人震惊。他对于儿童期的强调也同样为世人所熟悉。在其日常生活人类学式研究中，弗洛伊德首先关注到了世人对于儿童之性的遮蔽，并认为这是理解日常生活、历史和知识的重要切入点。因为存在着这种遮蔽，所以儿童关于性的理解和在后来在进入到生殖之性的世界中时，就出现了大量

---

❶ Freud, S., *The Future of an Illusion*, P. F. L, Vol.12, 1927/1985, p.212.

❷ Ibid.

❸ Ibid., p.226.

与现实的冲突以及作为欲望／愿望之满足的神圣幻觉。

在这一背景下，弗洛伊德通过把儿童理解为有性之人，打破了此前对于儿童的无性化理解，构成了对于西方文明传统的挑战，并且因此而使得这一西方传统之中的单性繁殖原则清晰地呈现出来。与此同时，弗洛伊德又将人类个体理解为在初生之时的单性。伴随着社会化进程，这一单性被社会同时形塑为男性气质和女性气质以应对不同的角色与社会情境，并最终以其中的某一种为主要精神气质。力比多是同性的，而每个个体都同时存在着两性气质。这是爱欲从个体性到群体性的基本可能，也是在弗洛伊德的理论中实现社会团结的基本可能。总结起来，弗洛伊德的理论中存在着两种单性／无性理论。一种是他对于欧洲文明史上的单性／无性现象的分析，这一分析以打破既有成见为线索，即打破儿童无性的传统成见；然而还存在着另外一种单性／无性理论：他对于人和神圣性的理解。这两种分析合在一起，才使得弗洛伊德成为关于人性的社会理论家。一方面，他的第一种分析揭示出了欧洲传统文明中群体（masse）获得神圣性和社会团结的方式；另一方面，他本人在分析从爱欲到神圣的运动过程时，也仍然以此为基本的原则。也就是说，这既是弗洛伊德分析欧洲文明的切入点，也是他自己的理论结构。

神圣儿童

在《小汉斯》这个案例中，小汉斯的恐惧症最早表现在不敢外出，后来又表现在对于长颈鹿和马匹的恐惧。在弗洛伊德的诊断中，这些恐惧真正的对象乃是汉斯的父亲。恐惧的原因在于小汉斯对父亲的敌意。在这个案例中，弗洛伊德通过小汉斯提出了对于弑父的人类社会解决之道：代际循环，或者毋宁说是历史本身。小汉斯最终将他的父亲安排给了祖母——如此一来，他就可以与母亲在一起了 ❶。这一针对俄狄浦斯情结的充满孩子气的解决之道固然不是人类社会的运行方案，但是所表达出来的代际差异逻辑则是相通的。因为在人类社会中，儿子最终会通过外婚制，通过生育自己的儿女而成为父亲。这是人类社会历史的基本结构，而这一基本结构的前提当然就是压抑性的乱伦禁忌。

不过，这个案例之所以重要，原因不仅在于其中对俄狄浦斯情结以及神经症最早期之萌芽的呈现，更在于其丰富性和复杂性。从中我们可以发现，乱伦禁忌只是对于性之禁忌的开始。人类社会对于性的禁忌并非仅仅局限在图腾氏族中。弗洛伊德以现象学的悬置态度说：

> 如果我们能够脱离自身的肉体性存在，作为一种纯粹的思维性存在——如外星生物——用一种全新的眼光来观察地球上的事物，那么最令我们震惊的，或许是这样一种事实：在人类之中存在着两种性别；尽管他们在其他方面彼此都十分类似，却用极其明显的外部符号，来标示他们之间的不同。❷

这是弗洛伊德揭示出的人类最习以为常却又熟视无睹的生活世界的思维结构。然而从一开始，这一结构在儿童的世界中并不存在。从常人/成年人习以为常的角度来看，儿童世界其实是一个极为"怪异"的景象。怪异之处在于，其主角与性和劳动经济没有任何关

---

❶ Freud, S., *Analysis of a Phobia in a Five-Year-Old Boy*（"Little Hans"）, *P. F. L*, Vol. 8, 1909/1977, Penguin Books, p.256.

❷ Freud, S., "On the Sexual Theories of Children", *S. E.*, Vol. IX, London: Vintage, Hogarth Press, 1959, pp.211-212.

系——这正是弗洛伊德婴儿理论的开始。弗洛伊德说，人们不仅仅认为儿童没有性别，同时还会主动地、不约而同地向儿童遮蔽这一人类的基本常识，认为这一常识会"玷污"儿童"纯洁无瑕"的心灵。这一儿童纯洁无瑕的形象，与欧洲文明中关于神圣的想象直接叠合在一起。其最为典型的代表就是圣子。在欧洲历史中关于圣子和天使的形象，都表达了这一基本的理念。在这其中，关于儿童神圣性主题的最重要故事"圣母始胎"就是最典型的体现。"圣母始胎"的基本意义在于，这一状态同时保证了圣母和圣子的神圣性。因为它是脱离于凡俗之性的单性繁衍状态，与伊甸园中亚当和夏娃的诞生状态同属神圣的类别。在这些形象中，一方面，孩童是有性别的；但是另一方面，孩童又是没有性别的。神圣性恰恰就表现在其有性别，但又不知/没有性别的状态，无知与神圣性之间产生了关联。而该形象以及成人对于这一常识的遮蔽，在欧洲文明史中最为典型也最为重要的表述，是在《圣经·创世记》中关于失乐园的记述里。

下页两幅拉斐尔的圣母像，特别典型地表达了上述状态。

如果我们将《圣经》开篇的故事与弗洛伊德的童年故事相比较，会发现这二者之间存在着类似的结构。"神圣天真"的童年，是尚未吞食知善恶果的状态，也是一种无罪的状态。这只是故事的一半，而故事的另一半即成长的过程极为复杂。这个被逐出伊甸园的亚当的后代，终究会成长为一个叫作俄狄浦斯的王子。不过，当对于快乐的满足从多形态性到了正常的社会生殖性的时候，即有了社会性，有了圣俗两分，有了（生殖器）中心和规训的时候，也就是人获得压抑/抑制之际。这一成长的过程漫长而充满了复杂的斗争，儿童必须在这一过程里，学会如何理性化地处理自己的冲动、快感和身体。这同时也是弗洛伊德眼中人类社会的成长史。

总结起来，我们可以从三个层面来理解这一历程。

拉斐尔《西斯廷圣母》（Sistine Madonna，1513—1514）（左）和《圣母子、圣哲罗姆与弗朗西斯》（Maria with the blessing child with Saints Jerome and Francis, 1502）（右）

第一，成年人视角中儿童多形态的性反常，即对于性的广义上的满足，被限定到严格意义上的以婚姻、生殖为目的的满足。弗洛伊德讨论儿童性欲的第一个特征，就是"没有中心区域"，而与此相关，性欲会附着于口腔和肛门等区域，与进食、排泄等活动相关。❶

由此看来，正常成年人的性和性满足，是对于儿童期人体性潜能的非自然限制。也就是说，成年人的正常性欲是一种文化现象，是狭义上的性。因为"性远非独立之事"❷。即使在成年之后亦是如此。对于弗洛伊德来说，各种症状都是性的表达。

第二，从万物有灵论到宗教时代的过渡，亦即向现实原则和生殖阶段过渡。作为理想类型的弗洛伊德式儿童，尚无法区分高低、

---

❶ Freud, S., *The Claims of Psychoanalysis to Scientific Interest*, 1913/1986, p.46.

❷ Ibid., p.47.

圣俗、洁净肮脏等社会学的经典分类，即还没有社会性，没有羞耻感，也没有良知与罪恶感。在此过渡之中，理性开始出现，意识开始试图掌握控制权。圣俗以及其他各种普通社会学的结构和分类体系开始出现。人和人类从巫术时代进入宗教和社会学的时代——尽管在弗洛伊德看来，理解这个社会学时代的秘密线索，实际上隐藏在它的史前时代之中。例如，弗洛伊德在"多拉"案例之中曾说过，

> （恶心）此种感情似乎最初是对排泄物的气味（随后同样是对景象）的反应。但是生殖器能够作为排泄功能的提醒者；并且这尤其适用于男性，因为那器官能够执行小便和性的功能。实际上，小便的功能是两者之中较早为人所知的，并且也是在前性阶段唯一所知的功能。因此恶心就变成了在性生活领域中感情表达的一种方式。**❶**

所以奥古斯丁的"人皆生于屎溺"（inter urinas et faeces nascimur）在此有了其社会学表达——尽管这一箴言，在后来的新教传统之中，有了韦伯所强调的另外一重社会学含义。

第三，从史前时代进入有历史的文明时代。无论是亚当夏娃，还是弗洛伊德笔下那天真无邪的童年期，都是没有历史的。《圣经》中的文明史，从亚当和夏娃被逐出伊甸园才开始。**❷**人作为个体的历史也是如此。无（良）知的状态，也是一种最为快乐的状态：处于襁褓之中的婴儿，尽管无比软弱，但是由于受到了父母的强大保护，体会不到严峻的社会现实，没有进入到政治经济学的世界，

---

❶ Freud, S., *Fragment of an Analysis of a Case of Hysteria (Dora)*, 1905/1977a, p.62.

❷ 在《圣经》中，亚当和夏娃是在被逐出伊甸园后，才"同房"，并"生了该隐"。在该隐之后，才是"文明的开始"（Beginning of civilization）。

他／她所接触到的，只有快乐的原则。而这个快乐的原则，又是以极为分散、无中心的状态呈现出来的。当人开始越界，开始打破戒律，遭遇到权力和现实原则的时候，既是原初的神圣性消失的时候，也是历史和文明开始的时候。不过，泛灵论和自恋并不会随着年龄的增长而消失，因为成年并不意味着童年期的消失：童年期是人的一个属性。亚当终究要成长为一个叫俄狄浦斯的王子，然而俄狄浦斯的首要属性，仍然是王子，即某个王的儿子。

从神圣到神圣

在弗洛伊德版本的梦之故事中，不仅包括了黄金童年那种尼采式超善恶的多形态性变态的状态，还足以令人想起"出伊甸园"的故事。

在伊甸园中，亚当和夏娃的神圣性表现于永生不死、无知无欲无求、超善恶和永远不须劳作。亚当和夏娃的这一神圣状态在"知善恶"后被终结。在这一故事中，知识一定是道德性的，即关于"善恶"的，接触某种知识必然进入特定的知识体系之中。驱逐这件事情意味着人与上帝之间的关系发生了实质的改变：人身上的神性开始消失——失掉了永生。在《圣经》中，这固然是进入社会和文明的路径，然而其代价却是死亡：死亡成为终极的现实原则。作为可朽之人，他的基本属性是劳作和生殖繁衍：一个是自我保存的必然，一个是可朽之人在世俗中绵延不朽的路径。正如柏拉图在《会饮篇》中所说："怀胎、生育是一件神圣的事，是会死的凡夫身上的不朽的因素。"❶不过，获得这条从爱欲到神圣的基本通路是有条件的：处理人与上帝之间的关系。

从亚伯拉罕到摩西等《圣经》中的诸多故事表明，若要获得救

---

❶ 柏拉图，《柏拉图对话集》，206C。

赎，亦即世俗可朽之人若要获得与神圣性的接触，就要遵循约定。而这一通过约定使得人进入到神圣状态的方法是割礼，也即象征意义上的去除性别，重返食知善恶果之前的早期状态。

割礼（circumcised）这个词同时具有清除罪孽和净化心灵（排除邪念）的作用。❶作为一种具有神圣性的仪式，割礼象征着去除性别以及对于一整套世界秩序（尤其是圣俗二分秩序）的认可和遵守。在弗洛伊德的理论中，割礼是一个来自父母的典型恫吓：在身体的所有部位之中，唯有生殖器不许触摸（touch），否则便要割掉它！这是儿童的第一个戒律，也是弗洛伊德理论中的第一个创伤。阉割情结作为人生的第一个戒律所导致的后果，意味着善恶在此和知道生殖之性联系起来，使得打破律令的冲动同时具备了道德意涵。这一伴随着家长 / 上帝的训令而出现的良知，明确表达为与自身的身体意识相关的自我意识。它首先意味着对于儿童之阉割威胁的实现。对于弗洛伊德来说，它是成人世界对于儿童最为严肃的政治性威胁。这一威胁的象征意义在于，只有通过去除性别的仪式，才能够进入一个成人道德秩序的世界 ❷，获得社会和文明的神圣性。这一威胁的原因当然在于多形态性变态的种种活动。所以假如割礼意味着认可和遵守，那么就必然伴随着良知的诞生，即这一对于罪行之认识的效力，一定基于自己的认识，而非出自教导。❸

只有在阉割情结之后，儿童才真正理解现实原则和此前的"神圣性状态"。割礼意味着儿童必然要从此前的神圣性进入另外一种关于"约"的神圣性。重要的是，通过割礼，他认识到自己是有罪

---

❶ 弗洛伊德，《精神分析引论新编》，第 67—68 页。
❷ 同上书，第 68 页。
❸ 弗洛伊德的英译本，正是在此种意义上可以被理解为被执行了割礼之后的德文版本。

的：割礼作为一种仪式，是对先前的那种自由、快乐的天真状态的极为严峻的惩罚，是混杂着痛苦和鲜血的——是生命之树的部分终结。然而作为补偿，他与上帝／社会的距离，通过割礼、通过去除性别，而再度接近了。

不过，对于阉割情结的理解还不止于此。阉割／割礼的心理作用还有另外一层：无论在《圣经》的故事里，还是在现实生活之中，触摸这一点都极具进一步讨论的意义。知善恶果不可触碰，在弗洛伊德的思考之中，这明显是一种塔布的特征：既神圣又邪恶。这既是多形态性变态的特征，也是儿童／原始语言或梦的语言的特征——同时具有截然相反的两种性质。所以亚当不能触摸知善恶果，因为知善恶果是他自身的象征。不可触摸意味着无知，亦即不可反思。不可触摸这个戒律，表面上看起来，的确是对于亚当的保护，因为无论原因是什么，只要有了触摸，那就意味着黄金童年期的结束和恐惧的开始，就意味着罪感和良知的同时出现。这一戒律所假定的上帝形象，亦即韦伯笔下的《旧约》之上帝形象，是一个全知全能和残暴嫉妒、冷酷无情的形象。这是弗洛伊德将犹太教视为一种父亲宗教的前提。

而这种形象必然带来反抗——俄狄浦斯情结。在弗洛伊德的理论之中，阉割情结与俄狄浦斯情结之间的关系非常复杂。一方面，阉割情结形成的一个重要因素就是俄狄浦斯情结；而另一方面，俄狄浦斯情结又具有相当的独立性和影响力，并不完全包含于阉割情结的范围之内。对于俄狄浦斯情结的理解要从其两个核心组成部分入手。这两个部分也就是儿童在产生了对世界的疏离感认识之后，用以处理与世界之关系的两种方式：认同（identification）和客体选择（object choice）。

认同的基本动力机制来自想要变成父亲、和父亲相似的欲求。

从儿童的角度来说，父亲意味着道德秩序、全知全能、喜怒无常、嫉妒成性和神圣不朽。这一认同是在离开了黄金的幼年时期，开始区分清楚快乐原则与现实原则的不同之后，新的追求不朽的愿望／欲望，是巫术性自恋的新表达，无论在肉身的意义上还是在社会的意义上都是如此：

> 一个小男孩会对他的父亲表现出特别的兴趣；他会像他那样成长，成为他那个样子，并且在任何地方占据他的位置。我们可以简单地说，他将他的父亲作为理想。这一行为绝非是对其父亲（以及对一般男性的）的消极的或者女性的态度；相反，这是典型的男子气概（masculine）。它与俄狄浦斯情结全然相洽，并为其准备好了道路。 ❶

父亲意味着拥有母亲。所以对于父亲的认同，在与客体选择结合在一起的时候，意味着爱恨交织的感情：对于父亲的羡慕、嫉妒、恨——要取代父亲的位置。所以，"阉割情结所粉碎的是对死亡问题的一种儿童式的解决方法" ❷，所打破的是儿童式的不朽巫术。但是当这一巫术被打消之后，儿童对于死亡的焦虑和不朽的追求并不会停止，只不过会以更为接近现实原则的方式来实现，而这一实现则主要体现为在现实或者观念之中对于父亲的反抗。

而从父母方面来看，也恰好有着一个相对应的过程。孩童成为父母追求不朽的欲望／愿望的新表达，因为孩童意味着父母之可朽生命的不朽延续，无论在肉身的意义上还是在社会的意义上都是如此：

---

❶ Freud, S., *Group Psychology and The Analysis of the Ego*, P. F. L, Vol.12, Penguin Books, 1921/1991, p.134.

❷ 诺曼·布朗，《生与死的对抗》，冯川、伍厚恺译，贵州人民出版社，1994，第106页。

孩童将要完成那些父母一相情愿的梦想——那些他们从未实现的梦想：男孩要成为伟大人物，要成为他父亲领地上的英雄 [an Stelle des Vaters]；女孩要嫁给某位王子，要成为她母亲迟来的代偿……父母之爱，如此感人，而究其根本又如此孩子气——不外是父母自恋的故态重萌而已。这一被转化为客体之爱的自恋，明白无误地表明了其早先的性质。 ❶

儿童的安全感只有通过父母才能实现，父母的安全感也只有通过子女才能实现。"在自恋最为脆弱的一点上，即在自我的不朽性问题上，安全感只有通过逃向子女才能获得。父母之爱不是别的，而仅仅是父母身上再次萌生的自恋倾向而已。" ❷

重点在于，这种双方彼此的自恋，都是以对于对方的无性化这一运作逻辑来实现的。而在具体的现实和历史中，性的问题被弗洛伊德转换成一个更具童年期特征的表达方式：吞食。吞食是一种更为（现象学式）直观地表达无性化繁殖原则的方式。这一观念上的弑父，在欧洲历史上有许多象征性的表达。在弗洛伊德看来，其中最具有历史意义的，莫过于从犹太教到基督教的演变。前者作为一种父亲宗教，核心仪轨是阉割/割礼。而后者作为一种没有割礼的重要宗教，取消了犹太教那种全知全能和残暴嫉妒、冷酷无情的耶和华形象，代之以其悲天悯人的儿子形象。一方面，这一儿子的神圣性来自其有性而无性，也就是既在世俗之中，又超脱于可朽状态的神圣性；而在另一方面，对于弗洛伊德来说，这种儿子宗教最显著的特征，就在于儿子坐在了父亲的位置上。相较于《旧约》中

---

❶ Freud, S., "On Narcissism: An Introduction", *P. F. L.*, Vol.11, Penguin Books, 1914/1984, p.85.
❷ Ibid..

割礼的重要意义，在基督教之中，这一仪式不见了，取而代之的是圣餐礼。弗洛伊德说：

> 基督圣餐的仪式重复着古老图腾宴的内容。在这种仪式中，信徒们分享着那位救世主的血和肉。毫无疑问，这只是表现了它的情感意义，表达了对他的崇拜，而不是表现其攻击性意义。不过，支配着父子关系的那种矛盾心理在宗教革新的最终结局中明显表现出来。表面的目的是向那位父亲赎罪，最终却把他废黜并驱赶下台。犹太教曾是一种父亲宗教，而基督教则变成了一种儿子宗教。那位古老的上帝，即父亲，落在了基督的后面；而基督，即那位儿子，则取代了他的地位，就像在原始时代每一个儿子都希望做的那样。❶

从阉割情结到俄狄浦斯情结意味着从犹太教到基督教的过渡。这种从父亲宗教向儿子宗教之过渡的实质，是从父亲对儿子的割礼要求转向了儿子针对父亲的弑父要求。从泛灵论时代的神圣天真到开始认识父亲并认同父亲和弑杀父亲，这是一个混杂着泛灵论和宗教时代的过程，也是历史和文明发端的时代。弗洛伊德认为，这个故事几乎是人类历史上所有英雄的形象。各种文化/文明之中所流传着的英雄的几个普遍特征都与此有关：从作为一个儿子的苦难童年（被遗弃）开始，到明白自己身世之后受压抑的艰难成长史，到这一成长的巅峰，即通过反抗权威而认同和成为权威。这一过程也意味着从一神教向隐秘的多神教过渡，意味着一种隐秘的社会契约论出现的过程。基督教的历史堪称漫长的潜伏期。这个潜伏期一直

---

❶ Freud, S., *Moses and Monotheism*, P. F. L, Vol.13, Penguin Books, 1939/1985, pp.250-251.

持续到新教，才有了严苛无常的新上帝的再度出现。事实上，无论是圣餐礼还是洗礼，抑或是耶稣基督复活的神话，都深刻表明了处于俄狄浦斯阶段的童年，在阉割情结的背景下，对于死亡焦虑的对抗和不朽的追求：通过弑父来完成。所有这些灵魂运动的机制，最终都可以归于从爱欲到神圣的单性／无性繁殖这一原则。

四、余论：关于诸种讨论的奠基问题

爱欲与神圣性以及一般意义上的单性繁殖问题，在近年来似乎成为东西方学界各学科不约而同的兴趣。这固然是因为该研究领域首先是西方近现代政治与社会思想中最为重要的领域之一。所以将这一理论与其他的经典社会理论进行比较，我们会有许多富有意义的发现。在这一方面，吴飞在其 2017 年的新著《人伦的"解体"：形质论传统中的家国焦虑》一书中集中讨论了弗洛伊德的核心命题。吴飞将对于这些核心命题（如俄狄浦斯情结、乱伦禁忌等）的理解置于现代性传统的发生学研究中，也在中西比较的高度上重新梳理了母权神话、乱伦禁忌和弑父情结的思想史流变过程，力图从形质论的角度来理解人伦的传统在现代意义上所受到的挑战、误读与遮蔽，以及由此所带来的与中国百年来的现代性历程相关的理论和现实思考。

本章无意于从中西文化比较的角度来切入讨论，而是力图将讨论限定在弗洛伊德的工作范畴内，希望仅从其工作入手来理解西方文明传统之中的爱欲与神圣之间的单性繁殖原则问题，以理解弗洛伊德的"灵魂"。在弗洛伊德的理论中，将神圣性落实在与身边之人的契约关系之上，这是一个人之为人的基本可能性。毕竟，一个人的历史性，是具体落实在他／她的父母身上的。有父母的人，才有活生生的历史。失去父母的人，无论年龄多大，都是孤儿。在另一面向上，一个普通人能够成为历史，则有赖于他／她在婚姻之中的约定，以及在此约定下诞生子女所代表的永生绵延。有子女的普通人，才会成为历史。在这个意义上，无父无母的孤儿形象，本身就是一种具有革命气质的现代性形象。不过这一孤儿形象虽然要求去除父母，却也必须面对本身成为历史的问题。在社会理论的传统中，这是卢梭的爱弥儿（以及所有现代革命者）所要面对的终极问题之一。论述到这里，已不分中西和古今。

　　不过，就具体学术性而言，我们还是要为讨论做一个最终的奠基。这一奠基在何种意义上是可能的？在《灵魂的家庭经济学》一书中，奥尼尔似乎为我们提供了一种可能性。他将这一原则与欧洲文明史的内在发展联系在一起，认为欧洲文明发展史的基本原则也就是单性繁殖原则。❶无独有偶，在 2017 年出版的《家与孝》一书中，张祥龙也集中讨论了单性繁殖问题。他将乱伦禁忌与单性繁殖联系在一起，视为理解中西文明差异以及展开讨论的原则。在张祥龙看来，乱伦作为希腊宗教、神话与西方早期哲学的基本内容和特征，一方面就是单性繁殖原则在世俗世界的表现，而另一方面，又与世界起源的神圣性有直接的关系。然而，这一原则却并非世俗之人所能"触摸"，而是神的专属，与世俗之间存在着"异质性"，如此才会出现悲剧式的俄狄浦斯故事。

　　张祥龙更进一步，从情欲之爱进入了"思考"的范畴。因为介于人与神之间的是哲学，即另外一种以可朽的（mortal）形式追求不朽的方式。他认为，这种追求就是古希腊早期哲学到柏拉图一以

---

❶ 奥尼尔，《灵魂的家庭经济学》，第 4 页。

贯之的方式，尽管到后来隐约有所改变，该特征却非常明显。张祥龙因此得出了一个基本结论，即西方追求无性化永恒的这种努力过程，是通过性别的方式进行的。❶而当这种方式发展到数学式纯理性思维时，这一从有性追求无性之根源的努力就达到了顶峰。而这一过程只能是一种乱伦／无性繁殖的过程，"这既是其高深、纯粹的地方，也是其病态和埋伏危机的地方"❷。

不过，奥尼尔和张祥龙从现象学传统中发现这一问题域并展开讨论的工作，却似乎都忽视了这一讨论更为核心的基本假定，并没有能够找到一个展开讨论的基础。这一基础并不在于现象学或精神分析自身，而在于他们所共同接近的某种欧洲思想史传统：对于存在的现代性理解。这一理解以海德格尔为代表。尽管海德格尔对于弗洛伊德的批评极为严厉❸，但是也曾明确表示希望通过他关于此在的存在论分析而为弗洛伊德的思想进行奠基。❹

然而这一奠基有其显然的困难，因为海德格尔从未讨论过性别问题。❺这一沉默意味着什么？表面上看起来，它似乎是意味着存在论层面并不涉及性别问题，"性差别并非实质特性，并不属于此在的生存结构"❻，不能够引导我们理解存在域的诸种结构。❼然而，对于德里达来说，这样的理解只是一种开始，"对于此在的生

❶ 张祥龙，《家与孝：从中西间视野看》，生活·读书·新知三联书店，2017，第 163 页。
❷ 同上书，第 172 页。
❸ Askay, Richard and Farquhar, Jensen, *Apprehending the Inaccessible*: *Freudian Psychoanalysis and Existential Phenomenology*, Evanston, Illnois: Northwestern University Press, 2006, pp.190-191.
❹ Ibid., p.197.
❺ Derrida, Jacques, *Psyche*: *Inventions of the Other*, Vol. II, ed. by Kamuf, Peggy and Rottenberg, Elizabeth, California: Stanford University Press, 2008, p.7.
❻ Ibid., p.10.
❼ Heidegger, Martin, *Being and Time*, trans. by Macquarrie, John & Robinson, Edward, Harper San Francisco: A Division of Harper Collins Publishers, 1962, p.29.

存论分析只能从基础本体论的角度进行"❶。在这个意义上，此在（Dasein）正是德里达研究性差别问题的入手之处。原因无他，因为在海德格尔那里，此在这一永远不停地反指自身的概念的选择，本身已经表明了性的差别在思考中的存在。海德格尔曾在马堡讲座中说过，他在《存在与时间》一书中不选用"人"（man/Mensch），而选用此在这一概念的原因，就在于此在意味着中和性（neutrality）。❷这一中和性意味着一种无性化的（Geschlechtslosigkeit）在那里（being-there）。所以海德格尔才会说，作为"哲学基本课题的存在，并非指存在者的类别或种属（class or genus/Gattung）之分"❸，而是意味着在原初层面上的积极性（primordial positivity/ursprüngliche Positivität）与实质的强力性（potency of the essence/Mächtigkeit des Wesens）。❹

所以，我们的工作实际上只是一个开始，因为在这一基础上，对于弗洛伊德的力比多和爱欲这一类概念的理解，还需要对从尼采和叔本华而来的传统以及这一传统与存在主义现象学之间的实质性关联有更为明确而具体的思想史分析。❺单性的问题最终或许还要落实在无性的思考之上。如上所述，这一分析的基础可能是存在论性质的，然而这些分析的领域，也即从有性到无性的运动过程，则进入了社会理论和政治理论的范畴。

---

❶ Derrida, Jacques, *Psyche: Inventions of the Other*, Vol. II, 2008, p.10.

❷ Ibid., p.11.

❸ Heidegger, *Being and Time*, 1962, p.62.

❹ Derrida, Jacques, *Psyche: Inventions of the Other*, Vol. II, 2008, p.14.

❺ Henry, Michel, *The Genealogy of Psychoanalysis*, trans. by Brick, Douglas, Stanford, California: Stanford University Press, 1993.

第 4 章

社会官能症初探[1]

> 官能症的理论就是精神分析自身。[2]

本章希望通过社会学的视角，基于思想史的努力而重新理解弗洛伊德的核心概念"官能症"。弗洛伊德对这一概念的讨论本身具有极强的社会学性质。不过，由于弗洛伊德缺乏对于现代社会的理论性解读，所以，对这一概念现代性意涵的进一步探索，将需要借助精神分析运动与马克思主义传统以及存在主义现象学的结合而加以开掘。

这一开掘有其根基或者说依据：弗洛伊德关于癔症的理解，本身就带有极强的社会、政治与历史性，而从他的癔症理论到后来的官能症理论，其基本内涵也是将症状视为社会、政治与历史的表

---

[1] 本章删节版发表于《社会学研究》2012 年第 6 期。本章中，对于 Neurosis 这一概念，我使用了"官能症"这一翻译。北京大学社会学系李康老师曾建议我使用"官能征"，以便更好地面对中文语境下的日常分析，并且力图在中文思考中破除身心、内外主客方面的二分。这一建议我已在一篇书评中使用。但是若要明确在中文中使用这个概念，我认为尚需对"症"和"征"的语意差异做更为详细的分析。

[2] Freud, S., *Introductory Lectures on Psychoanalysis*, 1916-1917/1991, p.426.

达，并通过将症状放置回这些背景中来理解患者。

在思想史上，对弗洛伊德这一方面的研究已经富有成效。历史学家卡尔·休斯克（Carl E. Schorske）曾经在对 19 世纪末维也纳的研究中提出，弗洛伊德的精神分析工作，与其成长过程中维也纳的社会变迁及政治思潮有着密切的关系。❶休斯克认为，弗洛伊德在 1900 年发表的《释梦》中，频频提到自己的幼年，通过梦的经验将自己幼年的愿望带入 20 世纪初的维也纳，实际上是对他在童年时代身处其中的维也纳自由主义政治氛围的美好回忆和向往。不过，以《释梦》为起点建立起自己精神分析王国的弗洛伊德，通过梦的解释所表达出来的意图，绝非仅限于此。正如休斯克本人所说，在彼时的维也纳，弥漫着一种"求新"的精神状态，无论在建筑、艺术还是哲学上，都有一种超越前贤的冲动，其中弗洛伊德堪称代表。

休斯克在《世纪末的维也纳》一书中，将弗洛伊德关于梦的理论与 19 世纪后半叶维也纳的政治局势、社会变迁及弗洛伊德本人的政治观结合在一起进行考察，这一做法并不罕见。麦克格雷也将弗洛伊德对于癔症的思考与欧洲的历史以及当时的"反教权运动"（anticlerical compaign）关联在一起思考，发现在性的问题上，弗洛伊德早期明显有着将癔症与中世纪文化关联起来进行理解的特点 ❷，但是这一理解并不充分。弗洛伊德首次使用审查（censorship）这个概念是在《癔症研究》中 ❸，他明确将这一概念与古罗马的审查官（censor）——决定将某些议案交给元老院（Senate）的人——联系

---

❶ 卡尔·休斯克，《世纪末的维也纳》，李峰译，江苏人民出版社，2007。

❷ McGrath, W. J., *Freud's Discovery of Psychoanalysis: The Politics of Hysteria*, 1986, p.165; Decker, Hannah S, *Freud, Dora, and Vienna 1900*, 1991.

❸ Freud, S. and Breuer, Joseph, *Studies on Hysteria, P. F. L.*, Vol. 3, 1895/1955, p.352.

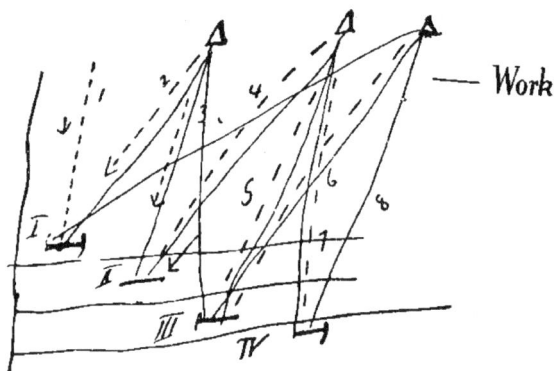

弗洛伊德，《精神分析的起源》，
《致弗里斯的信，草稿与笔记：1887—1902》，第 247 页[1]

起来进行理解。所以，弗洛伊德后来在《释梦》中，将梦的审查机制与现代政治的审查制度联系在一起的做法，其实并非他最原始的比喻。

在早期，尤其是《癔症研究》阶段，弗洛伊德还必须努力走出布洛伊尔的影响，也就是关于创伤和引诱的理论，这是他在后来的回忆中 [2]所说的事情，因为布洛伊尔更加强调遗传对于癔症的影响，认为创伤只是次级的病因。不过，在这一阶段，弗洛伊德对于癔症的理解，已经开始呈现出非常清晰的现实经验的影响。在 1897 年 5月 2 日致弗里斯的信中，刚刚游历纽伦堡的弗洛伊德认为自己已经获得了关于癔症的结构性理解，并在信中将其图示出来。

麦克格雷将弗洛伊德所画的结构图与纽伦堡的中世纪建筑群进行比照，认为前者在结构甚至功能上受到了纽伦堡城市结构的影

[1] Bonaparte, M., Freud, A., Kris, Ernst, ed., *The Origins of Psycho-Analysis*, *Letters to Wilhelm Fliess*, *Drafts and Notes: 1887-1902*. Trans. by Mosbacher, Eric and Strachey, J., New York: Basic Books, 1954. p.247.

[2] Freud, S., *On the History of the Psychoanalytic Movement*, 1914/1986, pp.61-80.

中世纪纽伦堡。转引自 McGrath，W. J., *Freud's Discovery of Psychoanalysis*：*The Politics of Hysteria*，1986，p.193

响。**❶**在弗洛伊德的结构图中，代表幻觉的每一个尖顶的上方都有一个小三角，象征某种癔症的症状，麦克格雷认为这有其类比上的来源，因为众多关于中世纪纽伦堡的图像都表明，各类城堡的塔顶，都竖立着旗帜形状的风向标。这些城堡，许多时候是用作防御的，同时表现了当时的文化、政治与社会实在，因此被作者认为更适宜于弗洛伊德表达他关于癔症的理解 **❷**，这种理解不仅是结构性的，更是功能性、机制性的。

其次，麦克格雷认为，弗洛伊德在这封信中，用"癔症建筑"（the architecture of Hysteria）总结了他对于神经症性质的理解，这一名称不仅表明了他在纽伦堡看到的中世纪建筑带给他的灵感，而且还表明了他在巴黎所受到的沙可（Charcot）等人的影响。**❸**沙可在

---

❶ McGrath, W. J., *Freud's Discovery of Psychoanalysis*: *The Politics of Hysteria*, 1986, p.193.

❷ Ibid., p.192.

❸ Ibid., p.153.

第三共和国属于左翼，与左翼政治家过从甚密，不仅如此，他关于癔症的理解中充满了政治性，如反教权主义 ❶，而这是弗洛伊德非常欣赏的一点。❷换句话说，19 世纪后半叶沙可等人在巴黎关于癔症的工作，实际上有着清晰的政治性，并且影响了弗洛伊德。

尽管如此，在《癔症研究》（ *Studies on Hysteria* ）一书中，弗洛伊德还是表达了与他的导师，包括与布洛伊尔和沙可之间的不同。这一不同体现为弗洛伊德在上述方面更为激进：他并不想做一名纯粹意义上的"现代医生"。当现代医学将人的身体彻底客观化，并以此作为医学进步的表征之时，弗洛伊德却发展出一种在现代医学看来是特立独行的治疗方式：力图将患者的身体重新放回其文化和历史中，从患者的生活史和经验中发现疾病的意义，通过叙述来达到自我的重新理解和发现，并实现治疗的目的。在这个意义上，弗洛伊德最初的诊所工作，就已经清楚地展现了身体社会学的实质。不过，这一理论的社会学意涵，要从其关于人的主体类型学开始考察。

一、弗洛伊德的人类疾病

弗洛伊德的主体类型学

自然的欲望，即来自肉体自身的欲望之正当性，在启蒙的时代里被重新提了出来。这一正当性的要求与社会之间的关系及其引发的各种自我认同和道德秩序等问题，在 19 世纪末 20 世纪初，不仅成为普通人日常生活中直接面对的主题和焦虑来源，亦为知识分子

---

❶ Goldstein, Jan, "The Hysterical Diagnosis and the Politics of Anticlericalism in Late Nineteenth-Century France", *Journal of Modern History*, 54, June 1982, pp.209-239.

❷ McGrath, W. J., *Freud's Discovery of Psychoanalysis: The Politics of Hysteria*, 1986, p.155.

们的核心关怀之一。正如霍尔巴赫所言，如何能够将道德建基于我们的"本性""需要"，以及社会所提供的"真实的利益之上"[1]？

这既是弗洛伊德置身其间的世界，也是弗洛伊德的提问所在。1892 年，弗洛伊德就已经自视为整个社会的医师[2]，不愿再做一个纯粹的"现代"临床医生，将疾病局限于诊所之内，而是力图把患者的身体重新放回其文化和历史中，从患者的生活史和经验中发现疾病的意义，并由此出发来考察现代社会。在他对于现代社会的诊疗之中，官能症这一考察概念无疑具有关键地位。这是一个可以将其精神分析学说串联起来的核心概念，弗洛伊德甚至明确强调："官能症的理论就是精神分析自身。"[3]

对于弗洛伊德来说，官能症的诸种病症，正如梦作为理解无意识的皇家大道一样，乃是理解向来被智识阶层视为理所当然并因而忽视的日常生活符号，也因此成为理解现代灵魂机制的必经之途。弗洛伊德所力图揭示的，并非不正常或者正常的灵魂机制，而是使得二者都成为可能的个体灵魂生长机制，所以弗洛伊德所揭示的，不仅仅是一种现代性疾病的逻辑，而是一种现代的主体发生学逻辑。

在弗洛伊德的工作中，有四个因素可以用来理解官能症。在讨论这四个因素之前，我们先从弗洛伊德的思想发展入手，做一个概念梳理的基本工作。

弗洛伊德对于官能症的首次重要讨论发生在 1895 年。在这一年的《科学心理学大纲》中，弗洛伊德清楚地表明，他要将心理学

---

❶ 霍尔巴赫，《自然的体系》，管士滨译，商务印书馆，1964，第 7 页。

❷ 盖伊，《弗洛伊德传》，第 73 页。

❸ Freud, S., *Introductory Lectures on Psychoanalysis*, 1916-1917/1991, p.426.

科学化。这一科学化有两个目标：引进量化观点，以及寻找一般的心理规则。通过将这两个原则应用于对官能症的讨论，弗洛伊德集中分析了焦虑性官能症（Anxiety Neurosis），以便区分清楚在心理学史上某些一直与神经衰弱症（neurasthenia）相混淆的症状。此时，弗洛伊德尚未采纳无意识的观点，但是已经发现了性的因素在理解焦虑性官能症方面的重要性 **❶**，并且开始区分"肉体上的性兴奋"（somatic sexual excitation）和"性的力比多，或者心理欲望"（sexual libido, or psychical desire）这两个在他后来的思想体系中层次根本不同，但最常为人混淆的概念。弗洛伊德发现，焦虑性官能症的机制，存在于"肉体性冲动在心理学领域中的偏离以及随之发生的这一冲动的非正常表现" **❷**。

在这一分析中，出现了弗洛伊德后来称为"自我驱力"与"性驱力"这两者之间互动机制的初步框架，即同时考虑到了症候学（symptomatology）**❸**和病原学（aetiological）**❹**的思路："焦虑性官能症实际上是癔症的肉体对应物。" **❺**

大约十年之后，在 1906[1905] 年，弗洛伊德开始直接使用"癔症性官能症"（hysterical neurosis）这一概念，并将其列为诸种官能症之一。这时他已经发现了性的因素在官能症当中的重要性。在

---

❶ Freud, S., "On the Grounds for Detaching a Particular Syndrome from Neurasthenia under the Description 'Anxiety Neurosis'", *P. F. L.*, Vol. 10, 1895/1979, p.50.

❷ Ibid..

❸ 失序的身体表象。

❹ 正是从这里开始，弗洛伊德的探索超越了 19 世纪末在欧洲颇为流行的心理主义的特征：一种机械式的身心关联模型（盖伊，《弗洛伊德传》，第 138—139 页）。从此，弗洛伊德成功地证明了身体与世界这一关联的复杂性，并因此而居于现代身体理论的核心地位。

❺ Freud, S., "On the Grounds for Detaching a Particular Syndrome from Neurasthenia under the Description 'Anxiety Neurosis'", *P. F. L.*, Vol. 10, 1895/1979, p.63.

其《性学三论》的第一篇中，弗洛伊德说："我所有的经验都表明，这些官能症都基于性的冲动力。"[1]

到了此时，弗洛伊德对于官能症的研究，连同正在逐渐呈现的精神分析理论，已经开始思考后来现象学所提出来的"生活世界"和"生活史"这两个方向[2]，并细致而成功地将这两种现代性个体存在的维度，在身体之上体现了出来。一方面，他认识到了"幼年早期细微的性经验"可能会成为"毕生之久"的癔症性官能症的原因；另一方面，他也注意到了在一种被视为正常机制的社会与个体的性（sexuality）之间的冲突在官能症形成机制中的作用。这两点都在后来他对于文明与官能症的考察中，成为主要的思考线索。

幼年经验与性之间的关联成为弗洛伊德后来一直坚持的基本前提。到1910年代，弗洛伊德在授课演讲中，已经根据他的"移情性官能症"（transference neurosis）的研究[3]，构建出官能症的理论框架。这一理论的核心内容是："官能症诸症状，乃是性满足的替代物。"[4]如何理解"性"这一概念？如前所述，弗洛伊德将其首先视为人之存在的基本可能性与动力的力比多之运动。由此出发，在弗洛伊德那里，官能症与梦以及日常心理病理学现象一样，成为研究人类被压抑／抑制的隐秘心灵的三条道路之一。正是基于这一判断，诺曼·布朗认为，弗洛伊德实现了普通的正常人和所谓的"官能症患者"的同构：由于梦、日常心理病理学现象和官能症诸种症

---

[1] Freud, S., *Three Essays on the Theory of Sexuality*, P. F. L., Vol. 7, 1905/1977b, p.77.

[2] 如前所述，弗洛伊德曾经是布伦塔诺的学生，而且他自己的许多工作也与同学胡塞尔的现象学存在着亲和力，如前文提及内在真实性与意向性这一概念之间，以及精神分析的方法论与胡塞尔的"悬置"这一现象学核心概念之间的亲和力。我认为，使用这两个概念来概括弗洛伊德的思考取向的做法值得一试。

[3] 在弗洛伊德看来，移情性官能症，包括焦虑性癔症（anxiety hysteria）、转换性癔症（conversion hysteria）和强迫性癔症（obsessional hysteria）。

[4] Freud, S., *Introductory Lectures on Psychoanalysis*, 1916-1917/1991, p.342.

状有着共同的生成逻辑，所以官能症并不是区分多数人与少数人的界限，而是关于人的普遍类型学。**❶**不过这一生成逻辑，还需要从个体的发展史那里来获得。

力比多的社会性表达，即它的生殖性，不外乎正常与非正常两种。通过发现不正常的性——性倒错（perversion）——在幼年性经验那里的根源，弗洛伊德进一步强调了幼年阶段的重要性："倒错的性不外乎是放大了的幼儿期的性分裂发展成其不同的冲动而已。"**❷**在弗洛伊德看来，无论是倒错的性，还是符合社会规范的性，都是从幼儿期的性——个人身体发展的史前史——发展而来。区别在于，正常的性是通过清除自身某些与社会规范无关或者违逆性的特征，并"将其余组织起来"**❸**——通过这一方式，幼儿时期的性最终将达到一种社会认可的功能：生殖，或与之相关的性表达。

在这个时候，弗洛伊德已经开始使用力比多的概念来描述和分析他之前对于官能症的理解。**❹**在弗洛伊德看来，作为理解性以及官能症的核心概念，力比多仍然是一个历史性概念——作为力比多功能的性生活，需要伴随着个人的成长史，经历一系列的发展阶段。在这一系列阶段的最终，就是上述所谓社会认可的功能：生殖。而在这一进程的最初阶段，"性冲动"与其"客体"之间的关系为个体带来了生命史中的首次心理抑制（psychical repression）。这也是个体俄狄浦斯情结的开始：孩童的母亲成为他第一个性欲对象。换句话说，作为个体存在基本驱动力的力比多及其在身体层面的表达，并非自发现象，而是随时与家庭和社会的规训交织在一起、互有冲

---

❶　Brown, *Life Against Death: The Psychoanalytical Meaning of History*, 1985.

❷　Freud, S., *Introductory Lectures on Psychoanalysis*, 1916-1917/1991, p.352.

❸　Ibid., p.365.

❹　Freud, S., "Types of Onset of Neuroses", *P. F. L.*, Vol. 10, pp.115-128; Penguin Books, 1912/1979, p.119.

突与妥协，个体则在这一过程之中不断成长起来。对于这一二元论的集中表达，存在于弗洛伊德重新诠释的俄狄浦斯神话中。

不过，对于这一神话的重新解读，是建立在前述弗洛伊德对于人之心灵的科学化理解的基础上的。在弗洛伊德看来，这一理解有四个方面。

理解官能症的四种因素

首先就是人在日常生活中"被剥夺了满足其力比多的可能性"[1]。这是官能症在"挫败"方面的原因。也就是说，个体无法在外部世界获得满足，也找不到替代物。力比多由此逐步累积，导致个体感受到张力（tension）。官能症的诸种症状，正是"被挫败的满足"的替代物。这些症状也由此获得在个体生活世界里的历史维度——正如弗洛伊德所说，症状的意义，就在于"与患者经验的某种关联"之中。弗洛伊德在其《性学三论》中指出，个体和社会对于力比多这样一种强大的非理性力量的处理，呈现出三种结果：变态（Perverse）、抑制以及升华。而抑制，作为最重要和最普遍的一种结果，是绝大多数人共有的命运。

理解官能症的第二个因素也与力比多有关。在个体成长经历的某个片段之中，"力比多的执着（fixation/Fixierung）迫使它进入某些特殊的方向"[2]。这一执着首先被理解为某一种创伤性的（traumatic）经验。创伤性执着指向了个体不能处理某种"过分强大的"经验。换句话说，个体在其生活史中所经历的创伤，使得个体在存在和意义的维度上无法自相融洽。一般而言，力比多的执着发生在幼儿

---

[1] Freud, S., "Types of Onset of Neuroses", *P. F. L.*, Vol. 10, pp.115-128, Penguin Books, 1912/1979, p.389.

[2] Freud, S., *Introductory Lectures on Psychoanalysis*, 1916-1917/1991, p.397.

期。弗洛伊德在这里提出了令当时的布尔乔亚文化绝无可能接受的观点：幼儿性欲（infantile sexuality）。

但是这还不够。在布洛伊尔的帮助下，弗洛伊德表明，症状的意义需要从无意识进程中去寻求。而且，"症状的无意识意义这一事实，与其存在的可能性之间，有着必然的关联"❶。

弗洛伊德的这一主张，与他一直坚持并反复证明的观点密不可分：无意识的存在。对他来说，启蒙以来欧洲思想运动的基本柱石之一，即意识（我思）的可靠性，实际上有极大的问题。弗洛伊德提出了两种极为大胆的观点。首先，"意识可能不是精神进程中最为普遍的性质，而只是其中的一种特别的功能"❷。其次，他以著名的骑手与马的比喻表明，意识与无意识之间在力量上有着巨大差别。❸这意味着，对灵魂的理解要远超过"意识"的范畴。在弗洛伊德看来，受到约束的神经状态（the bound state），作为第二进程，是属于意识的，而大量不受约束、属于无意识范畴的来自身体内部的"冲动"，是身体的初级进程（primary state）。不过，初级进程在生活之中必然不能被完全满足，这样不满的欲望与某些创伤性的经验，在被抑制（repressed）进入无意识之后，会以遗忘的形式被遮蔽。但是遗忘并不代表消失。弗洛伊德在此提出了与康德相左的观点：无意识的精神进程是无时间性的（timeless）。康德认为，时间与空间乃是"思想的必要形式"，但是在弗洛伊德看来，时空不过只描述了感觉意识的特点，而无意识并"不是按时间次序排列的，即时间不会以任何方式改变它们，时间的概念也不能用在它们之上"❹。

---

❶ Freud, S., *Introductory Lectures on Psychoanalysis*, 1916-1917/1991, p.320.
❷ Freud, S., "Beyond the Pleasure Principle", *P. F. L.*, Vol. 11, 1920/1984, p.295.
❸ Ibid., p.364.
❹ Ibid., p.299.

从自己的临床工作中，弗洛伊德发现，症状的功能在于作为患者生活史中未发生"事件"的替代符号：症状的构建力来自患者的无意识。一个症状的两种"意义"，即它的"由来"和"消失"都与无意识有关。症状的由来意味着某种由外力强加的经验，在一段时间内曾经留存于意识的范围之内，但是已经"经由遗忘"的力量，变成了无意识；症状的消失意味着一个由"由来"所激发的内在精神进程，也同样经历了从意识到无意识的过程。由此，弗洛伊德认为自己找到了精神分析工作的方法论的内在逻辑，即"使得任何病原性的无意识曝光在意识之中"❶。

这显然并非易事。在这一努力中，精神分析工作遇到的最为强大的抵抗，就是存在于无意识到意识之间的审查机制（censorship）。由这一抵抗所表明的病原性过程，被弗洛伊德称为抑制（repression）。

自我的成功防御——抑制——会将那些"无法忍受的经验"驱逐进无意识的领域。不过，遗忘掉某事并不意味着它不存在。在无意识中，它们并非寂然无声，而是继续充满活力地存在，并且寻找通路，"以符号及符号的影响力的方式，重返意识"❷。

所以，对某些特别经验的抑制在这里变成了区分正常（健康）和非正常（变态），以及官能症的方式。健康或者正常的人意味着"对幼儿期某些特定冲动和幼儿先天倾向（disposition）之构成部分的抑制，以及为了服务于生殖功能，而将其余构成部分置于生殖区域的首要位置之后"；变态意味着"由于某部分冲动过分强大以及强迫性的发展"，而使得上述这一复杂的合成机制受到干扰；作为变态的负面（negative of perversions），官能症则"可以被追溯回一种

---

❶ Freud, S., *Introductory Lectures on Psychoanalysis*, 1916-1917/1991, p.323.

❷ Freud, S., "My Views on the Part Played by Sexuality in the Aetiology of the Neuroses", *P. F. L.*, Vol. 10, England: Penguin, 1906/1979, p.77.

对力比多式的倾向的过分抑制" **❶**。

在弗洛伊德的总结中，力比多的执着被区分成两个部分：经由遗传而来的先天体质，和在儿童早期获得的倾向（disposition/Disposition）。**❷**当这一执着被成年人在某次偶然的创伤性经验中唤醒时，就会以积极的力量寻求自己的表达。不过，由于抑制的强大力量，它无法以语言在意识的层面上表达出来，而只能以各种不被意识的理性所理解的方式，以各种非理性的形式，在身体层面表达出来：各种症状。至此，弗洛伊德得到了他有关官能症的病因结构图：

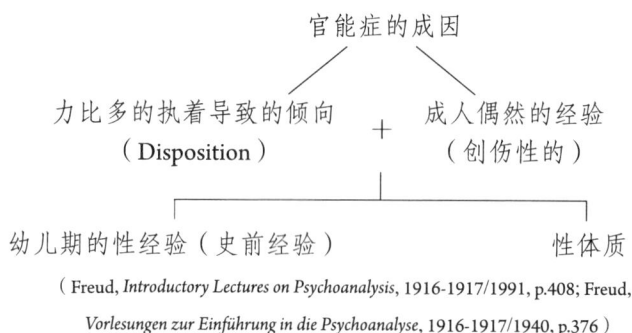

（Freud, *Introductory Lectures on Psychoanalysis*, 1916-1917/1991, p.408; Freud, *Vorlesungen zur Einführung in die Psychoanalyse*, 1916-1917/1940, p.376）

但是这还不足以理解官能症本身。因为对于弗洛伊德来说，官能症不是一个因为其影响着个体生命就需要将其去除掉的病症。正相反，官能症是作为社会的个体存在的基本维度。所以在弗洛伊德这里，历史的维度不足以理解官能症本身。

第三个理解官能症的因素是"冲突的取向"。冲突是指自我驱力与性驱力之间的矛盾。弗洛伊德有三个理解这一冲突概念的面向。首先，自我驱力与性驱力之间的冲突关系的特点是抑制。如

---

❶ Freud, S., "My Views on the Part Played by Sexuality in the Aetiology of the Neuroses", *P. F. L.*, Vol. 10, England: Penguin, 1906/1979, pp.78-79.

❷ Freud, S., *Introductory Lectures on Psychoanalysis*, 1916-1917/1991, p.408.

果力比多执着在个人心理发展史的某个阶段，那么自我可能会接受它，而结果就会是变态或者幼稚病（infantile）；但是自我也有可能拒绝它，那么"自我会在力比多执着之地，发生一次抑制。官能症即起源于'拒斥了这些力比多冲动的'自我发展"❶。其次，每一种驱力都有其自身发展历程以及与现实原则（reality principle）的关联。弗洛伊德最终发现，比起自我驱力，性的驱力更易于导致焦虑。在种种性驱力中，总有某些不为自我所允许。由此出发，官能症的内在机理也得以展示：其直接原因并不是性，而是与性有关的冲突。

在对于自恋（narcissism）的考察中，弗洛伊德发现了个人主体的地形学（topography）：它我、我和超我。1920 年后，他基本上已经使用这三者之间的关联来考察官能症了。在这一人类心灵的地形学解释框架中，官能症已经变成了我和它我之间的直接冲突：这一冲突，乃是为了"服务于超我以及现实；这是在任何一例移情性官能症中的情况"❷。因此，在弗洛伊德式的存在论中，个体并不仅仅因其历史而存在。弗洛伊德首先以对俄狄浦斯的解读，将个体的历史和未来放在一起来理解个体的当下，但是这一时间维度的当下显然并不能自足——它还必须辅以二元论的冲突机制。作为自我的个体，只有在处于超我与它我之间时，才是成立的。也即"我"存在的基本功能，就在与对它我和超我两者之间关系的处理之中。它我作为个体存在最为"庞大的"部分，时刻处于超我"权力的眼睛"监控之中。❸在宗教社会中有着具体形象的上帝及其神圣性的各种表达，在这个上帝渐行渐远的时代之中，被内化到了个体的主体结

---

❶ Freud, S., *Introductory Lectures on Psychoanalysis*, 1916-1917/1991, p.397.

❷ Freud, S., "Neurosis and Psychosis", *P. F. L.*, Vol. 10, 1924/1979, Penguin Books, p.214.

❸ 我在《流亡者与生活世界》一文中涉及的"观看的权力结构"，在此首次具备了在个人主体意义上的结构可能性。福柯所讨论的现代性"全景敞视主义"，在弗洛伊德的心灵地形学之中，得到了彻底而充分的表达。

构之中，即神圣性与世俗性的二元区分在传统社会的外在表达，在弗洛伊德这里被内化为每一个人的主体结构。

但是动力学式的观点仍然不足以理解官能症，弗洛伊德最终引入了经济学的维度。❶如果自我驱力与性驱力没有达到特定的强度，那么它们之间就无法产生冲突。量化的因素在此具备了与动力学因素相同的关键地位。量化因素不仅体现在驱力的强度上，还出现在弗洛伊德对于冲突产生之后所展现的更为复杂的心理图景及其可能性考量中："一个人能够控制住的未被实现的力比多的量，以及他能够将他自身的力比多在多大的程度上从性目标转移到升华目标"，也同样决定着官能症的可能性。❷

对于弗洛伊德来说，自然科学般的量化观点也是他理解精神活动及其临床方法论的基本工具。既然人类心灵的基本规律是追求快乐，避免不快乐，那么适当地控制神经兴奋的程度，避免其超过快乐的阈值，从而导致不快乐，就是一名精神分析家应该考虑的工作。❸在自我和力比多的冲突之外，弗洛伊德在这一方面的发现也使得他在疾病与正常的哲学讨论中，倾向于尼采的态度："在健康与官能症的决定因素之间，并没有质的区别；而且正相反，健康的人也必须挣扎于控制其力比多的同样任务——他们只不过做得更好一点罢了。"❹

---

❶ 如第 1 章所述，量化的观点是弗洛伊德在其思想早期明确提出来的一种对自己未来工作的期望。他对此念念不忘，在最后的总结式著作《精神分析纲要》中宣告，精神分析对无意识的强调，为的是让它可以"具有与其他自然科学（Nature Science/Naturwissenschaft）一样的地位"（Freud, "An Outline of Psychoanalysis". Translated by James Strachey. New York: W.W. Norton, 1940/1949, p.158; Freud, "Abriss der Psychoanalyse", *Gesammelte Werke, Schriften aus dem Nachlaß 1892-1938*, Vol. XVII, 1938/1941, p.80 ）。

❷ Freud, S., "Neurosis and Psychosis", *P. F. L.*, Vol. 10, 1924/1979, Penguin Books, p.422.

❸ Freud, S., "Beyond the Pleasure Principle", *P. F. L.*, Vol. 11, 1920/1984, p.275.

❹ Freud, S., "Types of Onset of Neuroses", *P. F. L.*, Vol.10, 1912/1979, p.126.

而在弗洛伊德那里，官能症也从其最初身体意义上的病症，成为一种具备身体社会学意义的表达。官能症的各种症状，诸如幻觉、呕吐、噩梦，连同"正常人"的梦、笑话与口误等等，都成为身体在无意识层面的表达。在世纪末的维也纳这一社会的剧烈变迁时期，不同文化、价值与事实无法进入意识层面而被抑制进入无意识，并通过遗忘（forgetting）的形式而为意识所接受。不过，被遗忘掉的历史并不意味着消失。被抑制进入无意识的诸种材料——生活世界的历史——仍然存在着，一旦这一存在被新近发生的创伤重新唤起，并且由于审查机制而依然无法进入意识层面，即无法通过"理性化"的方式用语言表达出来，那么就必然在身体层面，通过其他的语言方式表达出来：病症。主客体和内外之别，在弗洛伊德这里被彻底摒除：身体不外乎世界，世界也不外乎身体。正如存在主义分析学派的代表人物宾斯万格所说，若要以存在主义现象学的视角来看，则"自身和世界实际上是彼此互换的概念"[1]。弗洛伊德由此开启了以身体来理解社会世界——这是后来身体社会学的可能性。

但这只是作为社会疾病的官能症在弗洛伊德这里的第一层意义。将幼儿期、幼儿性欲、抑制以及家庭政治关联起来的俄狄浦斯情结是弗洛伊德用来理解社会学意义上的官能症的最重要工具。无论是官能症中频繁出现的——甚至可以作为官能症首要意义的——罪恶感，还是家庭成员中复杂的微观权力关系，或是作为"了解官能症之基石"的抑制概念[2]，弗洛伊德都将理解它们的厚望寄托在他对这一神话的现代性解读上。当然，这一情结也被用以理解一般

---

[1] 路德维西·宾斯万格，《存在分析思想学派》，载于罗洛·梅编，《存在：精神病学和心理学的新方向》，中国人民大学出版社，2012，第 247 页。

[2] 参见弗洛伊德的自传（Freud, *An Autobiographical Study*, P.F.L., Vol.15, 1925/1986b, p.213）。

意义上的现代主体性。进而,它还被弗洛伊德用作一种人类学的工具,以理解文明的起源,以及作为一种社会分析的工具,来解释社会的内在逻辑:"罪恶感,作为宗教和道德的终极源泉,已经被作为一个整体的人类,在其历史的开端,在与俄狄浦斯情结的关联中所获得。" ❶

就此而言,不仅仅是个人,甚至作为文化整体的全体人类,都无法逃脱痛苦的命运。因为无论在文化中还是在个体生活中,与罪恶感相伴而生的,是良心与自责。在弗洛伊德看来,除了极少数可以通过升华,在追求更高文化理想的过程中成功处理自己力比多的人之外,绝大部分人都患有官能症。❷而对于这一普遍性的理解,仍要从个体的生活史开始。

官能症的治疗与社会学剧场

在 1904 年发表的《论心理治疗》一文中,弗洛伊德将自己的治疗历程分为三个阶段:催眠治疗阶段、暗示阶段以及分析阶段。在《癔症研究》一书中,我们可以在"安娜·O"、"凯瑟琳娜"和"埃米·冯·N"(Emmy V. N.)等案例中,清晰发现弗洛伊德在这三个阶段之间的过渡。在说明自己为何从前两个阶段逐渐转变为最后一个阶段的时候,弗洛伊德明确指出,前两个阶段并不关心官能症的"起源、强度与病症的意义",而是相反,将暗示的内容强加给了患者。❸与此不同,分析治疗"并不寻求添加或引入任何新鲜的东西,而是要去除某物,要带出某物;为了这一目的,它要关注病

❶ Freud, S., *Introductory Lectures on Psychoanalysis*, 1916-17/1991, p.375.

❷ Freud, S., "Civilized Sexual Morality and Modern Nervous Illness", *P. F. L.*, Vol. 15, Penguin Books, 1908/1985, pp.27-56.

❸ Freud, S., *Selections, Therapy and Technique*, edited by Rieff, Philip, Volume 3, Collier Books, 1963, p.67.

症的起源，以及它要去除的病理学观念的心理背景"❶。

弗洛伊德以理解入手来诊断、治疗患有官能症的患者。在他几乎所有的案例中，病症，以及被秉承着理性精神的现代思想家和科学家所忽略的各种"无意义"的人类现象（包括梦、口误、笑话等等），都被描述为另外一种"语言"。弗洛伊德认为，对它们的理解不能仅从意识层面来进行，而是要从意识之外的人类存在性来寻求。而这一点，与精神分析技术的不断发展有着密切关系。

在其中后期的《超越快乐之原则》一文中，弗洛伊德认为，精神分析在最初，不过是一种发现患者的无意识材料，并运用这些材料与患者沟通的工作。换句话说，精神分析原本是一种解读的艺术（an art of interpreting）。但是由于解读并不能够解决临床问题，所以精神分析的方法论马上提出了下一个要求："患者要证实分析师从患者自身的记忆中所做的构建。"❷这意味着患者需从理智和意识的层面，认同医师对于自己的理解与解读。正是在这一点上，福柯将弗洛伊德放置在了漫长的精神病运动的巅峰。❸在现代医学要求行动者将身体交付给医学系统之后，精神分析又要求其将心灵完全交付给专家。在丧失了对于身体的解读权之后，现代人又丧失了对于自己生活意义的解读权。❹但是这一要求必然会引起患者的抵抗——所以这一艺术在弗洛伊德那里就变成了如何面对患者的抵抗或者移情，尽快揭示出患者的抵抗所在，以便让他放弃抵抗的技术。

---

❶ Freud, S., *Selections, Therapy and Technique*, edited by Riff, Philip, Volume 3, Collier Books, 1963, p.67.

❷ Freud, S., "Beyond the Pleasure Principle", *P. F. L.*, Vol. 11, 1920/1984, p.288.

❸ Taylor, Chloë, *The Culture of Confession from Augustine to Foucault: A Genealogy of the 'Confessing Animal'*. New York: Routledge, 2009, p.117.

❹ 不过，稍后我们将会看到，这并非弗洛伊德的临床技术所展示出来的故事的全貌。因为在这一故事中，弗洛伊德自身从一开始即参与其中。

但是弗洛伊德随后发现，这一方法不能够让无意识材料有效地转化为意识材料。而这一点是整个治疗的核心理念所在——患者所忘记的，可能恰恰就是最为关键的部分。所以在官能症中，一个患者的表现往往是不由自主地去重复那些被他抑制掉的材料——这种重复就是病症——并且最终会将其当作新鲜的行动，而不是"属于过去的回忆"——后面这一点才是弗洛伊德真正希望患者认识到的。所以医师的真正任务在于，将尽可能多的材料放入回忆的通道，只允许尽可能少的材料出现在重复之中。

从另一个角度来说，不为时间所动的无意识材料不断试图冲破审查机制而进入意识的层面。在遭遇了新近发生的类似创伤之后，会更加活跃。不过，由于审查机制的存在，它们仍然无法顺利进入意识层面，无法以记忆和语言等理性方式呈现自己，而是会通过病症等原始语言来表达。所以病症与抵抗，在这里都具备了用以理解患者之生活史与相关社会历史的符号性意义。但是如何理解治疗过程之中这种重复的强迫，也就是病症和患者的抵抗呢？在治疗中，患者的抵抗并非来自无意识。被抑制掉的材料，即无意识，与抵抗毫无关系。恰恰相反，无意识的特征之一就在于其充沛的活力对于抑制的反抗——力图冲破封锁，达到意识的层次，或者以某种其他的方式表达出来。治疗中所遭遇到的抵抗的来源，和抑制的来源是一样的，都是位于无意识与意识之间的"审查机制"。而重复的强迫，则归因于被抑制的无意识材料。无意识能够通过这种符号——实际上是其语言之一——将自己表达出来，往往要归功于治疗使得抑制松弛了。

患者的自我对于治疗的抵抗，正是基于快乐原则的自发反应：不愿将自己曾经历过的痛苦再来一遍。而弗洛伊德的临床工作却试图以现实原则，来促成对于这一痛苦经验的再理解和妥善安置。这一理解，直接关涉弗洛伊德有关家庭灵魂的政治经济学。要理解这一从身体社会学向家庭社会学的过渡，必须以弗洛伊德对现代人的判断为基础。

我们在上一章已经讨论过弗洛伊德关于人的二元论，并且也已经知晓了基于身体层面的"保守性"。不过，如果我们只考虑这一保守性，那么将无法解释人类文明的进展。无论是自然意义上的人还是文化意义上的人，发展至今天的"文明"状态，显然有更为复杂的因素在起作用。正是这些因素，使得回归原始状态的冲动转移至其他方面：在达致死亡的目的之前，需要经历各种进程——生活。人活着，不仅是一种死亡的过程，还有爱欲或曰力比多，同样是人之存在的表达。由此，弗洛伊德将人之存在理解为爱欲与死欲之间的二元对立。而这二者之间的关系，即构成了生活本身。

对于弗洛伊德来说，能否把握过去的生活、把握一个活的自我，是在我们这个时代能否有意义地生存的关键。弗洛伊德临床技术的社会学意涵，就在于通过对历史的把握，获得当下的意义感。弗洛伊德的诊所集中体现了人类的痛苦、矛盾和生活的彷徨，尤其是在新时代来临之时，人类在心灵上的困顿和不安。倘若在他的作品中只有疾病及其治疗的历史，而非患者和社会的历史，那我们就不会有"这一惊世骇俗的、混杂着艺术与科学的，并且如此切近于戏院剧场的弗洛伊德流派的创造"[1]。也正是由于这一点，弗洛伊德诊所成为了一座伟大的社会学剧场。无数的理解社会学案例在此出演。同时作为导演和演员的弗洛伊德，让患者们讲述自己的故事——他们有声音，有激情，有故事。很难说弗洛伊德自己在这一幕幕戏剧之中，扮演的究竟是讲故事的人、报幕人、主角抑或配

---

[1]　O'Neill, "Psychoanalysis and Sociology", 2001.

角，还是所有这些的集合。不过可以肯定的是，弗洛伊德在案例研究中所呈现给我们的戏剧，同时也隶属于更广泛意义上的西方文学戏剧传统：从《圣经》到古希腊的悲剧，从莎士比亚到易卜生，从陀思妥耶夫斯基到福楼拜。社会学中戈夫曼的戏剧论理论，或许在这一传统中才能获得其真正的生机活力。

这一剧场的意涵不只体现于弗洛伊德通过治疗帮助患者重新把握他们的生活。弗洛伊德对于我们灵魂的解读实际上有着现实的政治意涵。例如，在本雅明看来，弗洛伊德在对于"快乐原则"的讨论中提出意识与无意识的区别之一，就在于意识负有一种外壳（shield）职责，也就是缓冲外部世界刺激的功能。将这一功能套用于对现代社会的理解，我们会发现，在现代社会，尤其劳工社会中，一方面，机械对于个体的影响就在于日复一日的刺激成了固定的训练，由此产生异化。在异化过程中，个人与他的生活分离，变得孤立无援。这种"铁的铠甲"固然具有保护性功能，但个体也会在被异化的意识之中丢失自我，失去以"经验"来重塑自我和与周围世界通话的可能性。

在这个方面，本雅明几乎是最早将马克思主义的传统与弗洛伊德结合在一起的作家。他以一种寓言的形式，将弗洛伊德的心灵地形学（topology of the mind）与马克思对现实的批判结合在一起："一个直接的结果即上层与基础的关系不再被视作被决定与决定的关系，而是一个意识与无意识的关系。一种分层，一种再现。这种再现也不仅仅是或不完全是反映论的再现，而是当弗洛伊德说'梦是被压抑的欲望的扭曲的再现'时的那个再现。" ❶

---

❶ 张旭东，《本雅明的意义》，载于本雅明著，《发达资本主义时代的抒情诗人》，张旭东、魏文生译，生活·读书·新知三联书店，1989，第 22 页。

所以，弗洛伊德的诊所剧场中上演的，不仅是个人的生活故事，也是那个时代里整个世界的故事。弗洛伊德既是这一出戏剧的观众，又是一个伟大的剧场演员。他既是剧中人，又是局外人——他的诊所本身就是一个剧场。他和他所参演的剧中剧，同时构成了他那个时代最为紧张，也最为实质的部分。在他的演出中，他借用和解释了《俄狄浦斯王》中的一句台词："他解答了狮身人面兽斯芬克斯的谜语，他是最有智慧的人。"这句话在弗洛伊德那里，代表着我们整个时代的困境。我们每个人，尤其是现代人，自以为身处现代的智慧之下，自以为知道所有关于人生、生活和世界的奥秘知识，并因此而成为世界之王。实际上，每个人都不过是俄狄浦斯的现代翻版：自以为有智慧的同时，我们茫然无知地走在自己的命运之途上。现代人作为俄狄浦斯的命运仍在，无尽的命运链条并未因为现代的出现而有所中断。

二、从文明化的性到疾病化的文明

文明化的性

弗洛伊德对于文明的讨论不仅着眼于人类的社会史。他在精神分析工作中的逻辑一以贯之，同样从个体的生活史开始，因为幼儿期性的变化也同时有其具体文化与社会的背景。弗洛伊德在研究中发现，六岁至八岁这一段时间里，儿童会经历一段潜伏期，性的进展会停止甚至后退。弗洛伊德认为，这意味着，个体在这一段时间里遭遇到社会的规训力量。遗忘作为一种关键的心理机制，在此则"将我们最早的青春期遮蔽掉，让我们成为它的陌生者" ❶。这

---

❶ Freud, S., *Introductory Lectures on Psychoanalysis*, 1916-1917/1991, p.368.

是弗洛伊德在力比多机制方面的发现之一，也是我们理解其临床技术的关键。

在个人成长过程中，性驱力将会遭遇"从自体性欲（auto-erotism）到客体之爱（object-love），从自主的性感区域到它们对服务于繁殖目的的生殖器首要地位的服从"❶。在这一系列受难过程中，个体成长起来。❷一般来说，在个人性的生活史中，有三个必经的文明阶段：

> 第一，性驱力可以自由发挥，而不必考虑生殖目的；第二，所有的性驱力，除了服务于生殖的目的之外，都要受到压制；第三，只有合法的生殖才会被允许成为性的目标。这第三个阶段，在我们目前"文明化的"性道德中获得了体现。❸

文明对于个体压制的结果之一就是官能症。官能症在弗洛伊德这里的特别意义在于个体对文明规训力量的挫败。与此同时，它也表达了被文明所敌视和压抑的精神进程的力量。从爱欲到神圣的结果即为官能症。

从官能症的角度来说，文明对于任何一名社会成员的性要求，都是"非正义"的，因为不是每个人都可以毫无困难地完成这一系列规训。也就是说，每一个人都会在这一过程中付出痛苦的代价——这一代价，不仅需要作为社会成员的丈夫与妻子来承担，更

---

❶ Freud, S., "Civilized Sexual Morality and Modern Nervous Illness", P. F. L., Vol. 15, 1908/1985, p.40.

❷ 如上一章所述，在这一系列过程中，除了生殖与变态以外，另外一种获得了"特殊的文化重要性"的自我保护机制是升华。对弗洛伊德来说，升华是一种代表了个体与文明之间二元机制的实质性的社会现象。文明建基于对个体性驱力的压制之上。升华不仅是对于个体的纾解，同时也是文明作为一种抑制力量的表达角色之一。

❸ Freud, S., "Civilized Sexual Morality and Modern Nervous Illness", P. F. L., Vol. 15, 1908/1985, p.41.

为严肃的问题在于：他们的孩子，要面临着更为困难的挑战——家庭政治中的严肃挑战。

从社会史的角度来看，弗洛伊德的官能症甚至在原始群体阶段之前，就已经获得了基本的形态。在《文明及其不满》一书中，弗洛伊德描述了从尚无实质文明要素的原始家庭到"以兄弟联合的形式"❶存在的初级社群生活的转变。在这一转变中，原始人类遭遇了他们的首条律令：塔布仪式（taboo-observances）。在《图腾与塔布》这部弗洛伊德最满意的作品中，他详细讨论了塔布的性质。塔布意味着所有被认作是神秘力量的"媒介或者源泉"之物。这一神秘力量能够经由无生命的客体而被传递。❷由此神秘属性，它还衍生出自己的禁令性质。最终，它同时体现了"神圣"、"超越日常"以及"危险"、"不洁"和"怪异"的意涵。❸这三种性质带来了塔布的本质特征：触摸恐惧。这一特征被弗洛伊德认为是禁令原则以及塔布－官能症的核心。

在从原始家庭向社群生活的转变过程中，两条基本原则开始展现，并且成为文明进展的基本驱动力：爱欲，也就是"让男人不愿被剥夺掉其性客体"的力量；以及阿南刻（Ananke）——意味着工作的必要性，以及外部客观世界所产生的必要性。❹伴随着这两种基本原则，来自性的欲望，带着其破坏律令的愿望，带来了经典的俄狄浦斯情结。

对弗洛伊德来说，俄狄浦斯情结乃是"所有官能症的根源"❺。正

---

❶ Freud, S., "The Goethe Prize", *P. F. L.*, Vol. 14, 1930/1985b, p.290.

❷ Freud, S., *Totem and Taboo*, New York: Random House, 1960, p.20.

❸ Ibid., p.22.

❹ Freud, S., *Civilization and Its Discontents*, *P. F. L.*, Vol. 12, Penguin Books, 1930/1985a, p.290.

❺ Brown, *Life Against Death: The Psychoanalytical Meaning of History*, 1985, p.6.

是以俄狄浦斯情结为代表的爱之关联（或者说情感关联，emotional ties），"构成了群体精神的实质"。这一情感关联的本质，也同样存在于社会和历史层面的大众与其领袖的关系中：另一个层面的俄狄浦斯神话。

与此同时，在对俄狄浦斯情结讨论的基础上，弗洛伊德提出并回答了一个经典的社会学问题：主体间性的可能性。在爱之社会学的方向上，他针对《圣经》中一个著名的训谕提出了质问。在《利未记》（*Leviticus* 19：18）中，有这样一句训谕："爱你的邻人，犹如爱你自己。"（Thou shalt love thy neighbour as thyself.）弗洛伊德就此问道：如果我的邻人是一个陌生人，我如何能够爱他？如果我给予这个陌生人与我给予我的家人同等的爱，那这对我的家人公平吗？甚而，弗洛伊德经由主体间沟通的不可信任性认为：

> 这一陌生人，不仅一般来说不值得我的爱；我必须坦诚，他更应该获得我的敌意，甚至是痛恨。❶

弗洛伊德由此强调了人类的攻击性。或者用瑞夫的话来说，是"永恒反社会的自然人"。在关于人类天性的讨论上，弗洛伊德站在了霍布斯一边："并非人性本善，社会令其腐化；人性本是反常，社会将其监禁。"❷尽管这只是弗洛伊德故事的一面，但我们已经可以从中发现破坏律令的愿望 / 欲望从家庭转移至社会。或者说，在弗洛伊德的家庭社会学中，已经隐藏了用以理解个体与社会之冲突关系的全部重大线索。

---

❶ Freud, S., *Civilization and Its Discontents*, 1930/1985a, p.300.

❷ Rieff, *Freud: The Mind of the Moralist*, New York: Anchor Books, 1959, p.221.

违反律令的愿望／欲望（俄狄浦斯情结），仍然继续存在于无意识与服从当中。在俄狄浦斯的寓言中，"弗洛伊德建立了一种个体借以渴求其自身限制的辩证法"[1]。一方面，作为俄狄浦斯情结驱动力的反律法主义式的情感，带来了自责与罪恶感；另一方面，自责与罪恶感所带来的对于自由的拒弃，则在心理学的意义上被感受为抑制，或者被社会客体化为律法或塔布。弗洛伊德终于构建起了他自己关于压迫与反抗的灵魂政治经济学。在原始群落的父权制下，父亲独占所有的资源与女性。这一独断专横的父亲形象，必然导致群落之中诸子联合起来弑父[2]，并在弑父之后，即在人人都平等之后，以社会契约的形式建立新的政治，处理社会问题。不过，弑父所带来的罪恶感以及由此而产生的良知感觉，会在一段时间的潜伏期之后发生，并带来新一轮在心理上对于父亲的渴求。

作为这一政治经济学的基本定律，抑制与反抗的纽带为个体带来了焦虑、罪恶和良知的诸种感觉。力比多在遭遇到抑制的时候，转化为焦虑。与此同时，无意识那寻求惩罚的需求以良知组成部分的角色出现。何谓良知？在弗洛伊德看来，良知就是我们内心对于某种特定愿望的拒斥感觉。重点在于，这一拒斥是无前提条件的：它颇为"自我确定"，或者说具有"明证性"。这一自我确定的拒斥，在关于罪恶的良知方面，甚至更为明确——因为对罪恶的良知，是一种我们对自身据以施行某种特定愿望的内在谴责。就此而言，罪恶感生来就有着在程度上与其自身相当的焦虑感。而这一灵魂的政治经济学，并不需要外部世界的推动力来实现其内在的革命运动。对于弗洛伊德来说，这是人之存在的基本主体类型学结构。

---

[1] Rieff, *Freud: The Mind of the Moralist*, New York: Anchor Books, 1959, p.226.

[2] Freud, S., *Civilization and Its Discontents*, 1930/1985a, p.290.

从早期到晚期，弗洛伊德使用了不同概念来解释官能症。但是其中的基本结构都是类似的：力比多驱力与自我驱力的冲突。在这一冲突中，"自我获得胜利，但是付出了严重的痛苦与克己的代价"[1]。对于官能症的研究成为理解文化和个体的一种方式。官能症成为了一种"社会结构"以及现代主体性问题的代表。

疾病化的文明

如前所述，弗洛伊德的所有患者，都是社会性与历史性的患者。而弗洛伊德方法论的独特之处就在于，他超越了医疗领域，将自己的诊断与治疗放回到社会世界的日常苦难以及患者的生活史背景之中。他这种关于官能症的讨论已经预示了其文明诊断的线索。对于弗洛伊德来说，他在上述文明的定义中首先指出的一个前提是，"为了控制自然诸种力量，以及为了从自然中获取可以满足人类需求的财富，人们所获得的知识与能力"；而为了达到全体人类的结合体的目的，文明还必须了解："为了调整人们彼此间的关系，尤其是可用财富的分配，而出现的必要规则。"[2]

伴随着文明与科学技术的发展，现代社会获得了其自身的基本逻辑——技术越进步，文明越"发展"，我们就越远离"野蛮人"。这一逻辑在启蒙以来诸多的社会思想家那里已经得到了极其鲜明的体现。但是对弗洛伊德来说，现代人的这一良好自信不过是一种幻觉。现代人并不比其先祖更快乐。在《文明及其不满》中，弗洛伊德特别指出，作为人类三种苦难来源之一，"在家庭、国家和社会之中调节人类相互关系的规则的不充分性"[3]，具有令人震惊的

---

[1] Freud, S., *Civilization and Its Discontents*, 1930/1985a, p.309.

[2] Ibid., p.189.

[3] Ibid., p.274.

意义。因为文明在保护个体的功能之外，还要调节其成员间的关系——这样的调节本应是正面的，但恰恰是这种正面性的"文化理想"使得个体遭受官能症之苦。

弗洛伊德在另一个关于文明的定义中，将这一文化理想与个体痛苦的关系解释得更为残酷。他在《文明及其不满》中说，文明的理想目标，乃是从社会的角度服务于爱欲，"将单独的个体、家庭，继而是种族、人民和各个国家，都结合为一个大的整体，一个人类的整体（unity）"[1]。但是这种爱欲在其结合的过程中，必然要求个体做出相应的牺牲。社会强加给个体的牺牲，不仅包括对性的控制，还包括对个体攻击性的束缚。为了可以在一个成员具备互相攻击性的群体中生存，"文明人用其一部分的快乐可能性交换来了一定的安全"[2]，文明进展因此得以可能。但是这一进展是建筑在永恒冲突之上的：爱欲（生活的驱力）与死亡（毁灭的驱力／攻击性驱力）之间的冲突。弗洛伊德进而推论："这一斗争是所有的生活本质的组成部分，而文明的发展演变，因此可以被简单描述为这一为人类种族的斗争。"[3]

文明因此变成了压抑性的，个体也因此而罹患官能症。官能症乃是个体的自我保存利益与力比多的渴求之间冲突的产物。[4]在这一冲突中，"自我获得胜利，但其代价是严重的痛苦与放弃"[5]。这一原初的抑制与个体欲望之间的冲突，就成为现代官能症的原型。

---

[1] Freud, S., *Civilization and Its Discontents*, 1930/1985a, p.313.

[2] Ibid., p.306.

[3] Ibid., p.314.

[4] 弗洛伊德对于神经官能症成因的讨论，在其前后期思想中的结构性变化，见马尔库塞，《爱欲与文明》第一章，上海译文出版社，2008。

[5] Freud, S., *Civilization and Its Discontents*, 1930/1985a, p.309.

这一原初社会在经历宗教社会进入现代社会之后，原有的信仰开始松懈，而现代人却并未获得与之相应的正式权威。这给现代人带来了极大的麻烦：

> 在从式微的道德向健康而且对所有道德都客观中立的科学的转变中，人类必须付出代价。一种从宗教的束缚中解脱出来的文化必定带着束缚的惯习而进入新的更广阔的世界。其境况仍然是后宗教式的，而其自由则是否定性的。宗教已无法将个体从其个体官能症中拯救出来，因为它已经变成了他自己的宗教：自我看护现在变成了他的礼仪，而健康变成了终极的信仰。❶

文明化的程度越高，科学技术越发展，人类也就自认与原始人的距离越远。尽管对科学的进展所可能带来的理性之增长抱持乐观的态度，但是对于弗洛伊德来说，作为官能症来源的快乐原则与现实原则的二元结构永远存在。在此，弗洛伊德的讨论中隐含着一个与埃利亚斯相同的前提：在文明的进程中存在着一种二元论。就人的身体而言，存在着现代人的洁净与野蛮人的肮脏、现代人的彬彬有礼与野蛮人的粗鲁无礼等之间的对立，此种对立当然也存在于一个所谓合格的文明人与有待学习的孩童之间。然而在这一前提下，弗洛伊德还假定了"在文明的进程与个体的力比多发展之间的类似"❷。

文明越发展，人类遭受的限制与规训就越多。但弗洛伊德并不仅仅认为"官能症来自现代文明特别的紧张与复杂性"❸。对于他来说，官能症是个体与社会之间冲突的结果，而非从社会到个体的单向作用

---

❶ Rieff, *Freud: The Mind of the Moralist*, 1959, p.305.
❷ Freud, S., *Civilization and Its Discontents*, 1930/1985a, p.286.
❸ Rieff, *Freud: The Mind of the Moralist*, 1959, p.308.

力的影响。但无论如何,现代文明的发展是理解官能症的锁钥,而非个体解放的契机。"个体的解放并非拜文明所赐。个体解放的最大化存在于文明之前,尽管在那时,它的确几乎毫无价值,因为个体几乎不可能捍卫它。"❶人类无论是在作为一个整体的历史过程中,还是个体在其社会化的成长过程中,文明作为一种社会机制也好,作为一套行为规范也好,都无法将整体与个体的问题全部妥当地归置与处理。自我与超我之间的紧张关系,来自自我需要在超我的监督下,处理它我强大的冲动。这一紧张关系带来了"罪恶的感觉"以及对于惩罚的需求——这正是文明用以控制个体身心的方式。罪恶感来自"坏的"行为甚至意向。所谓"坏的",在弗洛伊德看来,意味着违反律法,从而使个体失去获得权威之爱的行动甚或意向。权威之爱,无论在最初的原始家庭,还是在结构复杂的现代社会,都意味着来自强有力的权威的保护。所以对于丧失权威之爱的担忧,总是会带来社会性的焦虑。这一社会控制的方式在文明史和个体的成长史中同时发生。也就是说,这一社会焦虑,早已伴随着个体的成长过程,内化成个体情绪的一个基本维度。与此同时,对于个体而言,身体的文明化(为了获得权威之爱所做出的表现)意味着对于强有力的驱力冲动的限制与牺牲。在这一过程中,任何被禁止的愿望——仅仅只是愿望——并不能逃过超我的观察,自我也因此从来就带着来自"史前"的"原罪"而存在。这一"原罪"乃是社会生活中的个体无法摆脱的命运:"这一冲突,在我们面对着共同生活的任务时,就已经安排好了。"❷

现代社会是一个压抑性的社会,而我们每一个现代人都是官能症患者。借用诺曼·布朗的话,"官能症是文明或者文化的实质性

---

❶ Freud, S., *Civilization and Its Discontents*, 1930/1985a, p.284.

❷ Ibid., p.325.

后果"❶，是一种"被称为人的疾病"。官能症成了灵魂的实质特征。但是对于文明社会而言，这一过程也意味着其权威性不断被挑战：官能症的一个重要特征在于其能动性（dynamic）。就结构性来说，弗洛伊德这里的个人与社会之关系变成了主体结构的放大版。上述个人主体的权力结构，在此成为个人与社会之间的结构关系。每一个人都变成了文明监控之下的"愚人"，福柯意义上的愚人船在此获得了普遍性。❷

俄狄浦斯情结的社会学表达

俄狄浦斯情结不仅被弗洛伊德用以分析个人在微观层面上家庭的政治社会学，还被用以考察个体与社会之间的整体性关系。弗洛伊德的工作尽管带有极大的创造性，但是在思想史中却并非完全独创。在此之前，克尔凯郭尔和尼采就已经为弗洛伊德的工作奏响了序曲并提供了一种更深和更广的背景。❸这一背景极为重要的组成部分，就是欧洲在19世纪末20世纪初，在社会学兴起的时代里所经历的巨大变迁。这一变迁不仅体现在社会结构和政治制度上，也体现在思想史的巨大转变和争论之中，一种不断追求创新、摒弃传统历史的精神气质，开始成为这个时期的思想潮流。在许多思想史家看来，这一思潮当然代表了启蒙以来现代人的基本精神气质：一种基于理性的自信心和求新求变的、对于未来的渴望。❹列奥·施

---

❶ Brown, *Life Against Death: The Psychoanalytical Meaning of History*, 1985, p.10.

❷ 福柯所讨论的愚人船的形象，如果将其视为现代人的自指，在此或许就可以获得这一自指的深层意义结构：愚人船从未离岸，而是永远在大众的视野（注视）之内漂流。也正因此，愚人船才得以成为愚人船。

❸ 罗洛·梅主编，《存在：精神病学和心理学的新方向》，郭本禹等译，中国人民大学出版社，2012，第85页。

❹ 以赛亚·柏林，《反潮流：观念史论文集》，冯克利译，译林出版社，2002；齐格蒙特·鲍曼，《现代性与矛盾性》，邵迎生译，商务印书馆，2003。

特劳斯用"古典人与现代人之争"来总结这一时期的思想纷争，并认为，"现代性的本质就是'青年造反运动'，其根源就在由马基雅维利开端的西方现代性对西方古典的反叛，因为'现代反对古代'就是'青年反对老年'"❶。

在这一背景之下来考察弗洛伊德的官能症，或者作为其核心的俄狄浦斯情结，我们的问题必然指向这一概念从身体社会学到家庭的政治社会学的深层意涵。在俄狄浦斯这一被弗洛伊德重新诠释的神话中，弑父的真实意旨究竟为何？弗洛伊德为什么会在世纪之交重新阐述这一古典神话，并赋予其如此重要的位置？在现代社会变迁和思想史传统的理路内详加反思，俄狄浦斯情结，或许在表面上意指时代断裂背景之下的人心失序，然而弗洛伊德的真实意图绝非仅限于此。俄狄浦斯情结是一个极具普遍性的结构性原理，是弗洛伊德用现代性的眼光审视人类社会变迁、重新诠释人类历史的基本法则。弑父所代表的，当然并非仅仅是欧洲传统中的某种结构性因素，而是在更大程度上指向了上述施特劳斯发现的现代性原则。❷

在德国的现代文化传统之中，这一现代性原则极具普遍性。可以说，这是以滕尼斯和韦伯为代表的德国社会学传统的核心结构。韦伯在其《科学作为天职》的演讲中，已经通过对于科学本质的描述，清楚地表达了这一现代性的本质形式。不过，就本书而言，经

---

❶ 甘阳，《政治哲人施特劳斯：古典保守主义政治哲学的复兴》，载于列奥·施特劳斯，《自然权利与历史》，彭刚译，生活·读书·新知三联书店，2002，第9页。

❷ 正如甘阳指出的，在现代社会之前的"主人道德"或"贵族道德"的全部基础，就在于对老年和传统的"双重尊重"。而这一道德基础，在现代性的视野下，完全不具有合法性："因为'现代观念'驱力地只相信所谓'进步'和'未来'，尼采认为这是因为西方现代性起源于'奴隶'反对'主人'，亦即'低贱反对高贵'的运动，因此现代性要刻意取消'高贵'与'低贱'的区别，而用所谓的'进步'与否来作为好坏的标准。"（甘阳，《政治哲人施特劳斯：古典保守主义政治哲学的复兴》）正是笛卡尔式的不断怀疑和否定，对历史不断更新的要求构成了现代性的核心内容：不断革命。

典社会学领域中最具代表性的事件，当然是韦伯与其父亲的关系，以及这一社会学历史之中的"弑父"在其核心文本《新教伦理与资本主义精神》一书中的体现。

在著名的《铁笼：对马克斯·韦伯的历史性诠释》一书中，作者米特兹曼（Arthur Mitzman）通过对1897年韦伯与其父亲争吵的详细解读发现，韦伯所患的官能症与那场争吵后其父亲的死亡有直接关系。根据玛丽安妮的传记，这场争吵首先是一次俄狄浦斯情结的具体体现：韦伯为了他母亲的自由而与父亲大吵一架，并迫使父亲离开。不过，这场争吵有着更为深刻的家庭历史原因，其中包括韦伯在成长过程中受到的来自两种不同价值观的影响：一种是由其父亲所代表的传统威权式价值观，另一种是来自其母亲的新式自由派的观点。韦伯在情感上倾向于母亲，在政治观点上又与父亲不同。但是也有资料显示，他曾在很长的时间里，渴望在日常生活中成为他父亲那样的男人。❶因此韦伯与其父亲的争吵就愈加显示出弗洛伊德意义上的俄狄浦斯意涵：韦伯与父亲（威权或超我）的对抗，一方面是韦伯以自由和理性之名对其父亲的反抗；而另一方面，只有当韦伯真正意义上认同其父亲，将父亲视为其自身的理想，即想要成为如同父亲一样的威权时，这一反抗才成为可能。韦伯正是在这一反抗父亲的过程之中，实现他自己的认同，成为了他父亲。

但是老韦伯随后在外出旅行途中去世，韦伯父子再未有机会获得和解。从精神分析的视角来看，这的确是一个非同寻常的事件：在这个事件中，韦伯成了一个获胜的俄狄浦斯。换句话说，韦伯是

---

❶ 迪尔克·克斯勒，《马克斯·韦伯的生平、著述及影响》，郭锋译，法律出版社，2000，第14页。

一个成功的弑父者。无论在理论工作中，还是在案例分析中，弗洛伊德一直强调的，都是弑父观念在想象中所发挥的作用。虽然观念有着与现实几乎相同的、对于人之心灵的影响，但想象中的弑父为一般人克服俄狄浦斯情结留下了极大可能。正如弗洛伊德在《小汉斯》这一案例中所展示的那样，面对并且克服俄狄浦斯情结，乃是一个人变得成熟的必由之路。❶弗洛伊德在其理论著作之中更是详细强调，这一过程中，与父亲的和解乃是极为重要的一环："一个人从青春期起就必须致力于摆脱父母的束缚，只有当这种摆脱有所成就之后，他才不再是一个孩子，而成为社会中的一员了……假使他仍敌视父亲，那么他必须力求和解；假使他因反抗不成而一味顺从，那么他就必须力求摆脱他的控制。这些工作是大家都免不了的；然而做得理想的，即在心理上及社会上得到完满解决的，寥寥无几，这是大可注意的事。就神经患者而言，这种摆脱是完全失败的；做儿子的终身屈服于父亲，不能引导他的力比多趋向于一个新的性对象。"❷这一对于父亲影响的摆脱，正如上述所言，并无法简单地通过俄狄浦斯式的反抗而完成。恰恰相反，俄狄浦斯带有主动性的对于命运的反抗，乃是他堕入命运的一环。也就是说，在俄狄浦斯这个神话中，俄狄浦斯主动离开柯林斯（Korinthos）正是逃离其命运的努力；然而其命运，也正是通过这种逃离命运的努力而得以实现。即，正是通过主动的反抗和逃离命运，俄狄浦斯实现／完成了他自己的命运。所以，反抗，作为愤怒的青年人的一种表达，并无法完成真正的解放，亦无法使人获得自由。自由只能通过一种更为成熟的方式，亦即与权威的和解而获得。一方面，这意味着对

---

❶ Freud, S., *Analysis of a Phobia in a Five-Year-Old Boy*, S. E., Vol. X, 1909/1955, pp.3-152.

❷ 弗洛伊德，《精神分析引论》，第 268 页。

于政治和人事的关心，用列奥·施特劳斯的话来说，就是从愤怒的反抗的少年苏格拉底，转变为"成熟地关心政治和道德事务、关心人事和人"的成年苏格拉底；而另一方面，要做到这一点，必须首先具备弗洛伊德和韦伯在各自不同的研究领域中同时提出的"理解"的能力：既能够理解自身的处境和意义，亦能够理解他人。❶所以，韦伯所面临的是比较罕见的状况：他失去了长大和成熟的机会——哪怕他想要和父亲和解，也已经来不及了。从精神分析的角度来说，这正是韦伯患病的原因：他失掉了在现实层面克服俄狄浦斯情结的可能性。他堕入了一种永不会完结的冲突之中。这种冲突，以官能症的形式表达了出来，并成为他一生思考的背景、象征和寓言。

当我们在这一背景之下来考察韦伯的《新教伦理与资本主义精神》这部著作的时候，会发现其中的逻辑结构有着清晰的韦伯生活的印记。在韦伯根据种种"理想的"类型构筑起的这一带有乌托邦性质的历史之中，新教以理性的名义，在预定论的基础之上，忍受着深刻的孤独感，以坚定的禁欲主义，对于旧的天主教权威进行了彻底的除魔。在韦伯的描述中，预定论的基本特征，就在于承认《旧约》中的上帝形象及其对于万事万物的预定。在这样一种宗教观中，上帝与个体之间被一道绝对无法跨越的鸿沟所分离。个体因而必须独立承担生活的所有意义，无法与任何人进行沟通。而

---

❶ 正如保罗·利科所言，在"历史性理解"方面，弗洛伊德与韦伯所面临的是同样的问题（Ricoeur, Paul, *Freud and Philosophy*, 1971, p.374）。斯特朗亦指出，在对世纪末困境及其问题的回答中，弗洛伊德与韦伯显然属于同一群体。这一共同的困境带来了一个对二人来说极其类似的选择，即对于意义的追求，以及对于符号（sign）所代表的意义世界之探寻（Strong, Tracy, "Weber and Freud: Vocation and Self-acknowledgement", in Mommsen Wolfgang and Oster Hammel, Jürgen eds., *Max Weber and His Contemporaries*, London: Unwin Hyman, 1987, pp.469, 471）。

另一方面，所有传统的权威和获得救赎的仪式性帮助，都必须被摒弃——这构成了新教"与天主教绝对决定性的矛盾"❶。简言之，新教在历史上的获胜，正是以理性（甚至还包括自由）的名义，在宗教集体的层面上，以除魔这一宗教行为而表达出的对于传统天主教权威的成功弑父。❷不过，这一获胜显然代价不菲。胜利的俄狄浦斯们从此必须以孤独之身来承受存在。而这一承受，必须时时受到已经内化为自身之超我的神圣性监控。极端的理性化因此成为纾解存在之紧张的选择。前述存在于个体心灵之中的观看权力结构，在此获得了彻底的强化，并进一步发展成为现代社会层面的监控结构。即这样理性化的过程，在推动个体理性化的同时，也成为社会程序技术的重要推动力❸，并进而使得现代之铁笼成为可能。正如弗洛伊德英译本的命运所昭示的那样，以自由和理性之名的斗争，最终反噬自身。获胜的，但因此永远无法长大的俄狄浦斯不仅并未

---

❶ 马克斯·韦伯，《新教伦理与资本主义精神》，社会科学文献出版社，2010，第65页。

❷ 值得注意的是，这一新教对于天主教的反抗/除魔，是以对于上帝形象的转换而完成的。正如弗洛姆所说，传统的天主教尽管有许多父亲的特性（如上帝圣父、男性传教士等等），但是"其中以母亲为中心的情结的重要作用也不容否定"（埃里希·弗洛姆，《精神分析的危机：论弗洛伊德、马克思和社会心理学》，国际文化出版公司，1988，第116页）。这一特性的结果是，尽管天主教教义大量地生产罪恶感，但同时也提供了忏悔等使人从罪恶感中解脱出来的手段。而新教对于天主教的除魔，首先就是清除这种以母亲为中心的情结：打消诸如教会和圣母玛利亚之类的形象。在路德神学那里，强迫性官能症的体现在于，唯有信仰才能带来救赎；而在加尔文宗那里，甚至连这一点也无法在一个严格而强大的父亲面前发挥作用，于是对于教徒来说的合理化，也是最艰难的选择与要求，恰好与一个孩童在日常生活中的合理化，同样也是最为艰难的选择与要求不谋而合：内心世界的禁欲主义。禁绝享乐！——新教教徒以此类律令来实现现实生活中的成功，并由此证明上帝的恩典与厚爱（救赎）。禁绝触摸自己的生殖器！——而孩童则以此来实现在现实生活中的成功，并由此来证明父亲的恩典与厚爱（同样作为救赎的，阉割恐惧的消除）。而这两者背后的同样的逻辑，是学会"理性化地"处理自己的生活。

❸ 李猛，《除魔的世界与禁欲的守护神：韦伯社会理论中的"英国法"问题》，《韦伯：法律与价值》（思想与社会第一辑），上海人民出版社，2001，第125页。

获得想象中的快乐，相反，却开始患病，成为一名弗洛伊德意义上的官能症患者。

俄狄浦斯情结的关键点之一在于俄狄浦斯本人的努力。也就是说，他是通过不懈努力才堕入自己的命运的。他的命运不是随波逐流的产物。这正是新教教徒的命运。韦伯笔下的清教徒，作为一种现代人的形象，其命运特点是不断更新自我，并在这一怀疑与否定的能动性过程中寻求确定性。不过，这只是俄狄浦斯情结的第一层体现。弗洛伊德进一步指出，弑父是与娶母必然联系在一起的，在否定历史的同时，必然堕入承接历史的命运之中。所以人类的命运及其历史，一方面会在现代化过程之中不断地否定历史，以革命的形态推陈出新；另一方面，恰恰由于这种努力，历史与生活之中的政治、意义问题，却一直重复出现：正是推陈出新的努力自身，使得现代人实现了——而非摆脱了——其自身的命运。在文明层面上，韦伯在其"新教研究"中所刻画出来的孤独的现代行动者的形象，显然要与弗洛伊德的俄狄浦斯王子的形象结合在一起，才会是对于韦伯之"西方文明之子"这一桂冠的完整理解。经典社会学在其身处的历史变迁的宏大进程中所面对的种种大问题，也都伴随着这一"西方文明之子"的形象：冲突、认同、自我、爱以及社会的可能性。

决疑论问题

韦伯在一封致友人的信中曾明确表示，自己已经熟悉了弗洛伊德的主要著作，并认识到了这些著作"对于宗教史和道德史现象所可能具有的意义。但是他在这些著作中找不到精确的决疑论"❶。

无论这一判断的具体情境如何，韦伯这一批评的确有效。基于

---

❶ 施路赫特，《信念与责任——马克斯·韦伯论伦理》，李猛编著，《韦伯：法律与价值》（思想与社会第一辑），第261页。

个案的精神分析如何处理理论的普遍性问题？弗洛伊德在后期的确力图将精神分析理论扩展到对于文化／文明的分析。在《文明及其不满》一书的最后，弗洛伊德指出，类似情况在所谓的"文化共同体"之中也存在着。个人在与文化的关系中感受到的挫败感，在整体层面上也存在着。正如弗洛伊德所说："这一'文化的挫败'主宰着人类社会关系中的大片领域。"[1] 而此种"文化的挫败"，意味着一种对于社会官能症的分析潜力。在《文明及其不满》一书的末尾，弗洛伊德曾经做过猜测：如果将文明进展与个体之间的互动关系应用到文明的部分与其整体的关系讨论之中，那是否可以认为文明的某部分也具有官能症的特征？他认为对于此类"文化共同体"的讨论并非不可能，只是分析者需要注意其中面临的困难。在对于个体官能症的分析中，我们可以找出患者与其所谓"正常的"社会环境之间的冲突，但弗洛伊德认为，在社会层面的分析中却不容易发现此种区分，不容易找到所谓的"权威"，因此也就很难做出此种类型的对于"社会官能症"的分析。

弗洛伊德面临的困难来自他没有考虑到文明进展在现代社会的复杂性，换句话说，他所猜想的"社会官能症"事实上是一种"文化官能症"。在个体与文化的区分之外，他并未像社会理论的传统那样，发展出对于传统社会与现代社会差异性的讨论。我们甚至可以提问，弗洛伊德为何在《一种幻觉的未来》中，声称自己"不屑于区分文化（culture）与文明（civlization）"这两种观察者的角度？[2] 尽

---

[1] Freud, S., *Civilization and Its Discontents*, 1930/1985a, pp.286-287.

[2] Freud, S., *The Future of an Illusion*, P. F. L, Vol.12, 1927/1985, p.184. 由于弗洛伊德明确拒绝区分"文化"与"文明"这两个概念，所以这一"文化官能症"同样也是一种"文明官能症"。正如人之为人的特征，在弗洛伊德这里是其官能症一样，文明之为文明，也在于其官能症。

管他也认识到了科学技术的发展对于现代社会的重要性，并发现了现代科学技术无法在实质意义上有助于人类快乐。❶但是此种努力最终因为没有在现代社会的背景之下进行讨论无果而终——尤其是，他并未对"现实原则"从历史社会的维度上加以细论。这正是施奈德对弗洛伊德的批评：他的官能症的病因论只能建基于家庭生活之上，而无法将家庭与"特定形式的生产"建立起关联。❷

所以，此处对于官能症的考察，如果要解决其在不同社会形态下的可能性问题，如果想超出上述从弗洛伊德自身的工作中发现的身体社会学和家庭社会学范畴，进而将其发展为一种与具体社会经验和社会分析有关的理论，那么必然要在上述工作的基础上，将其思想重新置于弗洛伊德之前之后的思想史传统中来考察。

在社会思想史的传统中，在这一方面最为直接的努力，当属法兰克福学派，尤其是马尔库塞的工作。弗洛姆已经对精神分析与现代资本主义的隐秘关联做出了相当程度的分析，清楚地指出了力比多与生产力及社会发展之间的关系。在这一分析的最后，弗洛姆认为，如果说精神分析有危机，则真正的危机在于"生命本身的危机"❸。我们无意于对庞大的精神分析运动传统做一次详尽的关于官能症的检索，不过，若是以存在主义现象学的角度来看待现代性个体在这一方面的处境与出路，则必然无法忽略身体、家庭和现代性官能症在发达资本主义时代里的新变化——新的现象学经验形态。

---

❶ 比如他认为，科学技术的发展使得人类貌似在地球上无所不能，已经使得人类"变成了某种配假肢的上帝"，并因此而"仪态威严"，但是"这些器官并非真正长在他的身上，并会让他不时烦恼"。(Freud, *Civilization and Its Discontents*, P. F. L., Vol. 12, 1930/1985a, p.280)

❷ Schneider, Michael, *Neurosis and Civilization: A Maxist/Freudian Synthesis*, New York: Seabury Press, 1975, p.159.

❸ 弗洛姆，《精神分析的危机：论弗洛伊德、马克思和社会心理学》，第170页。

224

只有在这一基础上，才能够进而讨论弗洛姆所谓的"生命本身的危机"及其出路。

三、马尔库塞的社会官能症

尽管马克思主义传统对于弗洛伊德的理解和解读，一度也为社会-历史维度的缺乏所困扰，但是这一传统迅速通过社会性分析——对现代资本主义及中产阶级的分析找到了出路。[1]在这一努力中，无论是阿多诺、霍克海默还是马尔库塞，都发现了弗洛伊德式的俄狄浦斯情结的新版本。[2]

根据弗洛伊德，在原始群落中，权力关系的基本结构是"父权制的专制"。父亲与诸位儿子之间的关系，具备着爱恨交织的属性，以及在此属性背景之下儿子对于父亲的认同。这一父亲的形象，有其"历史性权利"及合法性。父亲为家庭带来安全、经济资源，以及实质意义上的道德律令：若非他的律令，那么由反社会性的自然人所组成的家庭，随时可以瓦解。但是在代表了现实原则的同时，

---

[1] Brenkman, J, *Culture and Domination*, Ithaca: Cornell University Press, 1987, p.142.

[2] 阿多诺与霍克海默在其《权威性国家》一文中，已经就国家与个体之间的关系，在理性的自我背离与超我的现代政治表达之间的关联有了相当的讨论。但是就弗洛伊德与马克思主义传统的结合而言，马尔库塞无疑进行了最为理想主义的尝试，虽然弗洛姆对马尔库塞的尝试大加批评，认为马尔库塞提供了一种歪曲弗洛伊德式的精神分析的特定的"好例子"（弗洛姆，《精神分析的危机：论弗洛伊德、马克思和社会心理学》，第 18 页）。我们确实可以在法兰克福学派的英文著作中发现，弗洛伊德作品之英译本的核心概念已经固定下来并进入更为广泛的知识领域，例如"自我"（ego）这一概念。不过，我们一方面赞成弗洛姆对于马尔库塞关于某些精神分析基本概念的误解的批评，同时也必须指出，在弗洛姆看来的马尔库塞的偏颇之处，是在美国的 20 世纪50 年代，将精神分析的基本概念与社会批判相结合而必须做出的"牺牲"。

父亲形象也代表着对于快乐原则的独占：他是唯一可以合法地与母亲有性生活的人。

在这一爱恨属性的背景之下，对于父亲的认同，同时也意味着取而代之的欲望——对于统治地位与性的独占权的欲望——以及罪恶感。

马尔库塞认为，这一政治寓言中的反抗，并不针对系统本身：诸子所希求的，不过是某个特定父亲的位置。"在这一对于快乐的不平等分配的反抗中，并不包含'社会的'因素。"❶但是以这一政治寓意为代表的弗洛伊德超验心理学，无疑具备着可以与具体社会形态结合起来进行分析的普遍性：

> 作为一种持续不懈的尝试，弗洛伊德的超验心理学试图揭示和提问在文明与野蛮、进步与苦难、自由与不快乐之间的内在关联的可怕的必然性——一个最终显现为爱欲（eros）与死之驱力（Thanatos）之间的关联。❷

在对于这一元心理学的批判性应用中，马尔库塞指出，尽管在其现实原则背后隐含了匮乏（scarcity）这一概念，但是弗洛伊德并没有将其上升为一种对社会现象的分析。他认为，匮乏在现代社会的分配，已经从最初的暴力原则变成了"权力的理性运用"。这种理性的权力运用在其过程中与权威的主宰性运作相呼应，造成了现代社会中各种不同的现实原则，而后者又在各自的社会环境下，有着各异的对于个体冲动的控制，马尔库塞将其称为在基本的抑制之

---

❶ Marcuse, H., *Eros and Civilization: A Philosophical Inquiry into Freud*, Boston, 1955, p.57.
❷ Ibid., p.17.

226

外的过剩抑制（surplus-repression），而与之相应，"现实原则盛行的历史形态"，就是表现原则（performance principle），也即与正常的主流社会形态相符合的爱欲表现（eros performance）。

在从动物性人到社会性人的转变过程中，通过匮乏这一手段，理性获得了生长，而社会也由于其成员竞争性的经济式表现原则而分化。随着现代社会逐步建立起自身的诸种原则，理性逐步变为真理，并且由各种细致琐碎的现实原则所代表。这一状况，已经预示了"发达工业文明那封闭的操作性总体，及其自由与压迫、生产性与解构、增长与倒退的令人惊恐的融洽和谐"❶。

在发达工业文明中，资本主义已经从"自由的"走向"组织的"。与此同时，大规模的结构组织和系统——官僚体制——开始取代家庭中的各种功能——尤其是监护（parenting）功能。与之相伴的是价值与道德在社会维度上的转变："从'自发判断及个人的负责制'转变为'标准化的技术与品质'。"❷

社会既已取代家庭来监护个体的成长，个体的超我－我－它我结构也随之发生改变。马尔库塞说："在政治经济的规则下，在文化垄断的规则下，成年人的超我的形成，似乎已跳过个体化的阶段：一般的个体会直接变为社会的个体。"❸客观的管理系统取代父亲来执行对于攻击性冲动的禁令。在日常生活的实践中，匿名系统与制度开始决定、满足与控制个体的欲望——马尔库塞在这里开始倾向于一种马克思主义式历史－政治的决定论。用弗洛伊德的话说，个体的超我在现代社会进入了"集体的"状态。在这一新时代

---

❶ Marcuse, *One Dimensional Man: Studies in the Ideology of Advanced Industrial Society*, Boston: Beacon Press, 1964, p.124.

❷ Marcuse, *Eros and Civilization: A Philosophical Inquiry into Freud*, p.87.

❸ Ibid., p.88.

中，意识的主要任务，变为个体与总体之间的协调与自我管理。❶
这样的协调削弱了不快乐的感觉，同时改变了快乐的意涵。这一概
念在现代社会表达了一种"超越私人和主体性的境况"；与此同时，
快乐的条件变成了"普遍性的麻醉"❷。

　　在此境地下，社会－父亲与其原子化的个体之子之间的关系也
与弗洛伊德式原型不同：

> 这一社会权威被吸收进个体的"良知"以及无意识，并且
> 作为其自身的欲望、道德及满足来发挥作用。在这一"正常"
> 的进程中，个体"自由地"将抑制体验为其自身的生活：他欲
> 求他被期望所欲求的；他的满足无论对自己还是对他人来说，
> 都是有利可图的；他合理地，经常甚至是热情洋溢地快乐。❸

　　这一现代版本的父子关系中的两个首要特征即为表现原则与过
剩抑制。在表现原则中，个体获得异化。与爱欲在现代生产条件下
的变化直接相关，马尔库塞的异化概念帮助他获得了对文明与性之
间冲突的新版本："性与文明之间的冲突，随着支配的进展而展现
开来。"❹现代社会同时发展出了与自身相符的爱欲发展阶段与原则，
其中，个体的身心全部服从于生产的首要性，而个体也毫无意外地
整合进这一社会的整体性之中。在马尔库塞看来，其结果则是拟态
（mimesis）：个体对于社会整体的认同。❺

---

❶　Marcuse, *Eros and Civilization: A Philosophical Inquiry into Freud*, p.94.

❷　Ibid.

❸　Ibid., p.42.

❹　Ibid.

❺　Marcuse, *One Dimensional Man: Studies in the Ideology of Advanced Industrial Society*, p.10.

在这一马尔库塞式的父子故事中，第三个特征即在于社会对于个体的"平面化"。这一社会之父，总是力图抹平他自己与其个体之子之间的冲突、差异与不平等。通过融合娱乐与教育的方式，他试图去除个体成长中的痛苦。但是在失去苦难感知的同时，个体也失掉了"自我"，以及自我反思的能力。个体由此成为单向度的人。

这并不意味着现代发达资本主义不能容忍反抗。恰恰相反，我们可以发现自由与容忍。只是这一自由与容忍，正如马尔库塞在其《抑制性的容忍》一文中明白指出的，恰好又"服务于压迫的因由"❶。也就是说，在现代发达资本主义社会中，"极权主义的民主"可以成功地将异议表达为其自身的相反方向。原因在于："是整体决定着真理……也就是说，其结构与功能决定了每一种特别的境况与关联。"❷

如此，马尔库塞发现了一个俄狄浦斯故事的新版本：在现代社会，伴随着理性化的进展，"社会劳动等级体制的发展不仅使得支配理性化，而且还'包含了'对于支配的反抗"❸。

马尔库塞的俄狄浦斯故事终结于新形式的支配。在这一支配中，真正的反抗变得全然不可能。这样的反抗将会成为最为严重的罪恶。因为它不再是对抗某个个体，不再是对抗某位父亲。它将是对抗全体社会，对抗"确保了财产的英明秩序以及针对人类需求的不断进展的满足"❹。

对于马尔库塞自己来说，这一点与弗洛伊德的俄狄浦斯版本并

---

❶ Marcuse, Herbert, "Repressive Tolerance". In Wolff, Robert Paul, Moore, Barrington & Marcuse, Herbert, *A Critique of Pure Tolerance*. Boston: Beacon Press, 1965, p.81.

❷ Ibid., p.83.

❸ Ibid., p.82.

❹ Marcuse, *Eros and Civilization: A Philosophical Inquiry into Freud*, pp.83-84.

无太大不同，因为弗洛伊德的版本，终结于无限的"父权制专制"的重复往返之中。这种循环，无论是对原始社会，还是对现代的社会主义革命，都是共同的命运。用他自己的话说，就是：

> 从古代世界的奴隶反抗到社会主义革命，被压迫者的斗争都终结于一个新的、"更好的"支配系统；进程只体现在控制链条的改进中。❶

这一权威性社会之父的支配结构的普遍性，还在于它与正常和健康概念的结合。现代社会的"正常性功能"——将自身的固有结构解释为正常与健康的倾向——使得它自己具备了"疗治性角色"。

正常性功能的首要意涵是使人们感受到其生存处境的正常化。在这样的正常性功能的作用下，一个正常的或者健康的人意味着"一个人符合所有的要素，以便可以使自己在社会中与他人相处。这些要素正是抑制的标记，是一种残缺不全的人的标记。这种人在他自己的抑制中，在对可能性的个体与社会自由的控制中，在攻击性的释放中，与他人合作"❷。

因此，一个病态的社会同样具备正常性功能。但是无论从弗洛伊德的人的反社会性出发，还是从马尔库塞自己对于"匮乏"的强调，我们都可以发现，马尔库塞对于病态社会的定义，明显指向了现代社会。

在这一分析中，马尔库塞发现了类似于弗洛伊德所主张的个体反社会性。马尔库塞对于个体攻击性的讨论，同样基于现代社

---

❶ Marcuse, *Eros and Civilization: A Philosophical Inquiry into Freud*, p.82.

❷ Marcuse, *Negations: Essays in Critical Theory*. Translated from the German by Shapiro, J., Publisher's foreword by Yong, R. M. London: Free Association Books, 1988, p.254.

会的基本结构。❶不同之处在于，弗洛伊德笔下的人之反社会性来自个体与文明之间的冲突，而马尔库塞的讨论，则不出意外地仍然建基于社会结构对于个体心理的塑造。在马尔库塞那里，现代社会文明化与攻击性的本质，通过其正常化的功能，同时内化在现代人身上。现代社会中的人变得更加温文尔雅、唯命是从，与此同时也更具攻击性。不过这一攻击性，与社会性的反抗已经毫无关系了。

尽管马尔库塞将俄狄浦斯的故事从家庭内部的爱之政治发展到了社会分析的维度，但是无论如何，我们无法在马尔库塞的俄狄浦斯版本中，发现弗洛伊德式的反抗，甚或是相关的情感动力学。若要继续讨论官能症的现代社会意涵，我们就不能忽视在 20 世纪发展出来的另一个哲学传统对于现代人心灵的探索：存在主义现象学。这一哲学传统与精神分析的汇流，被认为既具备同样的历史与文化方面的起源背景，又与其他在早期脱离了弗洛伊德主义的流派不同，而可能"给出一种对处于危机之中的人所面临的所有情境之基础的现实的理解"❷。这是我们得以继续思考现代社会官能症的契机。存在主义的精神分析，因为能够关注到患者整体的、海德格尔意义上的"世界"之根本变化，而足以成为精神分析运动的新的可能性。不过，我们的考察若要继续保持社会学的核心关怀，就要意识到，宾斯万格与罗洛·梅等人在这一方面的努力实际上忽略了阿伦特在存在主义与社会思想两种传统的基础上对于现代社会的分析。这一分析集中体现在对于艾希曼（Eichmann）这一案例的考察。

---

❶ Marcuse, *Negations: Essays in Critical Theory*, 1988, p.258.
❷ 梅,《存在：精神病学和心理学的新方向》, 第 8 页。

四、阿伦特的艾希曼

在西方社会－政治理论中，对以奥斯维辛为代表的"二战"苦难的反思，汉娜·阿伦特的《耶路撒冷的艾希曼》被认为是最具"概念性突破"的一本著作，它以一种全新视角来研究浩劫，并改变了世人的集体记忆。对于该书的讨论已经很多，"恶之平庸"（the banality of evil）这一概念也为大众所熟知。此处的关键问题是：我们如何从阿伦特所身处的思考传统中，理解她的"恶之平庸"？这样的理解，又如何帮助我们去思考社会官能症？

从耶路撒冷的审判中，阿伦特发现，恶从来都不是"根本的"（radical），最多是"极度的"（extremely）。她发现浩劫这样的恶既没有深度，也没有"恶魔般的性质"。她如此描述这种恶："它可以过度疯长，遍布全世界，它蔓延起来恰如表层上的真菌一样。它是'反思想的'（thought-defying），正如我说过的，因为思想力图达到某种深度，究根溯源，而在面对恶的时候，思想却一败涂地，因为在恶那里，思想一无所获。" ❶

这一段深得海德格尔风格的文字，当然也有着阿伦特自身的思想背景。因为在她还将浩劫称为"极端恶"的时候，就否认了可以依靠思想史的资源来理解浩劫。

就"恶之平庸"而言，浩劫不再是只发生于犹太人身上的特别事件，而是一个具有普遍意义的问题。所谓普遍意义首先指浩劫是一种"反人类罪"，而不仅仅是反犹太人的罪；其次是指每个个体

---

❶ Arendt, Hannah, *Eichmann in Jerusalem: An Exchange of Letters between Gershom Sholem and Hannah Arendt*. In Feldman, R. H. (Ed.), *Hannah Arendt: The Jew as Parah*, New York: Grove Press, 1978, pp.250-251.

身上都潜藏着成为艾希曼的可能性。阿伦特首先以一种现象学人类学的方式来解释她这一"恶之平庸"。在她的研究中，艾希曼被描绘成了一个"正常的"、体制化了的人。他在为极权主义官僚体系工作的过程中，毫无反思能力，成为庞大的管理机器中的一个零件。阿伦特认为，艾希曼与其他人并无不同，他就是一个正常的人或者普通的人。

此种正常性，正是所谓恶之平庸的具体体现。而这种正常性，所指的并非只是艾希曼，还包括纳粹的官僚体系以及在浩劫中运用的现代科学技术。正如鲍曼所说，现代文明虽然并非浩劫的充分条件（sufficient condition），却是必要条件（necessary condition），若非现代文明的发展，浩劫本身是不可想象的。虽然阿伦特并没有表明纳粹体系与现代一般意义上的官僚系统性质相同，但是她也的确指出了现代官僚体制的两种危险：首先是无人的管理（the rule of nobody），即"阻碍人们的参与感，因为官僚体制的命令性的管理会导致人们感觉可以从影响其自身的决策结构中割裂出来"❶；其次就是她从艾希曼身上所发现的"无思想性"。在这样的官僚体系里，不允许反思的可能，也没有所谓"良知"的空间。在生活的迫切要求下，官僚体系可以成功停止人的反思，而由于成功地将个体与决策结构区分开来，官僚体系也同样让人失去了责任感和道德感。

这与鲍曼的判断几乎吻合。鲍曼认为："它（浩劫）是（现代）社会、文明以及文化的问题。"❷如何理解这一判断？在其现代性讨论中，阿伦特显然并非从个体的异化角度来理解艾希曼的无思想性的——无论是马克思主义传统之中的异化，还是韦伯的异化。正如

---

❶ May, L., & Kohn, J, *Hannah Arendt: Twenty Years Later*. Cambridge, Mass.: MIT Press, 1996, p.88.
❷ Bauman, Z, *Modernity and the Holocaust*. Cambridge: Polity Press, 1989, p.X.

她在《耶路撒冷的艾希曼》出版三年之前所说的：

> 如果极权主义的种种因素确实可以通过对于历史的重新
> 追溯，以及分析我们称之为本世纪的危机的那些政治牵连
> （implications）来理解，那么理所当然的结论就是这一危机不仅
> 仅来自外部，不仅仅来自德意志或者俄罗斯的某些侵略性的对
> 外政策，而且它不会随着斯大林的死亡而消失，正如不会随着
> 纳粹德国的灭亡而消失一样。在极权主义时过境迁之后，我们
> 这个时代的真正困境，甚至有可能就是它们的真正形式——尽
> 管未必是其最严苛的形式。❶

对于阿伦特来说，我们这个时代的真正困境，不在于以纳粹德
国为代表的极权主义形式——它只是表达形式之一而已。我们这个
时代的真正困境，需要从现代人的存在处境去理解。

阿伦特认为，现代的核心特征之一，是社会的崛起。所谓社会
的崛起是指从现代早期开始的市场经济的扩展，以及持续增加的资
本与社会财富的积累。随着社会的出现，所有事物都变成了生产、
消费、获取和交换的客体。

阿伦特意义上的社会，作为一种现象，既非私人性的，也非公
共性的，却对这两种空间都产生了关键性影响。随着社会的出现，
私人空间及其活动具备了"集体性的"（collective）意涵。而与法兰
克福学派对于现代社会的批判不谋而合的是，阿伦特认为，社会的
出现及其发展正与家庭的削弱相呼应，即家庭体（family unity）开
始被吸收进相对应的社会群体（social groups）之中。原来隶属于家

---

❶ Arendt, Hannah, *The Origins of Totalitarianism*. New York: Harcourt, Brace & World, 1976, p.460.

庭的行为开始被吸纳入公共空间之中，劳作这一原本属于私人领域的活动，开始进入公共空间，公共与私人之间的界限逐渐模糊。但是，阿伦特的社会概念并非公共的概念。与公共空间不同，阿伦特的社会在所有可能的层面上，都排除了行动（action）的可能性。进而，这一社会开始执行其正常化（normalize）的功能：对于它的每一位成员，社会都期望着一种特定的动作方式，都会强加诸多规则。所有这些动作方式与规则，都会将其成员"正常化"：使得他们动起来，而排除自发的行动或不同的后果。在这样的社会之中，行动不可能成为人际关系的形式，而最终，社会必将达致其"现代平等"的胜利。阿伦特认为，公共领域的基本特征，就在于其"自发出现的无数视角与面向，在其中，普通的世界得以显现，而普遍适用的规则，或完全的掌控者，永不会出现"❶。而在现代大众社会，这样一种公共领域很难出现，或很难为继。如此，随着私人空间和公共空间边界的模糊化，个人陷入了一种极端的"个人性"。与此相关的，一是群体性所隐含的作为认同基本要素的他者性（otherness）的消失——所谓他者性，是说一个人只有在一种公共域（public realm）之中，在与他自己不同的其他人当中，借由行动和言说（speech）才能获知自我认识；二是"孤独的普遍现象"（the mass phenomenon of loneliness）得以可能。在阿伦特看来，这一大众孤独现象的最终阶段，可能就是极权主义所导致的多余化。

与集中营里的人不同，阿伦特认为，行动的正常特征应是其内在的"不可预知性"，一个行动的全部意义只有在行动结束以后才可能被理解。这与集中营里的那种反应式的、可以预知和控制的，几乎类似于驱力反应的活动状态完全不同。但是这种动作取向上的

❶ Arendt, Hannah, *The Human Condition*, Chicago: University of Chicago Press, 1998, p.57.

第 4 章 社会官能症初探 **235**

不同，并非此种不可预知性的全部意义。进而阿伦特强调，行动结束以后，行动的意义才会出现，而只有在行动结束以后的故事中，行动才会获得它的意义，行动者才会找到他的自我认同。在所有这一切进程中，他者的出现是最基本的保障。这一他者指的是群体性意义上的他者。在浩劫之中，这一他者空间的积极意义，在对于犹太人的抓捕之中，在集中营之中，彻底消失了。而在现代社会，行动也有着消失的可能；而与这一可能性同时存在的，是孤独的普遍现象以及个体认同的消失。

上述私人领域中的劳作被吸纳入公共空间的过程，同时还造成了现代社会的另外一个特征：消费者社会（consumers'society）。在这样一个社会中，快乐变成了最高的真理。但是，对于快乐的普遍追求，却伴随着普遍的不快乐：它们本就是一体两面的东西。消费者社会从一开始，就隐含着一个不快乐的维度，这"一方面是因为劳作与消费之间的不平衡"，另一方面是因为"劳动的动物（animal laborans）会无止境地追求一种当生命过程由消耗与再生、痛苦与脱离痛苦达致完美的平衡才可以达到的快乐"❶。在劳作的境况中，由于产品开始占据主要位置，人已经变得异化，而这一无止境的异化最终结果就是无意义性（meaninglessness）。

阿伦特思想中的异化有两种：世界异化与地球异化。所谓世界异化，是指伴随着社会的崛起，一种主体交互构成的经验与行动世界的丢失；而人类在传统中正是借助于这种世界，才得以建立自我认同和充分的实在感（adequate sense of reality）。阿伦特相信，如果我们任由其按照自身规律发展，世界异化会达到更为极端的程度。现代社会的兴起所带来的公共领域的崩塌，对于现代孤独大众的形

---

❶ Arendt, *The Human Condition*, p.134.

成至关重要，同时也导致了在现代社会中，在意识形态性大众运动中无世界精神的状态。对于阿伦特来说，是世界异化，而非马克斯·韦伯的自我异化，才是现代社会的基本特征。在这样的世界异化中，现代人并未像海德格尔所说的那样，被抛掷到世界之中，而是在其被抛中，只剩下了自身：被抛掷到其自身。

所谓地球异化（earth alienation），是指逃脱地球限制的意图。在现代科技的刺激下，我们通过对空间的探索，通过在实验条件下重造生命，试图扩展我们已有的寿命，来寻找克服地球限制的境况。地球异化所讨论的是现代的另外一个核心特征：现代科学。现代科学对日常生活的入侵体现在，随着社会的兴起，数学已经成为一种"人的心智结构的科学"，即人的思维方式已经被数学殖民化了，数学成为现代实质意义上的基础科学。而建基于数学之上的现代科学对于日常生活的影响，甚至可以成为现代的一个特征。

科学家对于自然的掌控，是经由实验与工具来完成的。这一对自然的掌控过程，预设了其"活动的规则与新的判断标准"。传统的理论只是对于"所关注之物的沉思"，并因此而只是接收在理论家面前"开放的实在"（the reality opening up before him），现在则变成了一个"成功"（success）的问题；而对于理论的检验也变成了"实践性的"（practical），即变成了一个"它是否行得通"的问题。伴随着这一过程，"理论变成了假设，而成功的假设，则变成了真理"。

与此同时，现代哲学在笛卡尔那里的转向与这一成功遥相呼应。笛卡尔的哲学，即他著名的怀疑工作，表明了"即使在这个世界上没有真理，至少人自身可以是'真的'（truthful）；即使这个世界上没有可以依靠的确定性（reliable certainty），至少人是可以依赖的。如果我们可以找得到救赎，那么这一救赎必定存在于人自身之中。最后，如果由怀疑所导致的诸种问题，可以找到一个解决之道，那么它只能来自人的怀疑自身"❶。

阿伦特认为，这一笛卡尔式的反省是如此重要，因为它与科学的进程所带来的结论相呼应，并已经成为现代最普遍的精神："尽管人们未必明了作为被给予的、被揭示的真理，但人至少可以知道他自己制造出来的那个。"❷这已成为现代社会的常识。

上述的这一变化，导致了现代的一个重要的精神后果："在思（thinking）与行（doing）之间关系的颠倒。"在这一翻转之中，沉思自身变得全无意义。❸在此，阿伦特所指的并非只是智识领域，还包括常人的经验范畴。

如此，人只能知道和相信他自己的造物。这一信念，即人的造物不仅包括自己生产出来的东西，还包括那些他不生产，但是可以理解其内在生成和发展逻辑的东西。在此，科学的重点，从"何所是"（what）和"为何"（why）转向了"如何"（how），知识的客体变成了过程，而科学的客体变成了"历史"。由此而来的信念，即"人是所有事物的准则（measure），已经变成了一种被普遍接受的共识，而这一过分骄傲的信念，带来了另外一种'没有不可能'（everything is possible）的信念"，并且最终在极权主义的"制造人类"（fabricating mankind）的计划中清晰地表达了出来。为了达到这一目标，人的群体性以及自由成为必须被克服的首要障碍。而这最终导致了浩劫。正是阿伦特所谓的时代精神，即对于人类力量无限性的过分骄傲的信念，才是我们去理解她所谓浩劫的关键。

但是时代精神还不足以全面理解现代所隐藏的危机。现代科学

---

❶ Arendt, *The Human Condition*, p.279.

❷ Ibid., p.282.

❸ Ibid., p.292.

的发展与"相伴随的现代哲学的进展"为现代个人带来了精神上的关键变化。而这一日常生活和常识中的转变与极权主义哲学的内在逻辑并无区别："人开始将自己视为两种超人的、无所不包的进程，即自然与历史进程（the development of Nature and History）的一部分。"

现代人确信能够掌握自己的命运。在这一逻辑中，新的代际对于时间的掌握，成为他们最有利的武器。"如果我们可以找得到救赎，那么这一救赎必定存在于人自身之中"——在这一充满自信、生气勃勃的断言中，我们可以发现在马尔库塞的单向度的人那里所欠缺的情感动力学。尽管这一情感动力学，仍然是无思想性的。

在世界异化的过程中，现代人被抛掷到其自身。这一抛掷到其自身需要与地球异化结合起来进行理解。阿伦特认为，现代的世俗化过程及其对宗教世界的翻转，并没有动摇在基督教社会中建立起来的"生活／生命的神圣性"这一信念，而是将其继承了下来。在现代社会，生活／生命这一超过任何其他事物的优越性，已经变成了不证自明的真理。现代的最基本假设：生活／生命，而非世界，才是最高的善。但与此同时，现代的世俗化过程、笛卡尔式的怀疑及其后果以及信仰的丢失三者共同作用，打消了个人生活／生命的永恒性，或者至少是对于这种永恒性的确定性。现代人因此而被"抛掷到自身" ❶。

这一抛掷的后果是严重的，阿伦特认为，无论"世俗"这一概念在现代性讨论中有何种意义，"历史地来看，它无法与现世性（worldliness）相提并论"。但有一点是肯定的："当现代人失去了其他世界的时候，无论如何也不会得到这个世界；严格说来，他

---

❶ Arendt, *The Human Condition*, p.320.

也没有获得生活／生命。"❶现代人被抛掷回生活／生命，意味着他被抛掷回"自我封闭的内向反思之中"，而这在现代社会，如上所述，其最高成就也不过是意味着一些数学式的运算而已。而这其中的矛盾在于，其运算的内容不过是欲望，也就是"被他误以为是'激情'的那些身体上的无意义的冲动。而且它们是'非理性的'激情，因为他发现自己不能对其'理喻'，也就是说，无法对它们进行推算／运算"。正是在这里，阿伦特道出了艾希曼"无思想性"的确切意涵。而我们无法在马尔库塞那里发现的"反抗"，在这一无思想性的艾希曼身上得到了体现，而这确切无疑就是他的日常工作。毫无个性特征的常人（das Mann）一方面呈现出原子化的状态，另一方面呈现出流亡者的状态 ❷，而这正在被认为是一种"正常"。个体通过日常工作来暂时脱离现代存在问题所带来的焦虑感。恰恰是在这一过程之中，韦伯意义上的现代行动者变成了毫无反思能力的艾希曼。这里的无反思性，并非指他们没有反思的表现。如前所述，当现代人以"知识"和自身的意见来面对与处理面前的世界的时候，每个个体几乎都成了一名"知识分子"，并以自己的方法论来对抗这个世界。不过，意见和知识却与思考并不相同。这正是阿伦特所分析的现代这一重大转折的意涵。如海德格尔所言，抱持有各种意见的大众，正是因为"人云亦云"，而获得了其"被抛"的大众状态。意见总是会被无穷无尽地生产出来。但是这种过度的意见，貌似对一切都能够发表意见的过度反思，却与真正的思考毫无关系。

---

❶ Arendt, *The Human Condition*, p.320.
❷ 即我在《方法论与生活世界》一书中所讨论的"流亡者"的状态。参见《方法论与生活世界》，生活·读书·新知三联书店，2018。

五、爱的政治－社会学与微观法西斯主义（micro fascism）

阿伦特所描述的现代人之存在的状态，与存在主义现象学传统中的理解颇为一致。正如罗洛·梅所指出的，现代人最为严重的问题之一，就在于"他们已经失去了他们的世界，失去了他们对社会的体验"❶。这一点，自克尔凯郭尔和尼采以来，存在主义者们就一直不断地指出和描画过。❷

从这一背景来理解现代资本主义体系下个体与社会之间的冲突，当然仍要从弗洛伊德的文明理论开始。对他来说，官能症在现代主体那里发生得如此频繁，以至于已经变成了我们的时代病。但是，官能症并非在现代社会里才产生的——它是弗洛伊德所定义的文明社会的命运。在文明社会的背景下来理解官能症，最重要的病因学因素是文明通过在自身中盛行的"'文明化的'性道德"❸对性生活（sexual life）的压制（suppression）。

文明自身的运动正是基于各种永恒的冲突才得以可能。这其中的主题，包括爱欲、攻击性驱力与社会的规训，包括弗洛伊德后期讨论的"爱欲与死亡""生活的驱力与死亡的驱力"，当然也包括所

---

❶ 梅，《存在：精神病学和心理学的新方向》，第71页。

❷ 例如，罗洛·梅指出，雷斯曼（Riesman）在其《孤独的人群》中，弗洛姆在其《逃避自由》中，以及加缪和卡夫卡分别在《陌生人》和《城堡》中，都以惊人的相似性描述了这一无家可归、与世界无甚关联的陌生人状态。而这一状态在现象学社会学中的具体体现，我在《流亡者与生活世界》一文中做过详细讨论，见《方法论与生活世界》，2018。

❸ Freud, S., "Civilized Sexual Morality and Modern Nervous Illness", *P. F. L.*, Vol. 15, 1908/1985, p. 37.

有这些的基本载体或者是其总和——个体与文明社会之间的冲突。不过，值得注意的是，尽管对于文明的分析如此灰暗，弗洛伊德仍然没有发展出一种对现代社会的暴力和其他负面部分的分析。[1]所以，通过重返弗洛伊德的经典精神分析，我们或许可以发现一种针对上述灰暗的人类境况的出路——只不过这一努力，仍然要采用弗洛伊德和现象学所共同采取的基本态度：面对事实本身。[2]由此出发，我们才能够有积极的发现。

在经典精神分析所发展出来的传统中，威廉姆·赖希对于极权主义的分析，可算是典型的弗洛伊德主义研究。通过对于极权主义大众心理学（mass psychology）的考察，赖希发现了在现代大众心理中对于权威的渴求结构。[3]这一心理结构不仅是极权主义得以实现的基础之一，更是社会发生革命性变更希望渺茫的心理因素：因为革命"并没有对大众常人那典型的、无助的和服从性的性格结构，带来一丁点儿的改变"[4]。

赖希显然在心理结构上将大众描绘成了弗洛伊德式的幼童。这是弗洛伊德经常采取的观察和分析角度。在关于自恋的讨论中，弗洛伊德的理论为我们理解赖希的诊断提供了更为基础性的判断。弗

---

[1] 在这一主题上，弗洛伊德唯一的讨论线索，在于他提出在文明的进展与个人的成长之间有着本质上的近似性。由此，诺曼·布朗经由个体的生活史作为神经官能症的来源而认为，"所有的文化与它们的文化遗产之间的关系，乃是一种神经官能症式的束缚"。（Brown, *Life Against Death: The Psychoanalytical Meaning of History*, 1985, p.12）这为我们在文明进化论的基础上讨论现代化以及各种形式的殖民主义与后殖民主义提供了一个可能的方向。

[2] 弗洛伊德的临床技术与现象学之方法论的一个极其重要的态度取向，就是都主张"面对事实本身"——虽然这一口号的意义在双方那里完全不同。对于弗洛伊德来说，能否引导患者正视发生在自己身上和生活中的冲突以及无法接受的事实，是精神分析治疗能否成功的关键，也是最为困难的地方。

[3] Reich, Wilhelm, *The Mass Psychology of Fascism*, New York: Farrar, Straus & Giroux, 1970, p.216.

[4] Ibid., p.xxvi.

洛伊德认为，由于自恋的男性永无机会真正成熟，所以任何革命性的政治永无可能超越幼儿式依赖以及政治权威主义。

阿伦特与马尔库塞为这一悲观的论断加入了新注脚。无论是马尔库塞所谓单向度的人，还是阿伦特所描述的平庸的人在现代被"抛掷到自身"的无思想性状态，都表达了一种弗洛伊德式的幼儿状态。但是这种幼儿，同时体现着官僚体制式纪律、条例、理性化以及获得了新式信念的孤独个体。他仍处于尚未发展出理智的未成熟状态，但是他具备饱满的热情——或者说，欲望——和算计的能力，以及由此种能力所代表的死亡驱力。这一现代性的成年幼童的典型代表，就是耶路撒冷的艾希曼。

这样的成年幼童与现代国家之间的关系，借用弗洛伊德的话来说就是：如果仔细分析艾希曼从他的帝国那里获得的指令，以及所有极权主义国家的指令逻辑——以阿伦特的发现为基础，进而到达现代社会自身的逻辑，我们会发现，这一逻辑不过是现代性自恋的表达而已。人自身成为标准，救赎一定存在于我们自身之中，以及最终那著名的"我思作为最终的可靠性"，与自恋的父母对其子女潜力的过分夸大极为相似。让我们再次对比一下这两段弗洛伊德的话吧：

> 孩童将要完成那些父母一相情愿的梦想——那些他们从未实现的梦想：男孩要成为伟大人物，要成为他父亲领地上的英雄 [an Stelle des Vaters]；女孩要嫁给某位王子，要成为她母亲迟来的代偿……父母之爱，如此感人，究其根本又如此孩子气——不外是父母自恋的故态重萌而已。这一被转化为客体之爱的自恋，明白无误地表明了其早先的性质。❶

---

❶　Freud, S., "On Narcissism: An Introduction", *P. F. L.*, Vol.11, 1914/1984, pp.90-91.

而在孩童方面，则有着一个刚好相当的心理进程。这一心理进程在表明个体对其权威的认同的同时，也表明了与其权威父亲并行的自恋：

> 一个小男孩会对他的父亲表现出特别的兴趣；他会像他那样成长，成为他那个样子，并且在任何地方占据他的位置。我们可以简单地说，他将他的父亲作为理想。这一行为绝非是对其父亲（以及对一般男性）的消极的或者女性的态度；相反，这是典型的男子气概（masculine）。它与俄狄浦斯情结全然相洽，并为其铺好了道路。❶

自恋的心理特征首先在于对客体之爱的放弃，即力比多从对于外部世界的兴趣转移至自我。这一进程在心理上的表现之一就是狂妄自大（megalomania）。弗洛伊德对于这一概念的解释是："对于他们的意识或者精神行动力量的过高估计。"❷这一自恋的心理特征，与渴求权威的心理结构并不矛盾。恰恰相反，弗洛伊德认为，这一心理状态，在个体那里正是幼儿期缺乏父爱的结果。自恋，恰恰是将自己的力比多，集中到了自我这一被置于权威位置的对象上。在自体性欲和客体之爱之间，弗洛伊德加入了一个自我爱恋（erotic self-love）的阶段。而自恋这一心理进程的必然结果，一定是自我理想（ego ideal），即国家社会为自我设立的完美类型。

阿伦特关于现代平庸的人的讨论，恰与弗洛伊德对自恋的解释相融洽。掌握了时间的诸子，带着无所不能的信念，被抛掷至自

❶ Freud, S., *Group Psychology and The Analysis of the Ego*, *P. F. L.*, Vol.12, 1921/1991, p.105.
❷ Freud, S., "On Narcissism: An Introduction", *P. F. L.*, Vol. 11, 1914/1984, p.74.

身，回到了内向的自我封闭之中。他们丢掉了信仰和永恒性，同时也在异化中丢掉了对客体的爱，剩下的唯一关心是对于欲望的算计——这为他们对于权威的反抗／崇拜提供了再合适不过的现代性氛围。他们既需要来自权威的爱与关心，以提供永恒性丢失所带来的确定性，也渴望有施展驱力（drive）的机会，以便以自我的身份来实践权威对他们提出的要求——将对于权威的虚幻想象，和这一想象所设立的真实理想，投射到日常生活中的自我当中。而日常生活／工作，则成为这一破坏力的主要战场——各种貌似反思、实则过度算计的现代人的意见，并无法面对这一事实本身，恰恰相反，却以各种聒噪的喧嚣，为自己——弑父的幼子——摇旗呐喊。

弗洛伊德通过对无意识的研究，恰恰证明了阿伦特所描绘的笛卡尔的不可能性：人的行动所依靠的自身力量，并不是完全被我思意识到的。在自我的意识和意志之外，有着更为强大的无意识的力量。阿伦特所讨论的艾希曼的形象，在弗洛伊德看来，是不够充分的，平庸的恶并不仅仅是笛卡尔以来的数学思维所造成的，也不仅仅是一个胡塞尔所谓的欧洲科学的危机的问题。他还是一个人类命运在现代的体现。即在其例行化的日常生活中，微观法西斯主义既被他对于权威的渴求与"自然和历史的伟大进程"理性化，同时也被他所处的纳粹德国"正常化"。艾希曼身上的反社会性，已经不仅仅是一种茫然无序的狂野冲动，也不仅仅是针对某个个体。从霍布斯到弗洛伊德一脉相承的对于人之反社会性的思考，经由官僚体制、纪律、条例，经由以匮乏为其经济理论基础的"争夺生存空间的"这一理性化，以及在官僚体制中"最终解决方案"以一种理性化的面貌出现，乃至于经由朝九晚五的日常生活中的每一点平常琐事，在艾希曼身上有条不紊地表达了出来。作为一个现代性的孤独孩童，艾希曼通过他对犹太种族——也即人类自身——的理性化屠杀，清晰地表明了现代弑父者的新特点：恶之平庸化。而弗洛伊德在对宗教的反思中所表达出来的对科学的乐观态度，也没有得到证实。精神分析希望科学可以成为人类系统地超越幼稚的努力，但是根据阿伦特的讨论，恰恰相反，历史已经证明，科学除了不能解决意义的问题之外，还为人类带来了更为深刻的无思想性的处境——毕竟，艾希曼除了他的帝国为他设立的自我理想之外，再无其他的思想来源。

进而，从阿伦特的解读来看，艾希曼丝毫没有意识到他的屠杀工作中所存在的反人类性。按照艾希曼的自我辩护，他的罪恶感，反倒应该存在于他对所接收到的命令的违背上。这说明，艾希曼的反社会性与他充满敬意的爱——他对帝国的爱——并行不悖。对于阿伦特最为有力的批评之一，就是她忽略了希特勒所著的《我的奋斗》，忽略了一大批忠心耿耿地为帝国献身的年轻人，也忽略了艾希曼对于他的帝国的感情。但是服从命令这一行为本身，即代表了艾希曼对于他的帝国及其体制的认同。在这一认同中，艾希曼成功地向我们证明，自恋可以以极端的自我和认同的方式来同时表达。所以对于艾希曼的审判，强烈地表达出弗洛伊德主义中打破宿命的唯一道路的不可能性："在，但是不要像你父亲那样！"（Be，do not be like your father！）

然而，这一革命式要求和努力并不能带来任何新的东西，反而会成为堕入命运的道路。我们在讨论俄狄浦斯情结时已经表明，如果要真正有所改善，所需要做到的，恐怕并非彻底的革命，而是在韦伯和弗洛伊德共同坚持的理解意义的基础上，以敬畏之心徐图创新与和解。所谓理解，在此指的是存在主义精神分析的基本主张：重新将人处于其世界之中。换句话说，重返作为身体社会学和家庭社会学意义上的"完整的人"。海德格尔在世之在（being-in-the-world）的概念，在这一发展中被赋予了复数的意义，即承认多重的世界，承认不同的世界。而这一点，意味着重新发现理解的多重可能性，以及在这一过程之中，理解本身所可能获得的超出理解自身的可能性：

> 在古希腊语和希伯来语中，动词"知道"与"性交"是同一个词。这在《钦译〈圣经〉》中屡有佐证……因此，知道与性爱之间的词源学关系极其紧密。虽然我们不能就此话题深入讨论，但是至少可以说，知道他人，正如爱着他人，含有一种融合、与他人辩证地参与的意味。……广义上说，如果一个人要理解他人，就必须要有爱他人的准备。❶

对于韦伯来说，个体意义仍是一个坚守此世的重要目标。而在韦伯的方法论中，现代人变成了一种既具有内在激情，又有严格的自我规训；既能坚守此世的意义，同时又明了虚无之真正意涵，于焦虑中坚守当下，于琐碎的日常生活中不失宏大关怀，同时能将内心的感召（calling）与日常生活中的一言一行、一举一动密切结合在一起的形象。对于这一形象，如果说弗洛伊德有何贡献的话，那么首先就是对于理解意义的更为彻底的讨论。这一现代行动者，首先是能够理解的行动者，然后才能够讨论其他。与韦伯相比，弗洛伊德更像是一个令人备感温暖和坚定的长者。弗洛伊德的临床形象，正是以坚定的理性和康德式的公开运用自己理智的勇气，通过面对事实本身的方法，来对抗和纾解苦难。所以，理解在弗洛伊德

---

❶ 梅，《存在：精神病学和心理学的新方向》，第47—48页。

这里成为一种救赎之道，成为现代行动个体在疾病化的文明之中的自我救赎之道。

而就社会学和社会思想自身而言，弗洛伊德所阐发的官能症这一概念，及其内部种种复杂的牵连结构与本书所讨论的思想史上的可能性，或许可以为我们重新思考自身当下的处境与历史的关系——无论是近现代的历史还是更为长远的历史，反思我们当前的种种结构性的迷思，起到新的启发作用。在这一基础上，我们或许可以重新来反思社会学之可能性，反思社会学传统中的种种经典问题，以及一种新的社会学历史的可能性，还有它们对于我们当下的现实意义。

第 **5** 章

作为一种社会理论的精神分析：
重返有关灵魂的分析

行文至此，或许我们可以多少理解一些弗洛伊德写在那张卡片上的话了。精神分析的翻译，无论是在文本意义上的翻译，还是精神分析师对于症状的翻译，的确都需要关于其主题和语言深入而详尽的知识。只不过这一理解，还有第三层意义。这同时也是本书的主题：对人与社会之互构性的理解。

在《何谓欧洲知识分子》一书中，德国思想家勒佩尼斯如此描述欧洲历史上的知识分子：这是一种可以获得忧郁症的人。只有知识分子才会得忧郁症。换句话说，这一疾病带有自我的优越性，带有对常人的俯视性与反思性视角。不过在现代，伴随着社会的剧烈变迁与个体认同的巨大变化，当每一位常人都不得不以舒茨式的手头知识（knowledge at hand）和方法论来处理个人与世界之间关系的时候，即当每一个常人都成为知识分子，成为韦伯式或者涂尔干式的独立个体，并且通过方法论的方式来面对这个世界的时候，忧郁症开始以官能症的方式大规模暴发，成为现代人与现代社会的基本特征。

弗洛伊德正是在这一背景下出场的。在这一场以维也纳山坡路

19号为舞台的演出中，他通过聆听的方式，将每一个患病的俄狄浦斯，还原为具体生活中的个体，以此来纾解个体生活在社会与政治的时代变迁中所遭遇的困境。尽管他对于"进步"之类的概念毫无兴趣，或者毋宁说，他"不屑于"发展出一套现代性理论，然而他本人以及精神分析本身，却的的确确是现代性的产物，是紧紧镶嵌在欧洲文明史与现代史冲突中的产物。

在其著作的翻译与思想的传播过程中，伴随着理性化，弗洛伊德作品的灵魂，与其文本中"灵魂"这一概念的消失而一并消失了。这一思想史的流变不仅影响了精神分析，也随着英译本在全世界范围内的流传，而影响到其他的学科与思想流派。社会学也不例外。弗洛伊德逐渐从社会学的殿堂中消失；他不再被视为一位社会学家，他对社会学的影响也逐渐式微。与此相应，社会学自身的发展史，也呈现出典型的"理性化"特征。在社会学研究中，也越来越少见到"灵魂"出场了。

接下来，我希望通过对弗洛伊德核心概念的重新梳理来表明，弗洛伊德的工作本身就是社会学的研究。弗洛伊德永远同时从现象学意义上的生活世界与生命史的交叉视角来理解任何一个人的当下，并以此作为出发点来理解人类社会。前文中讨论爱欲和官能症两个概念，既是为了探求在弗洛伊德思想中"灵魂"这个概念所可能具有的内在结构与动力机制，也在试图表明这两个核心概念所具有的社会学意义与分析价值。弗洛伊德的精神分析所具有的社会学色彩不止于此。如果将弗洛伊德的工作置于他所处的思想史与时代之中，我们会发现他的工作在问题意识、思考主题、理论框架以及影响力等诸多方面，都具有社会学的色彩。对此，我们可以首先从"家庭社会学"的视角出发来加以概括性分析。

一、弗洛伊德的家庭社会学

弗洛伊德与经典社会学家共享着某些问题意识和思考主题。从研究旨趣上来说，作为韦伯的同时代人，弗洛伊德的学术兴趣，堪称与韦伯一致，都集中在"人类如何成为其现在之所是的伟大问题"❶。问题意识当然并非弗洛伊德与社会学具有亲缘性的唯一原因，也不足以使得他的工作与社会学结缘。在这一方面，弗洛伊德用以理解人及其与世界之关系的核心概念官能症，虽然已经为其后的社会理论提供了极为坚实而丰富的基础，其真正的社会学意义却从未得到过阐发：弗洛伊德在每一个案例中所做的，不过是将症状视为行动者的言说，而言说的内容，无一例外都是文明个体在具体社会情境下的生命历史——尤其是家庭情境下的生命历史。而无论韦伯如何拒斥弗洛伊德的工作——我们或许可以将这一拒斥视为精神分析中典型的"抵抗"——在所有案例中的"谈话疗法"，以及弗洛伊德在其方法论中做的所有讨论，也与韦伯关于社会科学中的"理解"有着深入的吻合，弗洛伊德对于"灵魂"的理解，与韦伯相比甚至有过之而无不及，堪称"理解社会学"的经典案例。

我们知道，在社会学的传统中，阿尔弗雷德·舒茨通过借用现象学，尤其是胡塞尔的思想资源，为韦伯的理解社会学夯实了基础。❷不过，现在我们可以说，弗洛伊德的工作，与舒茨在后来的工作堪称进一步发展了"理解社会学"的两条最重要的线索。

---

❶ Hughes, Stuart, *Consciousness and Society: the Reorientation of European Social Thought 1890-1930*.

❷ Schutz, A., *The Phenomenology of the Social World*. Trans. by George Walsh & Frederick Lehnert, London: Heinemann Educational Books, 1967.

此外，精神分析与经典社会理论在有关西方现代人精神气质的思考方面也存在着亲和力的关系。弗洛伊德理论的核心结构即为俄狄浦斯情结。而在俄狄浦斯的结构中，动力机制就是乱伦与乱伦禁忌。这一故事的教益则是禁欲主义最重要的表达。在弗洛伊德的理论中，俄狄浦斯通过回答"那个谜题"而被认为是"最有智慧的人"，因此成了王，并且实现了乱伦这一儿时的欲望，成为最快乐的人。然而，他并不知晓这一谜底的真实意义。也就是说，这个自以为知道的人，其实一直都生活在命运中而不自知。他知晓谜题使得他成为人，然而成为人的必然要求则是乱伦禁忌。他的乱伦，恰恰是以他对于自己命运的这一无知为前提的。所以即便他成为王，也依然处在一个"儿子"的命运轨迹之中。他在当初并未去探究谜题背后的谜底：如果谜底是人，那么人是谁？这部戏剧从已经成为王的俄狄浦斯的询问开始，写作手法即是俄狄浦斯的不断追问，在那精神分析式的一问一答中，故事被层层揭开，俄狄浦斯逐渐明了，在这个故事里，人就是俄狄浦斯自己，就是我。而我是谁？这出戏剧表明，"我"不仅是在意识状态下所知晓的那些东西。"我"既是家庭的一员，是社会关系的集合；也是历史的承载者，而历史也是未来。"我"是历史与未来共在的命运的体现，而这一点并不为我所知。

在这一命运之中，俄狄浦斯通过实现儿时的乱伦欲望，表明了乱伦禁忌本身的力量。压抑／抑制这一对核心概念，本身即具有禁欲主义的思考色彩。我们在前文讨论过，弗洛伊德并非泛性论者，而是禁欲主义者。弗洛伊德这一核心的家庭社会学维度，从未被社会学史重视过。然而，这确确实实就是经典社会学的核心维度。禁欲主义本是韦伯理解欧洲何以为欧洲、现代何以为现代的核心线索，同样也是齐美尔理解社会性的关键 ❶，而乱伦禁忌更是涂尔干理解人类社会何以为人类社会的重要工作。❷弗洛伊德从爱欲到神圣、从儿童到社会何以可能的思考路径，更与两位经典社会学家所关心的问题，尤其是涂尔干所关心的问题如出一辙。

我们也知道，弗洛伊德的工作中对于社会理论的考察，是服从于他的精神分析理论整体的。对于弗洛伊德来说，官能症的结构，实际上并非仅指向家庭。或者毋宁说，家庭乃是弗洛伊德理解人类文明的基本结构。儿子与父亲之间的认同（identification）与因这一认同而产生的种种爱恨情仇，早已成为家庭社会学的基本讨论范畴。不过，对于弗洛伊德来说，这一讨论还有着更为深广的社会学意涵：弗洛伊德在此引入了"罪恶"和良知的概念来讨论文明与个体的关系。这两个概念来自两个类似并且互相关联的结构："我"与作为外在性权威之代表的"超我"之间的关联。而这一整套的心理结构体系，也是弗洛伊德进一步讨论个体与文明之间关系的线索。

不过，弗洛伊德并未止步于此。家庭社会学仍有其进一步的意涵。我们曾经讨论过，弗洛伊德始终认为自己真正感兴趣的研究主题是人类社会。从其前期著作到生平最后阶段的著作《摩西与一神教》，弗洛伊德始终相信，在人类社会中，家庭政治无法被超越，无论是在社会空间的维度上，还是在历史的维度上都是如此。就社会学的讨论层面而言，弗洛伊德更是强调，在自然状态与市民社会之间，并不会有什么差异。原因在于，俄狄浦斯情结乃是"所有官能症的根源"❸。正是以俄狄浦斯情结为代表的爱之关联（或者说情

---

❶ Simmel, G., *On Individuality and Social Forms*, Chicago: University of Chicago Press, 1971.

❷ 埃米尔·涂尔干，《乱伦禁忌及其起源》，汲喆、付德根、渠东译，上海三联书店，2003。

❸ Brown, Norman O., *Life Against Death*: *The Psychoanalytical Meaning of History*, 1985, p.6.

感关联［emotional ties］），"构成了群体精神的实质"。这一情感关联的本质，也同样存在于社会和历史层面的大众与领袖的关系中：另一个层面的俄狄浦斯神话。

从《图腾与禁忌》一书的行文逻辑中可以明显发现，在诸子联合弑父之后，由于自恋式的对于父亲的认同，他们无法完成卢梭所力主的契约论行动：通过平等的身份来订立契约，以处理社会和政治事务。在经历了短暂的潜伏期之后，在貌似平等的诸子之中，必定会出现新一代领袖，以及服从这一领袖的众多臣民。因此，在弗洛伊德看来，由于自恋的男性（Narcissism Man）永远不会长大成熟，因而男权政治的人类历史并不存在任何可以超越婴孩式依恋或者政治威权主义循环往复的其他可能性。换言之，历史永远不断地在重复自身。这是弗洛伊德的群体心理学的基本论断。在弗洛伊德之后，其学生赖希所做的《法西斯主义的大众心理学》研究，以及霍克海默与阿多诺所做的关于"权威人格"（authoritarian personality）的研究，均受此极大影响。这正是上述强迫性重复的社会-政治版本。精神分析治疗中病人的移情现象，即某种想要重复痛苦经验的冲动，同样也可以在正常人那里，进而在人类整体层面看得到。弗洛伊德将其视为一种命运官能症（fate neurosis），即受难者的命运是循环的——他会一次又一次地遭遇同样的灾难，无论在个体还是群体层面上。

由此弗洛伊德提出了一种完全不同于达尔文的人类学观点，一种对于"发展"这个概念的全新挑战：人的自然性，并不会随着时间的推移而达到越来越高的层次——哪怕人类的确存在进化现象，那也是由于多种因素共同作用的结果，而绝非我们的自然性单独导致。事实上，我们的自然性不可能带来这样的结果。自然性也不可能天然地带来人类社会在文明程度上的进展和伦理道德上的升华。

在弗洛伊德的概念体系之中，当然有少数人会成功地使得自己的本能升华，从而为人类的文化和文明带来巨大的成就，但这一类人实属少数。而从整体的角度来说，弗洛伊德并不相信人类历史会走向一个更为幸福和快乐的"千禧年"式未来：他对于人类历史的理解是"永恒轮回"式的。

弗洛伊德的这一态度对于埃利亚斯后来的社会学名著《文明的进程》有着极为深远的影响。❶与这一观念相关的，是现代社会之中占据主导地位的进步观和线性历史。作为"文明"的代表，现代人以一整套逻辑体系对于美、清洁和秩序等概念做出了垄断性的定义。与之相对应的，是与科学技术的内在逻辑相结合而发展出来的"进步"概念。而正是针对这样的观念，弗洛伊德才在《一种幻觉的未来》一书中，明确声称自己"不屑于区分文化（culture）与文明（civlization）"这两种观察者的角度 ❷，这不仅仅是因为现代社会无法避免苦难，而是在弗洛伊德看来，苦难乃是文明和社会的基本构成条件，也是人之为人的基本条件。

二、重返精神分析的社会学

如前所述，我们并无意对于精神分析运动内部各个流派之间复杂而又精妙的关系，做出巨细无遗的描述，而只关注其中的社会学意涵。正如弗洛伊德自己所阐发的俄狄浦斯情结的寓意一样，其诸多弟子均在一定程度上"叛离"了弗洛伊德的主张。这其中包括许

---

❶ Elias, N., *The Civilizing Process*, 1994.

❷ Freud, S., *The Future of an Illusion*, P. F. L, Vol.12, 1927/1985, p.184.

多尝试将社会学的思路与精神分析结合在一起的讨论。不过，无论是荣格还是阿德勒，乃至于弗洛姆，都无法像弗洛伊德本人那样在思想史上留下如此久远且广泛的影响力。精神分析对于社会理论和社会学的深远影响，仍然要归于弗洛伊德这位被诸多弟子"弑父"却仍然不断在历史中"复归"的老父亲。众所周知，除了弗洛姆以及法兰克福学派之外，诸如帕森斯、戈夫曼、福柯、埃利亚斯，乃至哈贝马斯和吉登斯等现当代社会理论家均受到了精神分析的深远影响。不过，本书并无意对这一庞大的思想谱系做一梳理，而只想强调其中与本书相关的几个重点。

我们在前文已经讨论过，精神分析传统和马克思主义传统的结合，尤以马尔库塞的努力最为引人瞩目。值得指出的是，在这一结合中最重要的法兰克福学派，与美国有着极为密切的关系。这一点并非偶然。自从弗洛伊德 1909 年赴美国克拉克大学演讲之后，美国社会与学界对于精神分析的接受程度，就一直好于欧洲。精神分析哲学对于社会科学方面的影响，在美国也要早于英国。❶

美国学界在"二战"之后对于弗洛伊德的重读也与社会学有着直接关系。在当时，这一重读的意义并不仅限于拓展社会学的领域，还拓宽了美国自身褊狭的自我认同。❷这一重读与美国在"二战"期间的作为直接相关。"二战"期间的流亡知识分子浪潮，大部分皆以美国为目的地，其中除了诸多科学家之外，还包括许多西

---

❶ Bocock, Robert, *Freud and Modern Society: An Outline and Analysis of Freud's Sociology*, New York: Holmes and Meier, 1976; *Sigmund Freud*, Chichester: Ellis Horwood Ltd, 1983. 在这一方面值得一提的是帕森斯。帕森斯曾经在四十多岁的时候，接受过波士顿精神分析研究所（Boston Psychoanalytic Institute）的训练。这一经历对他后来的工作有非常重要的影响 [Parsons, "On building social systems theory: a personal history", *Daedalus*, 99 (3), 1970, pp.839-840]。

❷ O'Neill, "Psychoanalysis and Sociology", 2001.

方马克思主义学者以及弗洛伊德主义者——这一点对于 60 年代以来在盎格鲁—美利坚盛行的学界传统有着重要的影响。❶而其中的代表，即为在社会科学与文化分析方面都极具影响力的法兰克福学派。

通过将马克思主义与精神分析这两种传统相结合，社会学重又回到了文明问题❷，或者说人性本质的问题。诸如马尔库塞、诺曼·布朗以及菲利普·瑞夫等学者在一系列的工作中所处理的问题都与此有关。❸另外，从瑞夫到拉什（Christopher Lasch）的工作，也充分表明了弗洛伊德的家庭社会学在当代社会学中的持续发展：社会化功能从家庭向科层化社会的移置。❹当然，我们还需要在这一研究序列中加上福柯，以及弗洛姆早期在这些问题上的思考。

在欧洲，重返弗洛伊德的运动似乎更为复杂一些。在安娜承接并发扬其父亲的工作，以及随后在精神分析内部发展出来的种种流派之外❺，在英国，莱因（R. D. Laing）和库珀（David Cooper）等人发展出的存在主义反精神病学（anti-psychiatry）❻，与美国的考夫

---

❶ Jay, Martin, *The Dialectical Imagination: A History of the Frankfurt School and the Institute of Social Research, 1923-1950*, Boston, MA.: Little, Brown and Company, 1973; Slater, Philip, *Origin and Significance of the Frankfurt School: A Marxist Perspective*, London: Routledge & Kegan Paul, 1977.

❷ Tester, Keith, *Civil Society*, London: Routledge, 1992.

❸ Marcuse, *Eros and Civilization: A Philosophical Inquiry into Freud*; Marcuse, *One Dimensional Man: Studies in the Ideology of Advanced Industrial Society*; Brown, *Life Against Death: The Psychoanalytical Meaning of History*, 1985; Rieff, Philip, *Freud: The Mind of the Moralist*, 1959.

❹ Rieff, Philip, *The Triumph of the Therapeutic: Uses of Faith After Freud*, London: Chatto and Windus, 1966; Lasch, Christopher, *The Culture of Narcissism: American Life in an Age of Diminishing Expectations*, New York: W. W. Norton Ltd, 1979.

❺ 由于这一方面的评述已经过多，诸如《弗洛伊德及其后继者》与《卡桑德拉的女儿》等都是非常优秀的关于精神分析运动的学派史作品，在此不再赘述。

❻ Laing, R. D, *Politics of Experience*, Harmonds-worth: Penguin Books, 1969; Cooper, David, *Psychiatry and Anti-Psychiatry*, New York: Ballantine Books, 1971; Sedgwick, Peter, *Psychopolitics: Laing, Foucault, Goffman, Szasz and the Future of Mass Psychiatry*, New York: Harper and Row, 1982.

曼（Irving Goffman）❶、萨斯（Thomas Szasz），❷法国的福柯❸及德勒兹（Gilles Deleuze），瓜塔里（Félix Guattari）❹等学者的工作都产生了广泛的影响力。不过众所周知，由于拉康的工作，法国才堪称"重返弗洛伊德"传统的发源地。

在法国，除了拉康等人的工作之外，阿尔都塞将马克思主义与精神分析连接在一起的努力以及对社会学的贡献同样令学界无法忽视。不过，拉康还是最为典型地将经典社会学家视为理所当然，而在后来被学科化的社会学完全抛弃并否定的东西，重新视为圭臬并且提了出来：拒弃在个人行为与社会机构之间寻求决定主义的尝试——社会从未超越个体，它就存在于日常语言和生活之中。而这也正是后来鲍曼和布希亚等人的出发点。

在法国，除了拉康之外，马克思主义者曾经将精神分析视为布尔乔亚式的主体性意识形态。但是在萨特对于精神分析的存在主义批判❺之后，尤其在阿尔都塞的中和工作❻之后，他们也转向了精神分析。❼不过，若比较起英国的莱因和库珀的存在主义式精神分析解读，萨特同时也可以算作由福柯接手的反精神病学运动的源头之一。精神分析为反精神病学运动提供了论点，但是随即又作为家庭

---

❶ Goffman, Irving, *Asylums: Essays on the Social Situation of Mental Patients and Other Inmates*, New York: Doubleday, Anchor Books, 1961.

❷ Szasz, Thomas, *The Myth of Mental Illness: Foundations of a Theory of Personal Conduct*, New York: Hoeber-Harper, 1961.

❸ Foucault, Michel, *Madness and Civilization: A History of Insanity in the Age of Reason*, New York: Vintage Books, 1973.

❹ Deleuze, Gilles and Guattari, Félix, *Anti-Oedipus: Capitalism and Schizophrenia*, New York: The Viking Press, 1977.

❺ Sartre, J. -P, *Being and Nothingness: An Essay on Existential Ontology*, trans. by H. E. Barnes, London: Methuen, 1957.

❻ Althusser, L., *Lenin and Philosophy and Other Essays*, London: New Left Books, 1971.

❼ O'Neill, "Psychoanalysis and Sociology", 2001, pp.120-121.

化秩序以及资本主义抑制的既定意识形态而与之发生冲突。❶在这一方面的重要著作，当属德勒兹与瓜塔里的《反俄狄浦斯》。

更为直接的精神分析与社会学之结合的思考努力，要属在身体社会学方面的传统。在弗洛伊德之后，从梅洛·庞蒂到福柯，以至布莱恩·特纳（Bryn Turner）、奥尼尔等人的研究❷，都已经卓有成效。关于身体的研究在对社会科学和人文学产生巨大影响的同时，也成为最具争议、最能体现各种思想流派纷争的领域之一。❸所以，我们在此终于可以理解为何伯格和卢克曼二人要将精神分析视为"现代社会中一种极为特殊甚至高度重要的实在建构的合法化"❹了：我们在前文中分析的精神分析理性化，以及经由这一理性化而对现代社会的深刻影响，只是精神分析对于现代思想与文化产生广泛影响的一部分，而在更广泛的领域里，精神分析已经成为基本的思考维度。

对于弗洛伊德来说，如何解决基于个案、犹太文化传统和德国思想传统的精神分析的普遍性，始终是一个难题，也是在其作品翻译成其他文字时必然面对的问题。上述精神分析与社会理论交融发展的历史，可能已经给了他一个答案。不过，这一答案应该并非完全是他所期待的。原因在于，实践的部分一直是弗洛伊德所强调的精神分析的实质部分。

在实践层面，弗洛伊德之后，已经发展出了复杂而庞大的世界

---

❶ Turkle, Sherry, *Psychoanalytic Politics*: *Freud's French Revolution*, Cambridge, Ma.: The MIT Press, 1978.

❷ Turner, B. S, *The Body and Society*, Oxford: Blackwell, 1984; O'Neill, John, *Five Bodies*: *The Human Shape of Modern Society*, Ithaca, NY: Cornell University Press, 1985; *The Poverty of Post Modernism*, London and New York: Routledge, 1995; O'Neill, "Psychoanalysis and Sociology", 2001.

❸ 克里斯·希林，《文化、技术与社会中的身体》，李康译，北京大学出版社，2011，第7页。

❹ Berger, Peter L., Luckmann, Thomas, *The Social Construction of Reality*: *a Treatise in the Sociology of Knowledge*, 1967, p.188.

精神分析体系。对于他所提出的自我这一概念在正常的心理和病例心理学方向的研究，已经由其女儿安娜·弗洛伊德和海因兹·哈特曼等人以各自不同的方式做出了发展 ❶，并对临床的治疗产生了积极而广泛的影响。安娜在此之前，已经与梅兰妮·克莱因发生冲突，冲突的最初原因在于对儿童分析的技术性问题。这一最初的分歧在后来演变为在英美持续日久而影响广泛的克莱因学派、受到其影响的客体关系理论与弗洛伊德传统之间的区隔和互动。除此之外，以各自的临床实践为基础，当代精神分析已经发展出不同于弗洛伊德流派的各种"修正主义者" ❷。而这些学派的普遍特点就在于各自基于不同的文化与临床实践而对于经典精神分析理论的修正。

然而，这一在实践层面的发展，与社会学之间的关系并不接近。精神分析对于社会学的影响，似乎仅仅表现在理论层面上。时至今日，社会学的思考与研究也越来越接近被"理性化"的精神分析。所以重返精神分析的社会学，如果不能在前述研究的视角中进行，那么既无法获知经典精神分析的实质，也无法从精神分析中获得教益。

三、社会学视角中的精神分析：重返"灵魂"

在上述分析中，我们并没有讨论美国社会科学的变迁。事实上，弗洛伊德在美国社会科学中的诞生和死亡，也就是说，弗洛伊

---

❶ Freud, Anna, *The Ego and the Mechanisms of Defense*, London: Hogarth, 1936; Hartmann, H., *Ego Psychology and the Problem of Adaptation*, New York: International Universities Press, 1939.

❷ 斯蒂芬·A. 米切尔、玛格丽特·J. 布莱克，《弗洛伊德及其后继者》，陈祉妍、黄峥、沈东郁译，商务印书馆，2007。

德对于美国社会科学的影响及其式微，在本书中虽然有所涉及，却并没有成为研究主题。然而，无论是皮特·伯格、托马斯·卢克曼还是赖特·米尔斯都不会想到，时至今日，精神分析不仅在心理学中销声匿迹，对于社会学研究的影响也如同经典社会理论一样，越来越仅仅成为某些"文献综述"中一笔带过的遥远领域。这一变迁正如"灵魂"视角在精神分析中的消失一样，有其具体的背景和原因。米尔斯在《社会学的想象力》中，对于美国社会学的"科学化"背后所隐藏的意识形态以及实用主义的前提与假设都做出了清晰的分析。从这些论断，我们可以明显看到社会学的发展趋势以及弗洛伊德在社会学研究中的消失。对于那些以"抽象经验主义"为主要研究取向，具备明显的"科层制度气质"的研究者，米尔斯曾经如此写道，

> 他们选择社会研究作为职业生涯，早早进入非常狭隘的专业分工，并对所谓"社会哲学"养成了一种漠然乃至蔑视，认为它意味着"从其他书本里攒出书来"，或"无非是些玄想思辨"。听听他们彼此之间的交谈，试试掂量一下他们那份好奇的品质，你会发现其心智的局限简直要命。❶

这种"局限"的来源非常多元。在这一方面，美国社会学家本·阿格尔（Ben Agger）已经对于美国社会理论演变史进行了相关研究。❷在各种原因之中，必然存在着一种原因，能够使得这些社

---

❶ 米尔斯，《社会学的想象力》，第 146 页。
❷ 本·阿格尔，《从多元的欧洲到单一的美国——美国社会理论的学科化、解构与流散》，吉拉德·德朗蒂编，《当代欧洲社会理论指南》，李康译，上海人民出版社，2009，第 446—460 页。

会学学者具备充足的理由来"漠视乃至蔑视"社会哲学，那就是在社会结构变迁与权力机制背景下的"研究技术的进步"。这一点，与前面我们所讨论的精神分析的变迁非常类似。所以，弗洛伊德在当代社会科学中的消失，所服从的是经典社会理论家整体在当代社会科学中的消失这一趋势。在《社会学的想象力》中，米尔斯甚至写下了一段完全可以用来描述精神分析美国化的文字，来描述他正在经历的美国社会学在文风方面的变化：

> 在今天的许多学术圈子里，任何人要想写得通俗易懂，就很可能被指责为"只是个文人"，或者还要糟糕，"就是个写稿子的"。或许你已经懂得，人们通常用的这些措辞，其实只是显示了似是而非的推论：因为易懂，所以浅薄。美国的学术人正在努力过一种严肃的学术生活，而他们身处的社会背景往往显得与前者格格不入。他选择了学院作为自己的职业生涯，为此牺牲了许多主流价值，他必须以声望作为弥补。而他对于声望的诉求，很容易就变得与其作为"科学家"的自我意象紧密相关。要是被称作"就是个写稿子的"，会使他觉得丧失尊严、浅薄粗俗。我想，在那些雕琢矫饰的词汇底下，在那些繁复夹缠的强调与文风背后，往往正是这样的处境。这样的做派学起来不难，拒绝起来倒不容易。❶

社会学研究在最初显然并非如此。无论是涂尔干对于社会学"作为一种道德的科学"还是韦伯将学术工作视为一种"天职"的演讲，对于社会学的界定都同时在考问学术研究在"灵魂"方面的

---

❶ 米尔斯，《社会学的想象力》，第307页。

意涵与实际的工作。当然，他们也都曾对社会学作为一种科学和职业的理性化发展所带来的对于"灵魂"问题的遗忘，提出过不甚乐观的看法。❶时至米尔斯的时代，类似于《社会学的想象力》的研究并不罕见，也都曾指出过这一职业化的发展对于社会学之为社会学的损害。时至今日，"灵魂"问题在社会学的理论思考、方法论探索和具体研究之中，都已不多见了。本书虽然研究的是精神分析，然而基本出发点却是社会学的这一状况。从这一角度来说，精神分析在社会学中影响力的式微是必然的。不过，本书无意于对精神分析在社会学中的生与死做一番梳理。在令人眼花缭乱的理论史和变迁史背景下，我只是希望从社会学的视角出发，回到弗洛伊德那里来寻求一个问题的答案：什么是精神分析？我希望通过对于精神分析变迁史的知识社会学研究，为我们理解社会学，乃至一般意义上的思想与学科流变，提供可资借鉴的镜像。毕竟，精神分析与它们都共处于同一种现代性场域之中。

如前所述，精神分析发展史上的各种流派都对这一问题给出了不同的答案。弗洛伊德本人也曾做出许多不同的回答。在他那里，精神分析首先是一种治疗方法。这一治疗方法同时又是一种科学与艺术的混合，是医疗实践同时又有别于医学，是与人类的艺术宗教同等类别的存在。不同的研究视角自然会带来不同的精神分析。就本书而言，如果将其置于社会思想史的范畴中重新理解精神分析，如果要强调其"灵魂"这一核心意象，那么在本书的最后，我想要援引的，是弗洛伊德在《精神分析引论》的最后对于精神分析的界定：精神分析乃是一种再教育。在向维也纳大学的师生们介绍精神

---

❶ 马克斯·韦伯，《科学作为天职：韦伯与我们时代的命运》，李猛编，生活·读书·新知三联书店，2018；埃米尔·涂尔干，《宗教生活的基本形式》，渠东、汲喆译，上海人民出版社，1999，第564—565页。

分析的课程结尾处，他总结说："精神分析疗法可以被恰当描述为一种再教育（after-education/Nacherziehung）。"❶ "再教育"的意思是说，精神分析的谈话疗法，是在一个人成长史中所接受的教育之后和之外的另一种教育。

这一界定使得弗洛伊德的工作可以在社会与政治思想史中，与诸多思想家的工作关联在一起进行理解。例如，我们可以将其与卢梭的《爱弥儿》关联在一起，将它们理解成为一个可以比较的传统。卢梭与爱弥儿，弗洛伊德与他的患者，同样的教育关系，这本身就已经构成了一种可以比较的结构。只不过，卢梭在一开始所面对的，是作为孤儿的婴儿爱弥儿❷，而弗洛伊德所面对的，则是作为成年人的患者。卢梭是一位与爱弥儿一起成长的人生导师，在这个过程中，践行着关于"如何做人"的教育。而弗洛伊德则通过谈话回溯到患者的生命史与生活世界中去，以实现一种"再教育"。这种再教育的目的是什么呢？首要目标是治疗。不过弗洛伊德对于这种治疗的理解，具有两层意义。首先是使得症状不再出现，然而这一要求必然使得弗洛伊德的理论要求个体与自我和解，也就是说，使得"我"与一个更大的"我"和解。弗洛伊德相信，假如一个人的"力比多和他的我之间不再有矛盾，他的我又能控制力比多，他就会变得健康了。所以治疗工作便在解放力比多，使其摆脱当前的依恋物（这些依恋物是我所接触不到的）而再度服务于我"❸。

与自己和解，意味着与自己的无意识和解。而无意识的主要来

---

❶ Freud, S., *Introductory Lectures on Psychoanalysis*, 1916-1917/1991, p.504; *Vorlesungen zur Einführung in die Psychoanalyse*, 1916-1917/1940, p.469. 弗洛伊德，《精神分析引论》，第 364 页。

❷ 卢梭，《爱弥儿：论教育》，李平沤译，商务印书馆，1978，第 33 页。

❸ Freud, S., *Introductory Lectures on Psychoanalysis*, 1916-1917/1991, p.507; *Vorlesungen zur Einführung in die Psychoanalyse*, 1916-1917/1940, p. 472；弗洛伊德，《精神分析引论》，第 367 页。译文有改动。

源，在于其——相对于意识而言的——社会性和历史性。也就是说，弗洛伊德这里的个体，并非仅仅指个体本身，而是同时凝聚着个人的生命史在场以及在这一生命史中与他人共在的关系，这样才会有我与"我"的和解这一说法。而这一和解意味着什么呢？在《精神分析引论》的最后弗洛伊德强调，这就是说，要帮助患者增强其独立性，帮助其成长。●由于俄狄浦斯情结乃是所有人——同时也是孩子——的宿命，所以俄狄浦斯情结作为所有官能症的核心，必然预示了这一作为再教育的治疗的方向，同时也是一个人独立和成熟的方向。这一方向就是："人之个体必须致力于一种伟大的工作，即脱离父母，只有完成了这一任务，他才不再是一名孩童，而是成为社会共同体（social community/sozialen Gemeinschaft）的一名成员。对于儿童来说，这一任务就要求他将其力比多愿望／欲望从母亲那里脱离开，而用以选择真正的外在客体对象，并且，如果他还在与父亲相对立，那么要与父亲和解；或者如果是作为一种对于他在儿童期反抗的反应，他仍然服从于父亲的话，那么就要将自己从父亲的压力中解放出来。"●对于弗洛伊德来说，由于精神分析所揭示的并非只是神经症患者的机制，而是所有人的普遍机制，所以精神分析的任务和成就是针对所有人的，他说："这些任务是针对所有人的。非常令人震惊的是，极少有人能够用理想的方式处理它，也就是说，同时在心理学和社会层面上都处理好。"●这才是弗洛伊德所说的精神分析乃是一种"再教育"的意义。

● *Vorlesungen zur Einführung in die Psychoanalyse*, 1916-1917/1940, p.480. 弗洛伊德，《精神分析引论》，第 373 页。

● Ibid., p.549. 同上书，第 268 页。

● Freud, S., *Introductory Lectures on Psychoanalysis*, 1916-1917/1991, p.380; *Vorlesungen zur Einführung in die Psychoanalyse*, 1916-1917/1940, p. 549；弗洛伊德，《精神分析引论》，第 268 页。译文有改动。

成为独立的人。这正是精神分析作为一种事关"灵魂"的教育和自我教育的根本诉求。对于叙述者和言说者来说，都是如此。不过，这种教育不同于卢梭的教育。如果是针对年轻人或者无法自立的人，弗洛伊德毫不犹豫承接过教育的职责，"对于他们来说，我们只得兼为医生与教育家，我们深知自己那时的责任重大，遂不得不慎重从事"❶。然而一般而言，弗洛伊德明确说，在治疗中，分析师要"力求避免扮演导师的角色"，而是帮助患者自己"看到"之前看不到、以为自己不知道的自己，最终促成患者独立人格的重新构造，"只希望患者能够自己解决"❷。这种教育并没有明确的道德诉求，恰恰相反，一方面，弗洛伊德本人会采用某种具有现象学色彩的诉求，即首先要求患者放弃对于"事业、婚姻的选择，或离婚"等方面的重要决定❸，弗洛伊德力辩精神分析并非旨在"鼓励自由的生活"；另一方面，他明确声称自己并非在提倡传统道德："二者都不是我们的目的。"❹弗洛伊德的目的在于，治疗能够帮助患者自主地做出"适中的"选择。在这个意义上，治疗是帮助患者"认识"到真理和他自己的过程。精神分析是一种治疗，而这是使得精神分析具有重要意义的特征。弗洛伊德自己也明确说，"一个受了治疗的神经病人虽然在骨子里依然故我，但确也变成一个不同的人物——就是说，他已经变成了可以在最优良的环境下所能养成的最优良的人格。这就不是一件无足轻重之事了"❺。这一点，对于患者或者分析师而言，对于病人或者医生而言，对于学生或者教师

---

❶ *Vorlesungen zur Einführung in die Psychoanalyse*, 1916-1917/1940, p.450., 弗洛伊德，《精神分析引论》，第 350 页。

❷ Ibid. 同上书，第 349 页。

❸ Ibid. 同上。

❹ Ibid. 同上书，第 350 页。

❺ Ibid., p.452. 同上书，第 351 页。

而言，都是如此。重返精神分析的社会学研究，如果不仅仅是重返其理论资源，而且还能够在西方的传统之外，另辟蹊径，重新认识到这一点，那才是真正认识到经典精神分析对于社会学的意义，也才能够真正借由精神分析进入对于西方文明的实质理解和对于当前中国社会学的深刻理解，从而帮助我们当前的学术研究从经典中获得深刻的活力。

参考文献

一 中文文献

阿伯特，安德鲁，2016，《职业系统：论专业技能的劳动分工》，李荣山译，商务印书馆。

阿格尔，本，2009，《从多元的欧洲到单一的美国——美国社会理论的学科化、解构与流散》，吉拉德·德朗蒂编，《当代欧洲社会理论指南》，李康译，上海人民出版社。

奥尼尔，约翰，2016，《灵魂的家庭经济学》，孙飞宇译，浙江人民出版社。

——1999，《身体形态：现代社会的五种身体》，张旭春译，春风文艺出版社。

鲍曼，齐格蒙特，2003，《现代性与矛盾性》，邵迎生译，商务印书馆。

宾斯万格，路德维西，2012，《存在分析思想学派》，载于罗洛·梅编，《存在：精神病学和心理学的新方向》，中国人民大学出版社。

波林，1982，《实验心理学史》，高觉敷译，商务印书馆。

柏拉图，2004，《柏拉图对话集》，王太庆译，商务印书馆。

柏林，以赛亚，2002，《反潮流：观念史论文集》，冯克利译，译林出版社。

布朗，诺曼，1994，《生与死的对抗》，冯川、伍厚恺译，贵州人民出版社。

布宁，尼古拉斯，余纪元编著，2001，《西方哲学英汉对照辞典》，人民出版社。

福柯，米歇尔，2003，《〈反俄狄浦斯〉序言》，麦永雄译，《国外理论动态》，2003 年第 7 期。

弗洛姆，埃里希，1988，《精神分析的危机：论弗洛伊德、马克思和社会心理学》，国际文化出版公司。

弗洛伊德，西格蒙德，2004，《精神分析引论》，高觉敷译，商务印书馆。

——2005，《图腾与禁忌》，赵立玮译，世纪文景出版集团。

——2005，《精神分析引论新编》，高觉敷译，商务印书馆。

——1996，《释梦》，孙名之译，商务印书馆。

甘阳，2002，《政治哲人施特劳斯：古典保守主义政治哲学的复兴》，载于列奥·施特劳斯，《自然权利与历史》，彭刚译，生活·读书·新知三联书店。

盖伊，彼得，2013，《弗洛伊德传》，龚卓军、高志仁、梁永安译，鹭江出版社。

——2015，《感官的教育》，赵勇译，上海人民出版社。

霍德尔，埃里克斯，2001，《对标准版的疑义》，载于《流放中的弗洛伊德：精神分析及其变迁》，黄伟卓、吕思姗、黄守宏、李雅文、黄彦勳译，台北：五南图书出版有限公司。

胡塞尔，埃德蒙德，2001，《欧洲科学的危机与超越论的现象学》，王炳文译，商务印书馆。

霍尔巴赫，1964，《自然的体系》，管士滨译，商务印书馆。

克斯勒，迪尔克，2000，《马克斯·韦伯的生平、著述及影响》，郭锋译，法律出版社。

科塞，刘易斯，2004，《理念人：一项社会学的考察》，郭方等译，中央编译出版社。

昆德拉，米兰，2003，《被背叛的遗嘱》，余中先译，上海译文出版社。

勒佩尼斯，沃尔夫，2011，《何谓欧洲知识分子》，李焰明译，广西师范大学出版社。

李猛，2001，《除魔的世界与禁欲的守护神：韦伯社会理论中的"英国法"问题》，《韦伯：法律与价值》（"思想与社会"第一辑），上海人民出版社。

里德，爱德华，2001，《从灵魂到心理：心理学的产生，从伊拉斯马斯·达尔文到威廉·詹姆斯》，李丽译，生活·读书·新知三联书店。

卢梭，1978，《爱弥儿：论教育》，李平沤译，商务印书馆。

马尔库塞，赫伯特，1987，《爱欲与文明：对弗洛伊德思想的哲学探讨》，黄勇、薛民译，上海译文出版社。

曼海姆，卡尔，2007，《意识形态与乌托邦》，姚仁权译，九州出版社。

梅，罗洛主编，2012，《存在：精神病学和心理学的新方向》，郭本禹等译，中国人民大学出版社。

米尔斯，赖特，2017，《社会学的想象力》，李康译，北京师范大学出版社。

米切尔，斯蒂芬 A.，布莱克，玛格丽特 J.，2007，《弗洛伊德及其后继者》，陈祉妍、黄峥、沈东郁译，商务印书馆。

拉普朗虚，彭大历思，2000，《精神分析词汇》，沈志中、王文基译，台北：行人出版社。

琼斯，厄内斯特，2018，《弗洛伊德传》，张洪量译，中央编译出版社。

舍勒，马克斯，2014，《爱与认识》，载于《爱的秩序》，刘小枫编，林克译，刘小枫校，北京师范大学出版社。

——2014，《知识社会学问题》，艾彦译，译林出版社。

施路赫特，2001，《信念与责任——马克斯·韦伯论伦理》，李猛编著，《韦伯：法律与价值》（"思想与社会"第一辑），上海人民出版社。

史瓦茨，约瑟夫，2015，《卡桑德拉的女儿》，陈系贞译，上海译文出版社。

孙飞宇，2018，《方法论与生活世界》，生活·读书·新知三联书店。

斯泰纳，里卡尔多，2001，《"大英帝国作为世界强权的地位"：在首批弗洛伊德翻译中对于"标准"一词的注解》，载于《流放中的弗洛伊德：精神分析及其变迁》。

Timms，Edward；Segal，Naomi（ed），2001，《流放中的弗洛伊德：精神分析及其变迁》，黄伟卓、吕思姗、黄守宏、李雅文、黄彦勳译，台北：五南图书出版有限公司。

涂尔干，埃米尔，1999，《宗教生活的基本形式》，渠东、汲喆译，上海人民出版社。

——2000，《社会分工论》，渠东译，生活·读书·新知三联书店。

——2003，《乱伦禁忌及其起源》，汲喆、付德根、渠东译，渠东、梅菲校，上海三联书店。

Uwe Henrik Peters，2001，《精神分析的出走——浪漫主义的前身，与德国智识生活的损失》，载于 Timms，Edward；Segal，Naomi（ed），《流放中的弗洛伊德：精神分析及其变迁》。

韦伯，马克斯，2010，《新教伦理与资本主义精神》，苏国勋、覃方明、赵立玮、秦明瑞译，社会科学文献出版社。

——1998，《学术与政治》，冯克利译，生活·读书·新知三联书店。

——2018，《科学作为天职：韦伯与我们时代的命运》，李猛编，生活·读书·新知三联书店。

吴飞，2017，《人伦的"解体"：形质论传统中的家国焦虑》，生活·读书·新知三联书店。

希林，克里斯，2011，《文化、技术与社会中的身体》，李康译，北京大学出版社。

休斯克，卡尔，2007，《世纪末的维也纳》，李峰译，江苏人民出版社。

扎列茨基，伊利，2013，《灵魂的秘密：精神分析的社会史和文化史》，季广茂译，金城出版社。

张旭东，1989，《本雅明的意义》，载于本雅明著，《发达资本主义时代的抒情诗人》，张旭东、魏文生译，生活·读书·新知三联书店。

张祥龙，2017，《家与孝：从中西间视野看》，生活·读书·新知三联书店。

二　英文与德文文献 ❶

Althusser, L.,1971, *Lenin and Philosophy and Other Essays*. London: New Left Books.

Arendt, Hannah, 1976, *The Origins of Totalitarianism*. New York: Harcourt, Brace & World.

——1978, "Eichmann in Jerusalem: An Exchange of Letters between Gershom Sholem and Hannah Arendt". In R. H. Feldman (Ed.), *Hannah Arendt: The Jew as Parah*, New York: Grove Press.

——1998, *The Human Condition* (2nd ed.). Chicago: University of Chicago Press.

Askay, Richard and Farquhar, Jensen, 2006, *Apprehending the Inaccessible: Freudian Psychoanalysis and Existential Phenomenology*, Evanston, Illinois: Northwestern University Press.

Bakan, D., 1958, *Sigmund Freud and the Jewish Mystical Tradition*, Princeton, N. J.: D. Van Nostrand Company, Inc.

---

❶ 本书参考使用的弗洛伊德德文文集主要为伦敦的 Imago Publishing Co., Ltd 从 1940 年至 1987 年陆续出版的 *Gesammelte Werke*。具体文献同时标注弗洛伊德原文发表时间与文集发表时间。本书参考使用的弗洛伊德标准版英译本主要有两个文集，分别是斯特拉齐与安娜·弗洛伊德主编的《弗洛伊德心理学作品全集标准版》(*Standard Edition of the Complete Psychological Works of Sigmund Freud*)和由企鹅出版社出版的"企鹅弗洛伊德文库"，正式标题为"鹈鹕弗洛伊德文库"。比较起来，标准版文集仍然是最全面和权威的弗洛伊德文集。企鹅文库基本沿用标准版文集的翻译，但改为以主题选集分卷，而非按照发表时间排序。此外，企鹅文库对标准版的文字做了一定的编辑工作，在注释和前言中，也时有校正与材料补充。基于这两个版本的异同，本书根据情况对这两个文集分别加以引用，并在本参考文献中给出具体出处。

Barclay, James R., 1964, "Franz Brentano and Sigmund Freud", *Journal of Existentialism*, Vol. 5.

Bauman, Z, 1989, *Modernity and the Holocaust*. Cambridge: Polity Press.

Berger, Peter L., Luckmann, Thomas, 1967, *The Social Construction of Reality: a Treatise in the Sociology of Knowledge*. New York: Anchor Books.

Bruno, Bettleheim, 1983, *Freud and Man's Soul*, New York: Alfred A. Knopf.

Bocock, Robert, 1976, *Freud and Modern Society: An Outline and Analysis of Freud's Sociology*. New York: Holmes and Meier.

——1983, *Sigmund Freud*. Chichester: Ellis Horwood Ltd.

Braband, Eva, Falzeder, Ernst and Giampieri-Deutsch, Patrizia, 1993, *The Correspondence of Sigmund Freud and Sandor Ferenczi, Vol. 1, 1908-1914*, translated by Peter t. Hoffer, The Belknap Press of Harvard University Press.

Brenkman, J., 1987, *Culture and Domination*. Ithaca: Cornell University Press.

Brentano, Franz, 1973, *Psychology from an Empirical Standpoint*, trans. A. C. Rancurello, D. B. Terrell, and L. L. McAllister. New York: Humanities Press.

Brill, A. A., 1913, *Introduction to The Interpretation of Dreams*, Freud, Tr. A. A. Brill, London: G. Allen & Unwin, Ltd.; New York: Macmillan Company.

——1927, "Discussions on Lay Analysis", *The International Journal of Psycho-analysis*, Vol. VIII.

Brown, Norman O., 1985, *Life Against Death: The Psychoanalytical Meaning of History*. Connecticut: Wesleyan University Press.

Chasseguet-Smirgel, Janine and Frunberger, Béla, 1986, *Freud or Reich? Psychoanalysis and Illusion*, translated by Claire Pajaczkowska, London: Free Association Books.

Cooper, David, 1971, *Psychiatry and Anti-Psychiatry*. New York: Ballantine Books.

Cuddihy, J. M., 1974, *The Ordeal of Civility: Freud, Marx, Levi-Strauss and Jewish Struggle with Modernity*, New York: Basic Books.

De Beauvoir, Simone, 1961, *The Second Sex*. New York: Bantam.

Decker, Hannah S., 1991, *Freud, Dora, and Vienna 1900*, Free Press.

———1977, *Freud in Germany: Revolution and Reaction in Science, 1893–1907*, Madison, CT: International Universities Press.

Deleuze, Gilles and Guattari, Félix, 1977, *Anti-Oedipus: Capitalism and Schizophrenia*. New York: Viking Press.

Derrida Jacques, 2008, *Psyche: Inventions of the Other*, Vol. II, ed. by Peggy Kamuf and Elizabeth Rottenberg, Stanford, California: Stanford University Press.

Elias, N., 1994, *The Civilizing Process*, translated by Edmund Jephcott, Oxford: Blackwell.

Falzeder, E., 2012. "'A fat wad of dirty pieces of paper': Freud on America, Freud in America, Freud and America". In: J. Brunham, ed., *After Freud Left: A Century of Psychoanalysis in America*. Chicago, IL: University of Chicago Press, Ch.3.

Foucault, Michel, 1973, *Madness and Civilization: A History of Insanity in the Age of Reason*. New York: Vintage Books.

———1978, *The History of Sexuality: An Introduction*. Vol. 1, New York: Vintage Books.

———1984, *The Foucault Reader*. Edited by Paul Rabinow. New York: Pantheon.

———1988, *Politics, Philosophy, Culture, Interviews and Other Writings 1977–1984*. New York: Routledge, Chapman & Hall, Inc.

Freud, Anna, 1936, *The Ego and the Mechanisms of Defense*. London: Hogarth Press.

Freud, S. and Breuer, Joseph, 1895/1955, *Studies on Hysteria*, translated by James and Alix Strachey, edited by Angela Richards, the Penguin Freud Library, Vol. 3, London: Penguin Books.

Freud, S., 1985, *The Complete Letters of Sigmund Freud to Wilhelm Fliess (1887–1904)*, translated and Edited by Jeffrey Moussaieff Masson, Cambridge, Ma., and London, England: The Belknap Press of Harvard University Press.

———1953-1974, *The Standard Edition of the Complete Psychological Works of Sigmund*

Freud, S. E., tr. James Strachey and Alix Strachey, London: Hogarth Press.

——1973-1986, *The Penguin (Pelican) Freud Library*, P. F. L., General Editor: Angela Richards, tr. James Strachey and Alix Strachey, London: Penguin Books.

——1895/1966, "Project For a Scientific Psychology", S. E., Vol. 1, London: Hogarth Press.

——1908/1985, "Civilized Sexual Morality and Modern Nervous Illness", P. F. L., Vol.15, pp. 27-56, London: Penguin Books.

——1909/1955, "Analysis of a Phobia in a Five-Year-Old Boy", S. E., Vol. X, pp. 3-152. London: Hogarth Press.

——1910/1957, "Leonardo da Vinci and a Memory of His Chilhood", S. E., Vol.11, pp. 59-138, London: Hogarth Press.

——1913/1986, "The Claims of Psychoanalysis to Scientific Interest", P. F. L., Vol. 15, pp. 29-58, London: Penguin Books.

——1914/1957, "On Narcissism: An Introduction", S. E., Vol. XI, pp. 67-102, London: Hogarth Press.

——1914/1984, "On Narcissism: An Introduction", P. F. L., Vol.11, pp. 59-98, London: Penguin Books.

——1917/1955, "A Difficulty in the Path of Psychoanalysis", S. E., Vol. XVII, pp. 135-144, London: Hogarth Press.

——1921/1955, "Group Psychology and The Analysis of The Ego". S. E., Vol. XVIII, pp. 67-143. London: Hogarth Press.

——1927, "Concluding Remarks on *the Question of Lay Analysis*", *The International Journal of Psycho-Analysis*, Vol. VIII, pp. 392-398.

——1930/1964, "Introduction to the Special Pschopathology Number of The Medical Review of Review", S. E., Vol. XXI, pp. 254-255, London: Hogarth Press.

——1930/1985a, "Civilization and Its Discontents", P. F. L., Vol. 12, pp. 243-340,

London: Penguin Books.

——1930/1985b, "The Goethe Prize", *P. F. L.*, Vol. 14, pp. 467-472, London: Penguin Books.

——1937/1964, "Analysis Terminable and Interminable", *S. E.*, Vol. XXIII, pp. 209-254, London: Hogarth Press.

——1940/1986, "An Outline of Psychoanalysis", *P. F. L.*, Vol. 15, pp. 371-444, London: Penguin Books.

——1940/1949, *An Outline of Psychoanalysis*. Translated by James Strachey. New York: W. W. Norton.

——1960, *Totem and Taboo; Resemblances between the Psychic Lives of Savages and Neurotics*. New York: Random House.

——1963, *Selections*, Volume 3, *Therapy and Technique*, Edited by Philip Rieff, New York: Collier Books.

——1977, *On Sexuality: Three Essays on the Theory of Sexuality and Other Works*. *P. F. L.*, Vol. 7, London: Penguin Books.

——1905/1977a, *Fragment of an Analysis of a Case of Hysteria (Dora)*, *P. F. L.*, Vol. 8, pp. 1-166, London: Penguin Books.

——1909/1977, "Analysis of a Phobia in a Five-Year-Old Boy" ("Little Hans"), *P. F. L.*, Vol. 8, pp. 167-306, London: Penguin Books.

——1979, *On Psychopathology: Inhibitions, Symptoms and Anxiety, and Other Works*. *P. F. L.*, Vol. 10, London: Penguin Books.

——1895/1979, "On the Grounds for Detaching a Particular Syndrome from Neurasthenia under the Description 'Anxiety Neurosis'", *P. F. L.*, Vol. 10, pp. 31-63, England: Penguin Books.

——1906/1979, "My Views on the Part Played by Sexuality in the Aetiology of the Neuroses", *P. F. L.*, Vol. 10, pp. 67-82, England: Penguin Books.

——1912/1979, "Types of Onset of Neuroses", *P. F. L.*, Vol. 10, pp. 115-128, London: Penguin Books.

——1924/1979, "Neurosis and Psychosis", *P. F. L.*, Vol. 10, pp. 209-218, London: Penguin Books.

——1984, *On Metapsychology: The Theory of Psychoanalysis. P. F. L.*, Vol. 11. London: Penguin Books.

——1916-1917/1991, *Introductory Lectures on Psychoanalysis. P. F. L.*, Vol. 1, London: Penguin Books.

——1918/1955, "From the History of an Infantile Neurosis", *S. E.*, Vol. XVII, pp. 7-123, London: Hogarth Press.

——1920/1984, "Beyond the Pleasure Principle", *P. F. L.*, Vol. 11, pp. 269-338, London: Penguin Books.

——1921/1991, "Group Psychology and The Analysis of the Ego", *P. F. L.*, Vol. 12, pp. 91-178, London: Penguin Books.

——1939/1985, "Moses and Monotheism", *P. F. L.*, Vol. 13, pp. 237-386, London: Penguin Books.

——1914/1986, *On the History of the Psychoanalytic Movement, P. F. L.*, Vol. 15, pp.59-130, London: Penguin Books.

——1927/1985, *The Future of an Illusion*, in *P. F. L.*, Vol. 12, pp. 179-242, London: Penguin Books.

——1900/1976, *The Interpretation of Dreams, P. F. L.*, Vol. IV, London: Penguin Books.

——1954, *The Origins of Psycho-Analysis, Letters to Wilhelm Fliess, Drafts and Notes: 1887–1902.* Ed. Maria Bonaparte, Anna Freud, Ernst Kris, trans. Eric Mosbacher and James Strachey. New York: Basic Books, .

——1920/1977, "Preface to the Fourth Edition of the Three Essays on Sexuality", *P. F. L.*, Vol. 7, pp. 42-43, London: Penguin Books.

———1923/1986, "Two Encyclopaedia Articles", *P. F. L.*, Vol.15, pp. 131-158, London: Penguin Books.

———1924/1986, "Short Account of Psychoanalysis", *P. F. L.*, Vol.15, pp. 195-284, London: Penguin Books.

———1925/1986a, "The Resistances to Psychoanalysis", *P. F. L.*, Vol.15, pp. 261-278, London: Penguin Books.

———1925/1986b, *An Autobiographical Study, P. F. L.*, Vol.15, pp. 185-256, London: Penguin Books.

———1926/1986, *The Question of Lay Analysis, P. F. L.*, Vol.15, pp. 279-355, London: Penguin Books.

———1927, "Concluding Remarks on *the Question of Lay Analysis*", *The International Journal of Psycho-Analysis*, Vol. III.

———1927/1986, "The Postscript to *The Question of Lay Analysis*", *P. F. L.*, Vol.15, pp. 355-363, London: Penguin Books.

———1935/1986, *Postscript, P. F. L.*, Vol.15, pp. 256-260, London: Penguin Books.

———1905/1977b, *Three Essays on the Theory of Sexuality, P. F. L.*, Vol. 7, On Sexuality, pp. 33-170, London: Penguin Books.

———1905/1953, *Three Essays on the Theory of Sexuality*, S. E., Vol. VII, pp. 125-248; London: Vintage, Hogarth Press.

———1913/1958, "Introduction to Pfister's Die Psychoanalytische Methode", S. E., Vol.12, pp. 327-332, London: Hogarth Press.

———1913/1985, *Totem and Taboo, P. F. L.*, Vol. 13, pp. 43-158, London: Penguin Books.

———1973, *Introductory Lectures on Psychoanalysis, P. F. L.*, Vol. 1. London: Penguin Books.

———1959, On the Sexual Theories of Children, S. E., Vol. IX, pp. 205-226, London:

Vintage, Hogarth Press.

——1960, *Letters of Sigmund Freud*. Selected and edited by Ernst L. Freud, translated by Tania & James Stern, introduction by Steven Marcus, New York: Basic Books, Inc., Publishers.

Freud, S., 1940/1999, *Gesammelte Werke, Chronolgisch Geordnet*, Edward Bibring, Ernst Kris, Frankfurt: Fischer Taschenbuch Verlag.

——1905/1942, Bruchstück einer Hysterie-Analyse, *Gesammelte Werke, Werke aus den Jahren 1904-1905*, Vol. 5, pp.161-286, London: Imago Publishing Co., Ltd.

——1916-1917/1940, *Vorlesungen zur Einführung in die Psychoanalyse, Gesammelte Werke*, Vol. XI, London: Imago Publishing.

——1909/1941, *Gesammelte Werke, Werke aus den Jahren 1906-1909*, Vol. VII, London: Imago Publishing Co., Ltd.

——1913/1943, *Das Interesse an der Psychoanalyse, Gesammelte Werke, Werke aus den Jahren 1909-1913*, Vol. VIII, London: Imago Publishing Co., Ltd.

——1923/1940, *Psychoanalyse und Libidotheorie, Gesammelte Werke*, Vol. XIII, pp. 210-233, London: Imago Publishing Co., Ltd.

——1925/1948, *Selbstdarstellung, Gesammelte Werke, Werke aus den Jahren 1925-1931*, Vol. XIV, pp. 33-96, London: Imago Publishing Co., Ltd.

——1926/1948, *Die Frage der Laienanalyse, Gesammelte Werke, Werke aus den Jahren 1925-1931*, pp. 209-286, London: Imago Publishing Co., Ltd.

——1927/1948, *Nachwort, Zur "Frage der Laienanalyse", Gesammelte Werke, Werke aus den Jahren 1925-1931*, pp. 287-296, London: Imago Publishing Co., Ltd.

——1895/1952, *Studien über Hysterie Frühe Schriften zur Neurosenlehre, Gesammelte Werke*, Vol. 1, London: Imago Publishing Co., Ltd.

——1938/1941, *Abriss der Psychoanalyse, Gesammelte Werke, Schriften aus dem Nachlaß 1892-1938*, Vol. XVII, London: Imago Publishing Co., Ltd.

Fromm, E, 1932/1982, *The Method and Function of an Analytic Social Psychology*. In A. A rato and E. Gebhardt (eds.) *The Essential Frankfurt School Reader*. New York: Continuum.

Gadamer, Hans-Georg, 1975, *Truth and Method*. New York: The Seabury Press.

Gay, Peter, 1978, *Freud, Jews and Other Germans: Masters and Victims in Modernist Culture*. Oxford: Oxford University Press.

Goffman, Irving, 1961, *Asylums: Essays on the Social Situation of Mental Patients and Other Inmates*. New York: Doubleday, Anchor Books.

Goldstein, Jan, 1982, "The Hysterical Diagnosis and the Politics of Anticlericalism in Late Nineteenth-Century France" , *Journal of Modern History*, 54, June 1982: 209-39.

Habermas, J, 1971, *Knowledge and Human Interests*. Boston, MA: Beacon Press.

Hale, Jr., Nathan G., 1971, *Freud and the Americans: The Beginnings of Psychoanalysis in the United States 1876-1917*. New York: Oxford University Press.

——1995, *The Rise and Crisis of Psychoanalysis in the United States, Freud and the Americans, 1917-1985*, New York: Oxford University Press.

Hartmann, H., 1939, *Ego Psychology and the Problem of Adaptation*. New York: International Universities Press.

Heidegger, Martin, 1962, *Being and Time*, trans. by John Macquarrie & Edward Robinson, Harper San Francisco: A Division of Harper Collins Publishers.

Henry, Michel, 1993, *The Genealogy of Psychoanalysis*, trans. by Douglas Brick, Stanford, California: Stanford University Press.

Hughes, Stuart. 1958. *Consciousness and Society: the Reorientation of European Social Thought 1890-1930*. New York: Knopf.

Grubrich-Simitis, Ilse, 1996, *Back to Freud's Texts: Making Silent Documents Speak*, Philip Slotkin trans.. New Haven, Conn.: Yale University Press.

Jay, Martin, 1973, *The Dialectical Imagination: A History of the Frankfurt School and the Institute of Social Research, 1923-1950*. Boston, MA.: Little, Brown and Company.

Jones, Ernest, 1918, *Papers on Psycho-analysis*, London: Bailliere, Tindall and Cox.

——1961, *The Life and Work of Sigmund Freud*, Basic Books Publishing Co. Inc.

Jung, C. G., 1958, *Psychology and Religion: West and East*, Vol.11 of the Collected Works of C. G. Jung, Princeton, New Jersey: Princeton University Press.

Klein, Dennis B, 1987, *Jewish Origins of the Psychoanalytic Movement*, University of Chicago Press.

Laing, R. D, 1969, *Politics of Experience*. Harmonds-worth: Penguin.

Lacan, Jacques, 1968, *The Language of the Self: The Function of Language in Psychoanalysis*. New York: Dell Publishing.

Lasch, Christopher, 1979, *The Culture of Narcissism: American Life in an Age of Diminishing Expectations*. New York: W. W. Norton. Ltd.

Mahony, Patrick J., 1982, *Freud as a Writer*, New York: International Universities Press.

——1984, *Cries of the Wolf Man*, New York: International Universities Press.

——1986, *Freud and the Rat Man*, New Haven and London: Yale University Press.

——1989, *On Defining Freud's Discourses*, New Haven and London: Yale University Press.

Marcus, S. 1984, *Freud and the Culture of Psychoanalysis, Studies in the Transition from Victorian Humanism to Modernity*. Boston: George, Allen & Unwin.

——1974, "Freud and Dora: Story, History, Case History", *Partisan Review*, 41.

Marcuse, Herbert, 1955, *Eros and Civilization: A Philosophical Inquiry into Freud*. Boston, MA.: Beacon Press.

——1964, *One Dimensional Man: Studies in the Ideology of Advanced Industrial Society*. Boston: Beacon Press.

——1965, Repressive Tolerance. In Robert Paul Wolff, Barrington Moore, Jr. & Herbert Marasse, *A Critique of Pure Tolerance* (pp.81-117). Boston: Beacon Press.

——1988, *Negations: Essays in Critical Theory*. Translated from the German by Jeremy

J. Shapiro. Publisher's foreword by Robert M. Young. London: Free Association Books. Originally Published in 1968.

May, L., & Kohn, J, 1996, *Hannah Arendt: Twenty Years Later*. Cambridge, Mass.: MIT Press.

McGrath, W. J. 1986, *Freud's Discovery of Psychoanalysis: The Politics of Hysteria*, Ithaca, N. J.: Cornell University Press.

McGuire, William (ed), 1974, *The Freud/Jung Letters: The Correspondence between Sigmund Freud and C. G. Jung*, translated by Ralph Manheim and R. F. C. Hull, Bollingen Series SCIV, Princeton University Press.

Mitzman, Arthur, 1969, *The Iron Cage: an Historical Interpretation of Max Weber*. New Brunswick: Transaction Books.

Nussbaum Martha C. 1990, *Love's Knowledge: Essays on Philosophy and Literature*, New York: Oxford University Press.

O'Neill, John, 1972, *Sociology as A Skin Trade*. London: Heinemann Educational Books Ltd.

——1985, *Five Bodies: The Human Shape of Modern Society*. Ithaca, NY: Cornell University Press.

——1989, *The Communicative Body: Studies in Communicative Philosophy, Politics, and Sociology*. Chicago: Northwestern University Press.

——1995, *The Poverty of Post Modernism*. London and New York: Routledge.

——2001, "Psychoanalysis and Sociology" , in *Handbook of Social Theory*. Edited by George Ritzer and Barry Smart, New York: Sage Publications.

——2011, *The Domestic Economy of the Soul: Freud's Five Case Studies*. London: Sage Publications.

Ornston, D., 1982, "Strachey's Influence: Preliminary Report" , *International Journal of Psychoanalysis*, 63: 409.

Parsons, T, 1970, "On Building Social Systems Theory: a Personal History", *Daedalus*, 99 (3): 826-81.

Paskauskas, R. Andrew(ed.), 1995, *The Complete Correspondence of Sigmund Freud and Ernest Jones, 1908-1939*, Cambridge, Massachusetts, London, England: The Belknap Press of Havard University Press.

Reich, Wilhelm, 1970, *The Mass Psychology of Fascism*. Newly translated from the German by Vincent R. Carfagno. New York: Farrar, Straus & Giroux.

Ricoeur, Paul, 1971, *Freud and Philosophy*, New Haven, Yale University Press.

——1974, *The Conflict of Interpretations*. Evanston, IL: Northwestern University Press.

Rieff, Philip, 1959, *Freud: The Mind of the Moralist*, New York: Anchor Books.

——1966, *The Triumph of the Therapeutic: Uses of Faith After Freud*. London: Chatto and Windus.

Robins, E, 1991, "Dora's Dreams: In Whose Voice—Strachey's, Freud's, or Dora's?" In *Contemporary Psychotherapy Review*, Vol.6, No.1, pp. 44-5F.❶

Sartre, J.-P., 1957, *Being and Nothingness: An Essay on Existential Ontology*, trans. by H. E. Barnes, London: Methuen.

Schmidt, R., 1902, *Beiträge zur indischen Erotik*, Leipzig.

Schneider, Michael, 1975, *Neurosis and Civilization: A Maxist/Freudian Synthesis*. New York: Seabury Press.

Schorske, Carl, 1980, *Fin-de-Siècle Vienna: Politics and Culture*, Random House, Inc.

Schutz, A., 1967, *The Phenomenology of the Social World*. Trans. by George Walsh & Frederick Lehnert. London: Heinemann Educational Books.

Sedgwick, Peter, 1982, *Psychopolitics: Laing, Foucault, Goffman, Szasz and the Future of Mass Psychiatry*. New York: Harper and Row.

---

❶ 中译文见《德国医学》2001 年第 18 卷第 1 期，施琪嘉译。

Sherwin-White, Susan, 2003, *Freud, The VIA REGIA, and Alexander the Great*, *Psychoanalysis and History* (5) 2, pp. 187-193.

Shilling, Chris, 1993, *The Body and Social Theory*. London: Sage Publications.

Simmel, G., 1971, *On Individuality and Social Forms*, Chicago: University of Chicago Press.

Slater, Philip, 1977, *Origin and Significance of the Frankfurt School: A Marxist Perspective*. London: Routledge, Kegan Paul.

Strachey, James, 1966, "Gereral Preface", *S. E.*, Vol. 1, pp. xiii-xxii, London: Hogarth Press.

Strong, Tracy, 1987, "Weber and Freud: Vocation and Self-acknowledgement", in Mommsen Wolfgang and Oster Hammel, Jürgen eds, *Max Weber and His Contemporaries*. London: Unwin Hyman.

Szasz, Thomas, 1961, *The Myth of Mental Illness: Foundations of a Theory of Personal Conduct*. New York: Hoeber-Harper.

Taylor, Chloë, 2009, *The Culture of Confession from Augustine to Foucault: A Genealogy of the "Confessing Animal"*. New York: Routledge.

Tester, Keith, 1992, *Civil Society*. London: Routledge.

Turkle, Sherry, 1978, *Psychoanalytic Politics: Freud's French Revolution*. Cambridge, Mass.: The MIT Press.

Turner, B.S, 1984, *The Body and Society*. Oxford: Blackwell.

Warsofsky, Marx W., 1977, *Feuerbach*. Cambridge: Cambridge University Press.

Whiteside, Shaun, 2006, "Translator's Preface of *The Psychology of Love*", London: Penguin Books.

Witenberg, Earl G., 1978, *Interpersonal Psychoanalysis: New Directions*, Gardner Press, distributed by Halsted Press.

Wittgenstein, Ludwig, 1958, *Philosophical Investigations*. Oxford: Clarendon Press.

Wittles, Fritz, 1924, *Sigmund Freud, His Personality, His Teaching and His School*. Translated by Eden and Cedar Paul. London: Allen & Unwin.

后　记

　　在北大求学期间，如同当时许多年轻人一样，我曾经醉心于米兰·昆德拉的两部小说理论作品，即著名的《被背叛的遗嘱》和《小说的艺术》，并且在本科毕业论文中尝试做了一些分析。这些分析当然非常幼稚，彼时也并未想到，这样的作品会和自己未来的工作产生何种关联。后来在多伦多的约克大学读博期间，又遇到过两件与本书写作有关的小事情。第一件是在我决定从事关于弗洛伊德的研究之后，导师约翰·奥尼尔（John O'Neill）将我介绍给了我的师兄弗兰克·谢勒尔（Frank Scherer）。这位师兄来自德国，曾经成功接受过经典精神分析流派的治疗，所以他对于弗洛伊德甚为痴迷和敬仰。在某次闲谈中，他跟我说，弗洛伊德的英译本存在着很多的翻译问题，并向我推荐了一些这方面的研究著作。

　　第二件小事情是某次我受邀到一位加拿大本地同学、政治学系的博士生帕崔克（Patrick）家里做客的时候，与他母亲的闲谈。帕崔克的母亲从事律师职业，是一位典型的白人中产阶级。她气质端庄，温文尔雅，知识面很广，平时会在家里阅读亚里士多德的书，与人的交往言谈富有掌控力，同时也彬彬有礼。她对自己儿子的朋友，我这位来自遥远东方的"外国友人"非常友好和关心。事实上，帕崔克全家都对知识充满了开放的态度和好奇心。最初与帕崔克熟悉起来，就是因为当时他正和他的父亲一起学习中文，以便"看看能否学着用不同的方式来思考"。

我曾经到帕崔克家多次做客。某一次闲谈中，他的母亲问我博士期间打算做什么研究。我回答说，正在阅读和翻译弗洛伊德的文本。完全没有想到的是，这位平日里慈祥温和，对于不同文化之间的差异抱持着非常开放和尊敬态度的妈妈立刻变了脸色。她带着严厉和几分不屑的态度对我说："不要去读弗洛伊德的作品。这是一个骗子。他伪造了自己的案例。"随后，她几乎是以愤怒的情绪，批评甚至可以说是批判了弗洛伊德。由于这样的反应和她平时对其他知识分子及其作品的态度完全不同，以至于仓促之间，我的最大感受是吃惊。作为她儿子的朋友，我对于这位母亲非常尊敬，有时甚至像帕崔克一样，有点畏惧她。所以这次闲谈，是以我向这位妈妈保证，我在翻译弗洛伊德的同时，一定要将西方普通民众对于弗洛伊德及其工作的态度和批评都讲清楚而终结的。

帕崔克妈妈对于弗洛伊德的这种态度，在西方的普通民众里堪称典型。相信也是弗洛伊德在世时遇到的无数反对态度的典型之一。虽然时至今日，在精英知识分子群体和思想史中，弗洛伊德受到的待遇，堪称步入了"圣人殿"。不过，在普罗大众的心目中，弗洛伊德依然是一个"老流氓"。

值得一提的是，今天弗洛伊德在知识分子群体中的地位，不仅与本书中讨论的那些因素有关，而且还进一步与 20 世纪美国和欧洲在"二战"后的政治变迁，包括 60 年代的遗产，都有直接的关系。而无论在知识分子群体中，还是在大众文化层面，对弗洛伊德的态度基本还是源于弗洛伊德的英译本。这两件小事和此前我在北大念书时所迷醉的《被背叛的遗嘱》一书之间，似乎有了某种关联。

此后，这两次闲谈一直隐隐埋在我心里，就像一粒种子，伴随着翻译和研究弗洛伊德文本的过程，逐渐生根发芽，大约十年后，终于有了 2017 年发表于《社会学研究》的《从灵魂到心理：关于精神分析理性化的知识社会学研究》一文。而伴随着这本小书的完成，也可以说，我对帕崔克妈妈的承诺，在某种形式上算是实现了。

在 2016 年年底的"士恒青年学者资助计划"颁奖典礼上，我做了这一题目的报告。时任"士恒"基金会学术委员会主席的李猛老师听了报告后，建议我以此文为基础，写一本小书，并随即向三联书店做了推荐。三联书店的冯金红女士认真对待这一推荐并很快与我约稿。这本小书得以面世，要特别感谢两位老师对年轻学人的积极鼓励与支持。

说起来惭愧，这本小书的主要内容，都是基于此前发表的作品改写而成。改写的主要内容集中在前两章，也就是关于弗洛伊德英文译本的翻译问题。我在原来论文的基础上，加入了更多的资料来辅助讨论，将论文一分为二，并将部分内容作为本书的最后一部分来收尾。至于本书的第 3 章和第 4 章，我只是稍微做了一些改动和增补的工作，以便增加几个章节彼此之间的整体性。如果可以为自己的处理方式做一番辩解的话，那么我只能说，这三篇论文是过去数年间在同一个研究框架下以同一种思路写成的，所以确实能够形成同一个主题的整体结构。此外，在这几年中，我对弗洛伊德逐渐增加的理解也增补了进去。曾经在文中使用的"潜意识"这一翻译，我现在认为是值得商榷的。如果直译的话，"潜意识"对应的更应该是"unconscious"这个弗洛伊德曾经不止一次明确反对的概念 **❶**。

---

❶ Freud, *G.W.*, Vol. Ⅱ-Ⅲ, p.620., Freud, *S.E.*, Vol.V., p.615; Freud, *G.W.*, Vol.XIV, p.225; Freud, *S.E.*, Vol, XX.p.198.

弗洛伊德反对的原因之一就是，这一概念会给人以位置感，让人误以为他所强调的 unconscious 是位于意识之下的东西。所以在本书中，我已经统一使用"无意识"这一更为符合原意的翻译了。

此外，还有一事需做说明。美国心理学家爱德华·S. 里德曾在 1997 年出版过一部名为《从灵魂到心理：心理学的产生，从伊拉斯马斯·达尔文到威廉·詹姆士》的专著。❶在这本书中，里德认为，心理学产生的过程，尤其是在 19 世纪，是一个研究范围不断变窄，心理学家不断将其与文学和哲学分离、将研究对象逐渐从"灵魂"转变为"心理"（from soul to mind），并最终发明了现代意义上的"心理"这一概念的过程。心理学正是在这一过程中，才成为一种科学。必须承认，我在写作《从灵魂到心理：关于精神分析理性化的知识社会学研究》这篇论文的时候，并没有关注到里德的这部著作。直至 2019 年，我在写作本书时才读到它。里德的这部作品与本书的研究并不直接相关，却构成了奇妙的呼应之势，而在观点上也可以相互支持。不过，里德在这部作品里并未涉及本书的主题，也完全没有发现弗洛伊德的核心概念就是灵魂。

本书无意亦无能力对庞大的精神分析传统及其影响做一个系统的梳理。精神分析在 20 世纪的影响无远弗届，早已成为现代文化与现代人格的一部分。关于弗洛伊德及其精神分析的研究，在全世界范围内已经蔚为大观，相关文献，甚至仅仅是重要的文献都堪称汗牛充栋。所以这一本小书的工作，仅仅是过去几年间，本人在翻译和阅读弗洛伊德过程中的一些小小思考的汇总，其中必然存在着诸多不足乃至谬误之处。在期待学界方家指正的同时，我也希望今

❶ 爱德华·里德，《从灵魂到心理：心理学的产生，从伊拉斯马斯·达尔文到威廉·詹姆士》，李丽译，生活·读书·新知三联书店，2001。

后能以此为起点，对精神分析和弗洛伊德进行更为深入的研究。

在社会学领域中，从现象学和存在主义的角度来从事弗洛伊德和精神分析的研究，殊非易事。这方面，昆德拉的《被背叛的遗嘱》一书对我的影响，虽然也是在结束本书的写作后才意识到，但对我来说，毕竟还是具有某种"温柔"性质的表达和存在。除了研究自身的困难之外，在中文学界，弗洛伊德研究需要面对许多其他的误解和质疑。精神分析是一种纯粹的西方学问。它深深扎根于西方文明史和现代社会之中，是我们理解"西方"不可或缺的路径，值得中国的学者花费力气去一探究竟。其原因不仅是从知他者而知自己。中国社会的巨变所带来的个体性的出现与自我认同的转变，已经使中国人具有了某些与精神分析相关的经验感以及相关的需求。中国需要自己的精神分析。不过，这已经不是本书力所能及的事情了。

本书在思想史方面的训练受惠于当年在约克大学"社会与政治思想"项目读博期间的导师约翰·奥尼尔的教导，而多个章节的写作得到了王思斌、谢立中、渠敬东、赵立玮和李猛等老师的邀约、帮助或鼓励。例如，"爱欲与神圣"部分最初源于赵立玮老师在一次会议上的提问，后来我的朋友李荣山为《学海》杂志向我约稿，在他的不断督促下，才最终完成。李猛老师在详细阅读本书后，为我指出了诸多细节和文本上的问题，令我十分感动。而我的诸多好友，包括田耕、王楠、张国旺、储卉娟等也分别在各种会议和讨论场合，对本书给予宝贵的批评和建议。本书在心理学史方面的论述得到过北京大学心理与认知科学学院吴艳红教授的帮助，在某些翻译和写作方面受益于三联邀请的匿名评审的批评，在此一并致谢。在我归国后的几年里，学界的诸多前辈对我的关怀一直令我感受到"为人师者"的风范，如中国社科院的苏国勋老师，台湾大学的叶启政老师和东吴大学的石计生老师，等等。于我而言，诸位先生确实有着"言传身教"的意义和帮助。我在三联出版的上一部著作《方法论与生活世界》曾在不同场合受益于三位先生的批评指正。我还清晰记得，在几年前的一个深夜，苏国勋老师在读完《方法论与生活世界》一书的初稿后，由于没有找到我的联系方式，专门托一位友人向我转达他的"激动心情"和"热烈表扬"。这件事情对我的真正触动在于，苏先生在当时已七十五岁高龄，居然认真阅读一个晚辈所写的、与他的专业研究并不接近的作品。这实在是一种令人尊仰的风范。而今苏先生已驾鹤西游。作为晚辈，无法再呈新作以佐下酒，只能以此文字表达怀念，并愿将社会理论研究之路继续走下去。

我在 1999 年认识渠敬东老师，并在此后跟随他一起读书。其后的许多年里，除了我在约克大学的那五年多以外，我们一直都在坚持对西方的经典文献进行精读研究。从阅读亚当·斯密到黑格尔再到海德格尔，我们这个每周一次的读书小组一直在坚持着自己的理想。渠老师也一直是我在阅读和写作这条道路上最为熟悉的知己、最富创见力的批评者和最为坚定的支持者。于我而言，这一读书小组已经成了学术共同体意义上的乌托邦。最后，必须要说，我最为尊敬的导师杨善华老师在这些年中给予我的无数温暖和提携帮助，更是本书得以产生的重要基础。杨老师与师门诸多兄弟姐妹组成的"师门"已然成了我的另一个"家"。学术研究并非易事，幸好有这些师友。他们，以及太多无法一一具名致谢的师友的关心和帮助，是一名青年学者最为幸运的收获，也是人生路途上不断前行的保证。当然，所有的致谢要同时献给我的家人，没有他们，就没有这本小书。

出版后记

当前，在海内外华人学者当中，一个呼声正在兴起——它在诉说中华文明的光辉历程，它在争辩中国学术文化的独立地位，它在呼喊中国优秀知识传统的复兴与鼎盛，它在日益清晰而明确地向人类表明：我们不但要自立于世界民族之林，把中国建设成为经济大国和科技大国，我们还要群策群力，力争使中国在 21 世纪变成真正的文明大国、思想大国和学术大国。

在这种令人鼓舞的气氛中，三联书店荣幸地得到海内外关心中国学术文化的朋友们的帮助，编辑出版这套"三联·哈佛燕京学术丛书"，以为华人学者们上述强劲吁求的一种记录，一个回应。

北京大学和中国社会科学院的一些著名专家、教授应本店之邀，组成学术委员会。学术委员会完全独立地运作，负责审定书稿，并指导本店编辑部进行必要的工作。每一本专著书尾，均刊印推荐此书的专家评语。此种学术质量责任制度，将尽可能保证本丛书的学术品格。对于以季羡林教授为首的本丛书学术委员会的辛勤工作和高度责任心，我们深为钦佩并表谢意。

推动中国学术进步，促进国内学术自由，鼓励学界进取探索，是为三联书店之一贯宗旨。希望在中国日益开放、进步、繁盛的氛围中，在海内外学术机构、热心人士、学界先进的支持帮助下，更多地出版学术和文化精品！

生活·读书·新知三联书店

一九九七年五月

三联·哈佛燕京学术丛书

[一至十七辑书目]